[국어, 영문판]

Advanced Food Science

要點

수산(해양)식품 가공 이용학

SUMMING-UP

FISH TECHNOLOGY

농학박사, 식품기술사 이 성 갑

도서출판 진로

머리말

세계적인 인구폭증과 산업 발달로 육상자원 (식량과 에너지)의 고갈 현상이 점점 심각해져 이 부족자원을 해양에서 충당하려는 노력들이 증대되고 있다.

바다 생물인 어패류, 해조류는 인류의 단백질 자원의 공급원으로 예로부터 널리 이용되어 왔고 앞으로도 더욱 중요시 되어 바다에서의 식량자원의 공급 없이는 인류의 생존 유지는 어렵다고 단정할 수 있고 생활환경으로서의 바다 보호도 시급한 문제로 대두되고 있다.

특히 우리나라는 3면이 바다로 둘러싸여 있고 내륙지의 자원 확보도 부족하여 바다의 목장화 사업을 포함한 수산업의 발달과 수산식품 가공기술의 진보는 국가적인 중요과제로 되어 있고 이러한 천혜의 수산자원을 이용하여 국리민복의 식량자원으로 활용하려면 과학적 기초위에 경험적 기술을 축적하는 것은 무엇보다 중요하고 필요하다.

이러한 면에서 저자는 그 동안 해외유학과 국내식품연구소 및 가공식품생산업체에서의 40여년의 연구 및 실무 경험 그리고 대학 강의 등의 경력을 토대로 수산식품가공학을 1982년 첫 출간하고 1999년 증간한 이후 이번에 전면적으로 요점정리를 하고 증보하여 많은 기술정보를 수록 하여 이 분야에 종사하는 실무자는 물론 이 분야에 뜻을 두고 공부하는 대학생들의 교재로 도움을 다소나마 드리고자 이 책을 내놓게 되었다.

본서는 먼저 수산식품의 원료인 어류, 패류, 해조류의 특성을 살리고 그 특성을 기초로 한 가공원리 와 실제를 과학적으로 기술하였고 또 개개의 수산가공품별로 생산·품질관리기술을 다루어 가공, 저장에 따른 품질변화를 막고 상품가치를 높이는 기술을 다루었으며 또 최근에 새롭게 관심이 고조되고 있는 수산물의 생리활성물질, 어란 가공품, 전통수산식품, 어육 연제품, 수산 통조림, 조미수산 건제품, 어분, 어유와 수산가공공장의 HACCP제도 등 여러 분야를 골고루 다루고자 노력하였으나 수산자원은 그 종류나 또 그 가공 이용법도 무수히 많고 다양하여 아직 완벽한 수산자원이용기술개발은 계속되어야 할 것으로 본다.

본서 집필에 노력 하였으나 천학 비재하여 많은 오류가 있을 것으로 사료되며 이점 차후 발견 지적되는 사항은 계속적으로 수정보완 할 것을 약속드리며 강호제현의 많은 지도와 편달을 바랍니다.

끝으로 이 책의 원고작성에 크게 도움을 주신 조영도 식품기술사님과 강원대 이옥환 교수님 그리고 출판을 위하여 수고해 주신 도서출판 진로의 임종철 사장님과 직원 여러 분들에게 감사를 드리며 이 책이 우리나라 수산가공전문기술자 양성에 일조가 되기를 기대합니다.

2014년 7월

서울 관악산록에서

저자 씀

차 례

Ⅰ. 국문판

1장. 서론

2장. 수산 가공원료의 특성

3장. 수산물의 생리활성 기능성분

4장. 수산가공의 요건

5장. 수산냉동품

6장. 수산건제품

7장. 수산훈제품

8장. 수산염(신)장품

17장. 수산가공공장의 위생관리

Ⅱ. 영문판

Advanced Food Science
SUMMING-UP FISH TECHNOLOGY

1장. 서론

1. 수산가공학(Fish Technology)

수산가공(Fish Procecessing)이란 해양과 내수면에서 생산되는 여러 어류, 조개류 해조류 등의 식량 자원인 어업생산물에 물리적, 화학적 또는 생물학적 조작을 가하여 가공, 저장 할 수 있게 하거나 새로운 성질을 가진 식품이나 가축사료, 의약품 등을 만드는 생산수단을 말하는 것으로서 수산제조라고도 한다.

수산물의 저장, 가공, 처리이용, 제조 등에 관한 기초적 및 응용적 연구를 하는 응용과학이며, 대상은 어획으로 생산되는 어패류, 알, 해조류 등과 내장, 기름 등의 부산물에 이르기까지 다양하며 응용분야는 식료품, 사료, 비료, 의약품, 가공용품, 공업원료 등 각 분야에 걸쳐 날이 갈수록 더욱 개량 발전되어 그 제품의 종류는 수백 종에 달한다. 수산식량 자원의 효율화와인간의 식생활에 있어서 위생학적이고 영양학적인영향 에 대해 중점적으로 연구하며 이 분야에서 전문적인 지식을 습득한 인력을 양성 해 내는 것을 목표로 한다.

수산가공학과를 졸업한 뒤에는 일반 식품제조업체에 취직할 수 있고 또는 수산가공과 관련된 연구기관과 정부기관 등에 취직할 수 있고 수산가공학과와 관련된 자격으로는 수산제조기사, 식품제조기사,품질관리기사,환경관리기사(대기, 수질), 중등교사 자격증 등이 있다.

· **수산제조기사(Engineer Fisheries Processing)** 4년제 관련학과 졸업(예정) 자

수산자원의 공급이 증가되면서 주요 식량자원으로서 위치를 굳히게 됨에 따라 식량이나 식품의 원료 또는 기호품 등으로 기호품 등으로 이용되는 수산물의 개발과 수송, 저장, 가공에 이르기까지 전문적인 기술과 기능을 갖춘 인력의 필요성이 대두되어 자격제도 제정. 수행직무는 각종 수산물을 식품, 약품, 사료, 비료 등의 목적으로 이용하기 위하여 신제품의 개발, 공정관리, 제조시설의 운전 및 점검 등의 업무를 수행함(2012년 기준 793명).

· **수산제조기술사(Professional Engineer FisheriesProcessing)**

기사취득 후 4년 이상 실무필요

수산자원의 공급이 증가되면서 주요 식량자원으로서 위치를 굳히게 됨에 따라 식량의 원료 또는 기호품 등으로 이용되는 수산물의 개발과 수송, 저장, 가공에 이르기까지 전문적인 기술과 기능을 갖춘 인력의 필요성이 대두되어 자격제도 제정. 수행직무 는 수산제조분야에 관한 고도의 전문지식과 실무경험에 입각하여 수산식품의 제조, 가공, 생산계획, 보존, 저장, 전망, 연구, 분석, 시험, 운영, 평가 또는 이에 관한 지도 등 의 기술업무 수행(2012년 기준 42명).

2. 수산업의 일반 개요

· 우리나라 수산 환경(해양-자연입지조건)

총 해안선 8,693Km(섬 포함 시 25962Km), 대륙붕 면적 30만Km^2, 간척지 6,575Km^2

① 황해 : 면적 38만Km^2, 수심 38~103m

② 동해 : 면적 100만Km^2, 수심 1,500m

③ 남해 : 면적 350만Km^2, 수신 1,212m

· 한국해안의 수산어족 자원이 풍부한 이유

① 한류(寒流) 와 난류(暖流)의 교차지점

② 섬 · 암초(暗礁)가 많아 번식(繁殖)장소와 정착지가 풍부

③ 삼면(三面)이 바다이고 내수면(內水面)이 넓은점

· 어패류(魚貝類)의 맛이 좋은 조건

① 다 수분(多 水分)

② 산란기 전(産卵期 前)

③ 중성(中性) pH

- 맛 좋은 부위 : 복강육(腹腔肉) - 배살, 배바디
- 수산물취득방법 : 양식(養殖) - 양어(바다의 목장화)

· 어획(漁獲)방법

① 낚기법

② 함정어법(안강망)

③ 걸그물법

④ 두릿그물(건착망)

⑤ 후릿그물법(선인망)

⑥ 끌그물법(Trawl선망)

3. 수산 가공학의 이해

1) 수산가공의 의의와 목적

(1) 의의

① 저장 : 어획물을 신선한 상태로 보존하는 기술

② 수산가공 : 어업생산물(수중생물의 체포나 양식)의 이화학적, 생물학적 조작을 가하여 부가가치<저장성, 식미성, 영양성, 경제성>를 향상시켜 신제품<식품, 의약품, 사료>을 제조하는 것

③ 수산가공 학 : 수산가공에 대한 이론과 방법을 연구하는 학문

ⓐ 대상 : 어(魚)류(어육, 어란, 내장, 어유 등), 조개류(貝), 바다풀(海藻)

ⓑ 분야 : 식료품, 의약품, 사료, 비료, 화장품, 가공용 원료, 공업용원료

(2) 가공목적

① 저장·안정성의 부여

② 기호성·영양성 부여

③ 신제품으로 부가가치 창출

④ 간편화, 축소화

⑤ 수요·공급의 조절

⑥ 식생활의 윤택화

⑦ 비식용 원료의 제품개발로 자원 활용

(3) 수산가공 발전과정

천일건조 → 염장 → 훈연 → 통/병조림 → 냉장 → 어묵 → FPC

2) 미래지향적 수산가공품의 개발 동향

① 편리・즉석형 제품(조미 건제품, 냉동조리)

② 모조・조립형 제품(어묵, 어육소시지, 게 향 맛살)

③ 건강지향제품(스쿠알렌, 만유, 콜라겐, 키토산)

④ 농축 특미 제품(조미 졸임/절임, 꽃포, 어포, 조미건품)

⑤ 생리활성 기능성 제품 (간유, EPA, DHA, 인슈린)

3) 국내 어업생산 변이

30만톤(46년) → 35만톤(60년) → 280만톤(81년) → 310만톤(85년) → 320만톤(90년) → 330만톤(95년) → 251만톤(00년) → 271만톤(05년)

4) 세계 속의 한국수산업의 위치

① 어획량 : 8위(78년) → 9위(82년) → 7위(92년) → 11위(95년) → 18위(00년) → 29위(05년)

② 수출(80개국) : 5위 4억$(75년) → 3위 10억$(77년) → 6위(80년) → 15위 17억$(95년) → 412천톤 119.3천$(05년) ; cf 輸入 1,256,142톤 2,383,574$(05년)

③ 원양어업 : 3위(86년)

④ 수산기술 : 2위(일, 한, 러, 노)

5) 어업별 구성(1995)

연근해 43%, 양식 30%(해면 10만 헥터, 내수면21만 헥터), 내수면 1%, 원양 28%(507척, 57년 첫 조업)

6) 수출형태

선어, 동결 어, 어묵, 통조림, 염장품, 조미품, 휠레 품, 해조품

7) 수입(1996)

52만7천톤 10억 8천만$, 수입국 : 일, 중, 라, 미, 태국 등 80개국

8) 세계의 수산업 현황

(1) 일반사항 - 포경금지(1972년)

세계 총 단백질공급량 : 6%, 동물성단백질의 18% 공급

① 1906년 해양 자유론

② 1945년 대륙붕 선언<해양 분할 시대 개막>

③ 1973년 경제수역 200해리 선포

④ 1980년 전관수역, 어획량 쿼터제 로 입어료 지급

⑤ 2000년대 미 이용 어족자원개발(심해어, 남극 크릴새우)

(2) 어획량 : 3대어장(북태평양, 대서양 북서부, 북해)

2천만톤(38년) → 1천만톤(45년) → 2천만톤(59년) → 4천만톤(60년) → 7천만톤 →8천만톤(82년) → 1억만톤(93년) → 1억1300만톤(95년) → 1억1천 만톤(2000년)

(3) 10대 다(多)어획국

중국(2400만톤), 페루(890만톤), 칠레(760만톤), 일본(680만톤), 미국(600만톤), 인도(500만톤), 러시아(437만톤), 인니(412만톤), 태국(350만톤), 노루웨이(280만톤), 한국(270만톤), 기타(372만톤)

9)미래전망

(1) 세계수산업

① 인구증가, 건강지향 웰빙 다이어트식품으로 수요급증, 무한정 소요

② 증산방안

ⓐ 바다의 목장화

ⓑ 국제어업 협력유지

ⓒ 원양어업 조업유지

ⓓ 신 어장 탐사 나 개척

ⓔ 미 이용어류의 이용방법 개발

③ 세계 중요 어종 : 멸치, 대구, 명태, 청어, 정어리

④ 개선방안 : 설비자동화, 위생적 생산기술, 원료의 안정공급, 고유의 향미유지, 전통법과 학화, 신기술개발 발전(동결건조농축, 마이크로파 건조, 냉동분쇄, 감압유탕, 냉동분쇄)

(2) 한국수산업

① 당면과제 : 연근해어장축소, 원양어장제약, 수출가불안정, 어민후계자부족, 석유 파동 (2008년)

② 정부대책 : 연근해 어족 자원 촉진(인공어초, 종묘배양 방류, 어류아파트 증설, 양식 확대, 원양어업 확대, 신 어장(남극, 남태평양) 개발, 가격안정, 후계자 양성대책(병역 특례, 소득보장, 외국인채용)

③ 역할전망 : 건강지향식품으로 식량화, 외화획득

④ 국내 중요어종

ⓐ 연근해 어종 : 멸치, 갈치, 꽁치, 오징어, 병어, 조기, 가자미, 고등어, 정어리

ⓑ 조개류 : 굴, 홍합, 바지락

ⓒ 해조류 : 미역, 김, 다시마, 파래

ⓓ 원양어류 : 가다랑이, 다랑어, 참치

10) 수산자원

유용한 수서(水棲) 생물로 산업적 생산대상 이나 장차 이용 확실한 생물군(生物群) - 수산생물, 수산자원생물

(1) 수산식물(Aquatic Plants)

① 분류 : 해조류(큰藻類, 김, 미역)와 규조류 Plankton(현미경적 부유식물)

② 용도 : 식품, 사료, 약품, 공업원료

③ 해조류(Sea Weed)

ⓐ 녹조류(綠藻類; GreenAlgae) : 7,000여종, 엽록소, 광합성작용(전분), 수중서식, 크기

(수cm~1m 이상), 파래(홑, 갈), 청각

ⓑ 갈조류(褐藻類; GrayAlgae) : 엽록소, Xanthophyll, 라미나린, Mannitol 미역(양식), 다시마, 톳, 모자반(KelpMeal 사료), 감태(알긴산원료), Ca・I 풍부

ⓒ 홍조류(紅藻類; Red Algae) : 엽록소, Phycoerythrin함유, 우뭇가사리, 꼬시래기, 비단풀(한천원료), 풀가사리, 진두 발(가라기난 원료)

(2) 수산동물(水産動物; Marine Animal)

수서(水棲)동물 : 원생(原生), 모악, 극피(棘皮), 해면(海綿), 강장(腔腸)

[Marine Animal]

① 연체(軟體)동물

ⓐ 소라류 : 전복, 소라

ⓑ 조개류 : 굴, 바지락, 대합, 가라비, 진주조개

ⓒ 두족(頭足)류 : 오징어류(살오징어, 갑오징어, 무늬오징어, 쇠오징어, 꼴두기, 낙지, 쭈꾸미), 문어

② 절지(節肢)동물 : 5강(綱)[갑각(甲殼)류; 2만5천종, 연각(軟脚)류, 다지(多肢)류, 곤충(昆蟲)류, 거미류]

ⓐ 게류 : 꽃게, 대게, 왕게, 털게, 집게, 장다리게

ⓑ 새우류 : 수명1년, 대하(大蝦), 중하(中蝦), 토하(土蝦), 보리새우

③ 극피(棘皮)동물 : 해삼류(Sea Cucumber), 성게류, 참 해삼, 불가사리

④ 미색(尾索)류 : 우렁쉥이(멍게)

⑤ 원구(圓口)류 : no jaw, 먹장어, 칠성장어, 점액장어

⑥ 연골(軟骨) 어류(elasmobranch fish) : 상어류 (별상어, 골상어, 괭이상어, 귀상어, 청상아리), 가오리류(매가오리, 노랑가오리, 쥐가오리, 홍어)

⑦ 결골(結骨)어류(Teleost=Bony Fish) : 청어류(청어, 멸치, 정어리, 전어), 연어류(연어, 송어), 은어류(은어), 송어류(송어), 잉어류(잉어, 붕어, 금붕어, 미꾸라지), 뱀장어류(뱀장어, 붕장어, 갯장어), 대구류(명태), 메기류(메기, 동가데, 자가사리), 꽁치류(꽁치, 날치, 학꽁치), 전갱어류(방어), 고등어류(삼치, 갈치), 가자미류(넙치, 도다리), 농어류(농어, 민어, 돔, 참조기, 도미), 복어류(쥐치, 개복치, 자주복, 검복)

⑧ 고래(鯨)류

ⓐ 수염고래류(긴수염고래, 참고래, 돌고래, 귀신고래, 솔피)

ⓑ 이빨고래류(향고래)

[미래 신규 수산식품자원 개발 분야]

· 다획성 어류의 식량화 및 폐기물의 활용

① 정어리(11만톤), 꽁치(적육어), 쥐치(백육어, 20만톤)의 효율적 가공이용

② 결점 : ⓐ 뼈가 많음, ⓑ강한 비린내, ⓒ 강한 굽는 냄새, ⓓ 폐기물 처리난, ⓔ장시간 조리

③ 개발방향 : ⓐ 냉동고기풀, ⓑ 냉동 fish block, ⓒ 식품배합소재(FPC, 식용어분)

· Krill 식용화 : 남빙양서식, 5천~7천만톤/년 어획(세계 년간어획량과 동량)생육, 동결연육

· 체장 4~5cm, 어획자원 20~25억톤, 강한효소함유, Paste제품 : 단백응고동결, 농액즙(조미료)

· 심해어(수심 300~2,000m 서식), 남태평양(호끼, 아까다라, 메루루자, 돔), 냉동연육, 어묵

4. 수산가공품의 분류

1) 용도별

① 식용품 :냉동품, 건제품, 염장품, 통조림, 연제품, 훈제품, 조미품, FPC

② 공용품: 어유, 알긴산, 어교, 피혁

③ 약용품 : 간유, 인슈린

④ 농용품 : 어박, 어분, 가공부산물활용

2) 세부 종류

(1) 식용품

(가) 냉동품(Frozen Fish Products)

① 원형동결품(Whole/Round) : 동태, 갈치, 고등어, 참치 새우, 게

② 처리 동결품(treated)

ⓐ dressed(두 · 내장제거 : 참치, 복어, 붕장어)

ⓑ Semidressed(내장・아가미제거 : 대구, 연어)
ⓒ Pandreesed(지느러미・꼬리제거)
ⓓ Fillet(3편뜨기, 명태, 보리멸, 아귀)
ⓔ Chunked
ⓕ Sliced, Stick, loin etc.

(나) 마른치(乾製品; Dried Fish Products)

① 날 마른치(素乾品; plaine dried products) : 새우, 미역, 오징어, 상어 Fin
② 찐 마른치(煮乾品; boiled dried products) : 멸치, 해삼, 전복, 조개살
③ 간 마른치(鹽乾品; salted dried products) : 굴비, 민어, 대구, 가자미
④ 연기 마른치(燻煙品; smoked dried products) : 연어, 굴, 청어, 꽁치
⑤ 얼 마른치(凍乾品; frozen dried products) : 북어포, 한천
⑥ 군 마른치(焙乾品; grilled dried products) : 고등어, 정어리, 은어

(다) 훈제품(燻製品; smoked dried products)

훈제굴, 훈제연어

(라) 젓갈류(鹽辛品; salted fermented)

새우젓, 멸치젓, 까나리젓, 굴젓, 명란젓, 창란젓, 아가미창자젓, 해삼창자젓, 갈치젓

(마) 간 절임품(鹽藏品; saltedfish)

간고등어(자반), 간갈치, 간꽁치, 간미역, 간전갱이, 간조기

(바) 맛붙이 가공품(調味加工品; seasoned fish products)

① 맛붙이 절임류(魚漬物; fermentedfish products) : salting, sugaring, vinegaring
② 맛붙이 조림류(煮熟調味; roasted seasonedproducts) : 멸치, 조개, 새우, 장조림
③맛붙이 마른치(調味乾品,seasoned,driedproducts) : 맛오징어, 맛김, 쥐포, 쥐포

(사) 통조림류

① 염수 자숙품(boiled with brine) : 꽁치, 고등어, 연어, 굴
② 약염 가미품(boiled with seasoning) : 오징어, 골뱅이, 조개

③ 기름 담금(boiled with oil) : 다랑어, 멸치, 참치, 고등어 피렛

④ 훈제 오일(smoked, boiled with oil) : 장어, 바지락, 굴

⑤ 토마토 담금(boiled with tomato puree) : 꽁치, 정어리

(아) 어묵붙이(魚肉煉製品, fish meat paste products)

① 어묵류 : (판(板)-KB, 부들 73-chikuwa, 포장어묵, 튀김어묵, 어단어묵, fish ball)

② 어육 소시지 : (냉동연육소시지, 스리메すりみ, 소어, 잡어, 부산물 활용)

③ 어육햄(fish ham, 참치, 연어, 송어), fish burger(고등어)

④ 어육 버거(fish burger): 고등어 등

⑤ 복합어묵류(fabricated food) ; 게향맛살어묵, 새우살 맛살

⑥ 핫도그(hot dog) : 참치, 고등어

자) 한천(寒天; agar-agar)

- 실한천, 가루한천, 각한천, 인상한천, 그래뉴러한천 등
- 어육단백농축물(FPC.fish protein concentrate)

차) 레토르트 파우치 식품(retort pouch food)

다랑어. 조개류 등 내열성 필림 포장식

- 저차가공: 건제품, 염신품, 염장품, 훈제품, 조미품
- 고차가공 : 냉동품, 통조림, 연제품, 한천

※저차가공(단순처리-건조, 염장) : 고차 가공(통조림, 연제품, 동결, 훈제, 조미)

① 저차가공품 : 건제품, 염신품, 염장품, 훈제품, 조미품

② 고차가공품 : 냉동품, 통조림, 연제품, 한천

(2) 공용품(共用品; dual purpose products)

① 어유(魚油; fish oil) : 고래, 정어리, 상어, 오징어 간

② 피혁(皮革; fish leather) : 곰장어, 고래, 상어

③ 어교(魚膠; fish glue) : isinglass, 상어

④ 호료(糊料; fish paste) : 풀가사리, 도박

⑤ Carrageenan : 진두발, 돌가사리, 홍조류

⑥ Alginic acid : 갈조류-미역, 감태

⑦ 공예품(工藝品; industrial art products) : 산호(珊瑚; coral), 인공진주(眞珠; artificial pearl), 패각(貝殼), 고래수염

(3) 농용품(農用品; agricultural use products)

① 어박(魚粕; fish meal) : 정어리, 멸치

② 어분(魚粉; fish flour) : 백색어분, 갈색어분

③ 어비(魚肥; fish fertilizer) : 새우, 잡어

④ 어류의 농축물(fish meal concentrates) : s.p feed

⑤ 해조분말(海藻粉末) : 褐藻류의 kelp meal

(4) 약용품(藥用品; drug use)

① 간유(肝油; liver oil) : 대구(cod), 명태, 상어

② 인슈린(insuline) : 어류취장

③ 뇌유(腦油; brain oil) : 향고래 유(油)(perfume whale oil)

④ 요오드(沃度; iodine) : 갈조류의 미역, 다시마

[수산동물의 부위별 이용도]

① 육질(肉質)부 : 냉동품, 건제품, 염장품, 통조림, 조미품

② 내장(內藏), 난소(卵巢) : 염신품(젓갈), 염장품

③ 간(肝) : 간유, 염장품

④ 피부(皮膚) : 어교, 수산피혁

⑤ 지느러미 : sharks fin

⑥ 뼈, 이빨(齒牙), 갑각(甲殼) : 수산공예품

⑦ 비늘(鱗) : 인조진주, 화장품

2장. 수산가공원료의 특성

1. 일반적 특성

① 종류 다양성 : 어류 900, 갑각류 300, 연체류 100, 해조류 300, 총 1700종
② 어획량의 기복성(起伏性) : 어획량 변동으로 계획생산 불가(양식제외)
③ 국소(局所), 국시성(局時性) : 어종별 어획장소와 시기 한정, 대륙붕 8.3%
④ 다양(多樣)한 영양성분 차이 : 어체의 크기, 부위, 계절, 식이(食餌)
⑤ 품질특이성(特異性) : 각 어종별 고유하고 독특한 색상, 향기, 식미 보유
⑥ 부패(腐敗) 용이성(容易性)
  ⓐ 숙명적(宿命的)원인 : 연약한 체 조직, 강한 효소활성, 짧은 경직기간
  ⓑ 취급(取扱)특성 : 아가미, 내장 채 운반저장, 해수(海水)균 오염용이

[어패(魚貝)육이 축(畜)육 보다 부패가 더 용이한 이유(schonberg 제안)]
① 多 水分, 多 不飽和 脂肪酸 함량(어육 80%, 축육 70%)
② 軟弱單純한 근육조직(筋肉組織)
③ 신속(迅速)한 자가소화(自家消化) : 강력한 내장효소 다량함유
④ 부패균(腐敗菌)오염 및 좋은 발육(發育)조건(중성 pH)
⑤ 지방(脂肪), 천연 면역 소(天然 免疫 素) 적은 점

2. 어육의 조직특성

① 어체(魚體) = 두부(頭部) + 몸체(體) + 꼬리 (尾部)

② 체형(體型) : 방추형, 편평(扁平)형, 세장(細長)형

③ 근섬유(筋纖維)는 짧고(短) 굵게(大) 구성

④ 체 축(體 軸)과 직각(直角)으로 된 섬유(纖維)가 발달되어 수영에 유리

⑤ 특이한 색소세포(表皮와 眞皮 사이), 비늘광택(眞皮중)

⑥ 강인(强忍)한 결체(結締)조직 함량이 적음.

1) 어육의 근육조직(Muscle tissue) - 근섬유 집합체

(1) 분류

① 형태적

ⓐ 평활근(平滑筋; smooth muscle)

ⓑ 횡문근(橫紋筋; striated muscle)

ⓒ 골격근(骨格筋; skeletal muscle)

ⓓ 심근(心筋; cardiac muscle)

② 기능적

ⓐ 수의근(隨意筋; voluntary muscle)

ⓑ 불(不)수의근(involuntary)

(2) 골격근(骨格筋; skeletal muscle)

횡문 근섬유 집합체에 소량의 조직(지질, 신경, 혈관), 임파선(淋巴腺) 등이 함유된 결체조직으로 결속 된 것

(3) 근섬유(筋纖維; muscle fiber)

근육의 구성 단위체로서 근초가 포위하고 내부에 핵(核)이 분산존재 근원섬유 사이에 근원질, 근장(筋漿)같은 교질용액이 차 있는 ø 50~100m 크기

(4) 결체조직(結締組織; connective tissue)

근섬유와 내부 기관(器官)의 결속조직

① 교원섬유(膠原 纖維; collagenous fiber) : 강인한 횡문근섬유

② 탄성섬유(彈性 纖維; elastic fiber) : 질긴 조직

③ 세망섬유(細網 纖維; reticular fiber) : 다 분지(多 分枝), 기관(器官)지지

(5) 오징어 근육조직

① 오징어 몸통의 근육조직은 어육과 크게 차이

② 평활근섬유가 체축에 직각방향 으로 구성(건/구은 오징어가 잘 찌저짐)

③ 체 표피는 4층 구조로 구성

④ 색소세포는 1층과 2층 사이에 분포

⑤ 몸체 조직내면에 10mm 두께의 외피(外皮)로 존재

(6) 어피(魚皮)의 조직

껍질피부로 둘러싸임

① 어피 절단면 구조

ⓐ 표피(epidermis) : 다층(多層)표피섬유 집합체, 점액선(粘液腺) 분포

ⓑ 진피(dermis) : 다층의 결체 조직체, 비늘(석회질 침착)

ⓒ 색소세포(pigment cell) : 표피와 진피 사이에 병열(竝列)

ⓓ 광채세포(光彩 細胞) : 색소과립세포, 진피와 근육층 내(內)

② 어류의 체색(體色) : 과립(顆粒)세포, 비늘색소, 껍질의 빛 굴절(屈折)

3. 어육의 성분 특성

① 성분함량차이 : 어종, 성별, 나이, 어장, 계절, 영양상태

② 각 어종의 고유한 특이 성분 함유

(1) 일반성분 조성의 변화

(가) 어육 수율(edible flesh yield)

어류 50~60%, 조개류(貝類) 20~40%

① 20% level : 굴(24), 소라(20), 바지락(13~20)

② 30% level : 대구, 도미, 게르치(30), 숭어(27), 달강어(25)

③ 40% level : 명태, 서대(40), 조기, 농어(42), 임연수어(45)

④ 50% level : 고등어, 갈치, 곰치(50), 청어. 넙치(48), 가자미, 붕장어(46)

⑤ 60% level : 연어(60)

⑥ 70% level : 튜나, 가다랭이, 참치(70), 갯장어 (68)

(나) 성분함량 차이

① 어종별 : 多지방(정어리, 꽁치), 少 지방(대구, 가자미, 조개류)

② 부위별 : 多지방(腹부, 頭부, 표층 육, 血合 육)

③ 나이, 크기 : 多지질, 少수분(노령어, 大魚), 多 TMAO(大魚)

④ 계절별 : 어패류 좋은 맛은 산란시기와 일치, 지방은 산란 前<최다>, 后<최소>, 굴 맛은 늦겨울 과 초봄 최고(단백질과 글리 고겐 증가)

ⓐ 서양인의 굴 식용금지 시기 : 산란기, 하절기 인 영어로 r자 없는 달인 may, june, july, August<5, 6, 7, 8> 4개월 식용 금지

ⓑ 연어는 산란기는 회유(回遊)로 금식하여 영양부조화(不調和)로 맛 최저

⑤ 어장차이 : 수온 차, 영양원차, 광선 량 차(플랑크톤, 고형 분 함량 차이)

ⓐ 뱀장어 : 자연산(영양 부조화 -저 지방, 多 수분),양식산(다 지방, 저 수분)

(2) 각성분의 특징

(가) 수분(水分; moisture, wet, water) free/bound type(74.8)

① 함량 70~85%, 無 영양가치, 역할(가공성, 저장성, 식미성, 색상 등 좌우)

② 결합수 15~25%(미생물 이용不可, 不건조(no drying), 不 동결(-20℃ 이하)

- 고등어 수분 73.4% = 결합수 23.2% + 자유수 50.2%

(나) 단백질(蛋白質; crude protein) 15~25%(mean 19%)

① 종류

ⓐ 근장(筋漿) 단백질 : 30% 이상함유, Myogen, Globulin, 수용성

ⓑ 구조(構造) 단백질 : 60% 이상함유, Actin, Myosin, 염용성, 어묵형성능 강함

ⓒ 기질(基質) 단백질 : 10% 전후, Collagen 4 - Elastin 1, 불용성, 힘줄, 인대

② 어종별 Myosin(어묵형성단백질) 함량% 비교

ⓐ 30%↓ : 갈치(8.8), 황가오리(12.3), 꽁치(23), 정어리(27)

ⓑ 30~40% : 날치(33.7), 참가자미(34.3), 갑오징어(36.3), 다랑어(38.2), 갯장어(38)

ⓒ 50%↑ : 별상어(41.1), 백조기(51), 황조기(53), 게르치(61), 농성어(62), 옥돔(63)

- Collagen(어피 성분) : 불용성 경단백질, 수축온도이상 열수가열로 gelatin 생성
- 열 수축온도 : 어육(35~50℃), 이 축육(60~70℃)보다 hydroxyproline함량이 적어 낮다.
- 생선어패육의 단백질의 영양가는 구성아미노산의 종류와 함량 우수(쌀밥의 필수 aa인 lysine 보충원(補充源)으로 크게 기여)

(다) 지질(脂質, Lipid, oil & fat, Triglyceride=TG, Natural/pure fat) 1~10%(5%)

① 지질 분포

ⓐ 피하(皮下)지방 : 정어리(13.8%), 꽁치(8.4), 고등어(10.4), 뱀장어(18)

ⓑ 간장(肝臟)지방 : 상어 肝(80%), 오징어 간(50), 대구 간(70), 명태 간(31)

- 지방산의 불포화도는 수온(水溫)이나 기온(氣溫)이 낮을수록 높아져 옥도가(沃度價)가 높아진다<한류성어류 즉 등푸른생선(꽁치, 고등어) 오메가3(EPA,DHA)지방산함량이 높은 이유>.

② 지질의 구성

ⓐ Glycerides(mixed) : Glycerol, Fatty acid(palmitic, oleic, linoleic, linolenic, arachidonic, EPA, DHA, scolidonic, sibinic, clupadonic acid)

ⓑ 인지질(燐脂質; Phospholipides) : 뇌, 내장, 생식선, 혈합육, 어란 (연어・청어 50%)

ⓒ 밀납(蠟, wax) : 뇌유(향유/돌고래), 구성- 고급알코올(cetyl, stearyl, oleyl 등)

ⓓ Sterol:지질의 1~2 % 함유, 주로 cholesteroldlrh 미량의 7-dehydrosterol, cyclo-pentano perhydrophenanthrene 유도체 등.

ⓔ Others:포화 탄화수소-Squalene($C_{30}H_{50}$, Oxygen Box, 심해상어 간 70~90%),

Prostane(돌묵상어 간 10%), glycerine ether, butanol selacyl alchol, chimyl al-chol, Vitamin A.D.E, Carotinoid Color

- 어유의 효능 : 열량원 9cal/g fat), 특수성분(Vitamin P) 효과

(라) 고형물(Extractives, 에끼스)

어육을 열수추출한 수용성 정미(呈味) 성분

① 기능 : 근육세포의 대사관여(생화학적), 맛 품질관여(식품학적)

② 함량 : 어류 1~5%, 연체류 4~8%, 갑각류 6~10% (무척추 > 척추)

③ 구성 : 유기성분 3/4~2/3과 무기성분 1/4~1/3

④ 내용성분

ⓐ Free amino acid : 적육(赤肉), 혈합(血合)육에 풍부, taurine, glycine, glutamic, alanine, proline, 염류농도에 의해 증감(삼투압 조절)

ⓑ TMAO$(CH_3)_3NO$: 판새류인 홍어, 가오리에 풍부, 담수어(淡水魚)는 不 존재 TMAO → TMA[생존 시 없거나 소량 함유 → 사후변질분해로 함량 증가]

ⓒ 요소(尿素,Urea) : 어류의 최종 질소화합물 배설형태

- 암모니아 형(NH_3형) : 해산(海産) 경골어(硬骨魚), 수서(水棲)무척추동물, 담수어
- 요소형(尿素型)$(NH_2)_2CO$: 해산(海産)연골어(軟骨魚)-판새류(홍어, 가오리, 상어)

ⓓ Betaine : 메치오닌의 합성시 CH_3 radical 원료

- 어류 0.1%, 무척추(脊椎)동물(오징어, 문어, 새우) 5~11%
- 조개의 패각근(貝殼筋)에서 Atrinine(신 베타인 유사물질) 발견

ⓔ 핵산 구성성분(Nucleotide) : 어육근육 중 유리상태로 존재

- ATP, ADP, AMP, IMP, Adenosine, Inosine, ribose
- 연체류에 풍부, 분해산물(adenine, guanine, xanthine, hypoxanthine)
- 갈치 비늘 : guanine(난용성)과 요산이 침착되어 흰 광채 발산

⑥ 유기산(有機酸) : 젖산(乳酸) 1%(赤肉 > 白肉), 호박산(琥珀酸, 조개맛), pyruvic, malic, citric, fumalic acid - 소량 존재

⑦ 당류(糖類, sugars) : glycogen(간당) - 어육 1%, 조개 5%이상, 포도당, galactose 소량존재, ribose(선도 저하 시 함량 증가), inositol(5~10mg%)

(마) 색소(色素)물질(pigments,color substances)

① 표피(表皮)세포[체(體)표피세포질 중의 색소립(色素粒)] 종류

ⓐ 흑색소포(黑色小胞; melanophore) : 흑색, 갈색

ⓑ 황색소포(黃色小胞; xanthophore) : 황색

ⓒ 적색소포(赤色小胞; erythrophore) : 적색

ⓓ 백색소포(白色小胞; leucophore) : 백색

ⓔ 구와닌색 소포(小胞; guanophore) : 광택

- melanin, carotinoid, pterin, Mb, Hb

- melanin, carotinoid, pterin, Mb, Hb

② 근육색소(筋肉色素; MyoglobinMb) : 적색의 수용성색소 80% 이상, 혈합육에 풍부, Cytochrome(연어, 송어 육색 제외)

③ 혈액색소(血液色素; HemoglobinHb) : MW 67,000, 먹장어 34,000, 피조개73,000

- 색소성분 : Hb(Fe), Hcyanin(Cu, 연체, 갑각), HVanadin(v), Pinnaglobin(Mn), Erythrocruorin(연체, 환형동물)

④ 내장색소(內臟色素; Viscera Color) : Bile, astacene, xanthophyll(어류), carotene, bilibrubin(肝 황색), biliverdin(록색), pheophorbide(淡靑, 전복)

- 묵즙(墨汁; Sepia) : 문어・오징어 먹물(melanin, $CaCO_3$, $MgCO_3$, 카로틴)

(바) 맛(呈味) 성분

유리아미노산, 핵산물질, 유기산, glycogen, 지방

① free amino acid : MSG, glycine, alanine, proline(조개, 새우, 오징어), Methionine(다량 시 불쾌 미, 미량 시-후미(後味)강화)

② 핵산물질 : 핵산조미료(GMP, IMP 외 20여종 존재)

- 맛의 상호증진작용(enhancement action of taste) : 맛의 상승(相乘)효과, MSG(아미노산 계)에 소량의 IMP, GMP(핵산계)첨가 시 15배 맛이 강화

③ Betaine(오징어의 상쾌한 감미(甘味)), TMAO(감미), 호박산(조개살 맛)

④ Glycogen : 굴, 조개, 單용은 無味, 혼합 시 後味생김, 지방, 그리세라이드(조직감)

(사) 냄새 (香臭) 성분

① 어취(魚臭; fish odor) : 해수어(海水魚)희박(TMA 臭, Iodine 臭) <담수어 臭 强, piperidine, acetaldehyde(민물고기), δ-aminovareral, δ-aminovaleric acid,(비린내 强), H_2S, TMAO, skatole, indole, methylmercaptan(부패 臭), NH_3(상어, 홍어, 가오리에 풍부)formic, acrylic, propionic, butylic, crotonic, valerianic acid(어유산화분해성분)

②무척추(無脊椎)어류 냄새 : Δ2.6 nonadienol(해삼 풋오이냄새), cynthianol(멍게 특이취), i-valerianic, acetic, propionic, butylic, capric acid(오징어 부패취), taurine + betaine(날 오징어 취),taurine + casein (구은오징어 취), taurine + methionine(간장발라 구은오징어 취)

③ 해조취(海藻臭; seaweed odor)

ⓐ 향기성분(flavor) : benzaldehyde, n-valeraldehyde, 5-methylfurfural, furfural(carbonyl구) 1.8 cieol, linalool, d-limonene, α-pinene, octenol-3(중성구), dimethylsulfide block, dimethyl sulfite(김 냄새)

ⓑ 냄새성분(臭氣; smell odor) : H_2S, methanthiol, low grade fatty acid(formic, acetic, butylic acid), unsaturated fatty acid(acrylic, linoleic acid), amine block (TMA), Phenol block(ρ-cresol)

(아) 유독성분(有毒; toxic substance)

① 어(魚)의 독성분 존재 이유 : 생존상 체내생성, 환경오염으로 외부섭취축적, 세균 오염

ⓐ 어독(魚毒) : tetrodotoxin($C_{11}H_{17}O_8N_3$, 복어 독, 맹독-15명/尾 수용성, 내열성 강, 알, 혈액, 육질 함유), cyguatera(창 꼬치독, 신경마비), ichthyotoxin(뱀장어피 독소)

ⓑ 연체(軟體)어류독 : tyramine, histamine(문어 마비독), mitylotoxin(담치 독), venerupin(굴, 바지락, 모시조개 독), holothurin(해삼용혈성 독),saponin (불가사리독)

② 육색에 따른 어육 분류

ⓐ 보통/백색육(ordinary/white muscle meat) : 저서성(底棲性) 심해 정착성백육어 多수분, 少지방, 결착성, 탄력성 强, 어묵 형성능 優秀, 조기, 대구, 명태, 넙치, 광어

ⓑ 적육/혈합육(red/bloody/dark muscle meat) : 표층회유(表層回遊) 적육魚 多지방, 少수분, 결착성, 탄력성 貧弱, 통조림, 연제품용, 꽁치, 고등어, 참치

1강

수산가공원료

1. 수산가공원료의 특성

1	종류의 다양성	-어류, 패류, 연체류(오징어 ,문어, 오징어 등), 갑각류(게, 새우류 등), 해조류 등 -생태적 특징 천차만별 -유사어획물도 성분 간 많은 차이 : 가공 시 유의
2	어획량의 불확실성	-해양환경 따라 생산량 불 일정 -양식기술발달로 계획생산 가능하나 미미
3	생산시기 한정성	-어장별 시기별로 생산종류 차이 -계절별 수온차, 프랑크톤 등의 분포차로 수산물의 회유성
4	생산 장소 한정성	-해역별, 어장별로 어종의 종류와 어획량이 많은 차이
5	성분 차이성	-어종별, 성숙도별, 부위별, 계절별로 성분 차이
6	비보존성	-해양세균은 대체로 저온성 균이고 세균오염 유형 다양 -체조직의 연약성 -효소의 높은 활성 -높은 수분함량
7	생리활성물질의 다량함유	-peptide물질 -고도 불포화지방산 함유 EPA(Eicosapentaenoic acid) : 항혈전 및 동맥이완작용 DHA(docosahexsaenoic acid) : 학습능력 향상
8	유독종의 존재 (어독)	tetrodotoxin(복어), holothurine(해삼), saponine(불가사리), tyramine(문어), mytilotoxine(담치), venerupine(바지락), histidine(고등어, 가재미)

2. 수산가공원료의 종류

어종	명 칭	주어장	주어기	주 영양성분	이용·가공
꽁치	mackerel pike samma	동해 (경북, 강원)	4~7월 10~1월	아미노산, 글루타민산, 무기질	조림, 구이, 통조림
고등어	commcn mackerel saba	제주주변 해역	연중(성어기 12~1월)	아미노산, 글루타민산, 다가불포화지방산 (EPA, DHA)	자반, 얼간, 조림,통조림, 간고등어
정어리	sardin maiwashi	동해남부해역 강원이북해역	3~6월 10~11월	아미노산, 타우린, 글루타민산, EPA, DHA	통조림, 양어사료
전갱이	horse mackerel maaji	동지나해 고등어어장과 유사	연중(성어기 5~9월)	아미노산, EPA, DHA	어육햄소세지, 통조림, 발효제품
멸치	anchovy katakuchi-iwashi	남해	연중(성어기 7~12월)	아미노산, 칼슘, EPA, DHA	마른멸치, 발효식품
말쥐치	filefish umazura hagi	제주해역기점 한반도동서해	5~12월	아미노산, EPA, DHA	fillet, 조미건포
연어	salmon sake	북해알류산 알라스카	5~8월 6~7월	아미노산, 칼슘, 인	러시아산-통조림 노르웨이산-훈제
명태	Alaska pollack suketodara	동해 북태평양	12~3월	칼슘, 인, 아미노산	surimi, 명란, 창란, 아가미젓, 황태
참조기	yellow croaker kiguchi	서해(연평도)	4~5월 11~12월	칼슘, 인	굴비, 구이, 매운탕
붕장어	conger eel maanago	남해안 동중국해	가을~겨울	단백질, 포화지방산	양식이 안됨 보양식(장어구이)
대서양 대구	atlantic cod	북대서양 북극해			

<표 계속>

어종	명 칭	주어장	주어기	주 영양성분	이용·가공
블루 화이팅	blue whiting	지중해~북아이슬랜드해역			
해드옥	haddock	북대서양 유럽북부 연안			
뉴질랜드 민대구	hake	뉴질랜드, 남아메리카 남부근해			
아르헨티나 민대구	Merluza	아르헨티나 근해			
새꼬리민태	Hoki	뉴질랜드남방			집단급식, 소재
남방붉돔	Snapper	뉴질랜드, 호주근해			
황줄참돔	Panga	남아프리카 대륙붕			
비단돔	Breca	노르웨이연안 아프리카			
가다랑어	skipjack tuna	태평양, 인도양, 대서양		단백질 (특히 글루타민산)	가츠오부시, 회, 통조림
	katsuo				
황다랑어	yellowfin tuna	태평양, 인도양, 대서양		단백질 (특히 글루타민산)	가츠오부시, 회, 통조림
	kihada				
꽃게	blue crab	서해중부	3~4월	단백질(아미노산), 무기질	꽃게젓, 꽃게장, 통조림
	gazamigani				
붉은대게	red crab	동해			키토산, 맛살, FPC, 통조림
대게	tenner crab	베링해, 알래스카, 동해(영덕)	겨울	단백질	키토산, 맛살, FPC, 통조림
	zuwaigani				
털게	hairing crab	캄챠카, 베링해 알래스카, 홋카이도, 동해북부			통조림, 키토산, 렞
	kegani				
굴	oyster	남해, 서해	10`6월 (양식)	단백질, 글리코겐, 아미노산, 타우린, EPA, DHA	생굴, 굴젓, 냉동굴, 건조굴, 훈제통조림
	magaki				

<표 계속>

어종	명 칭	주어장	주어기	주 영양성분	이용·가공
담치 (홍합)	sea mussel igai	마산, 통영, 남해, 여수	3~4월	단백질, 글리코겐 무기질(철, 칼슘), 아미노산, 타우린	죽, 훈제기름담금통조림
바지락	short necked clam asari	전남북, 충남, 황해도, 평안남북도	연중(양식)	단백질, 글리코겐, 무기질(철, 칼슘), 타우린, EPA, 옴	젓, Ex분, 통조림
소라	spiny top shell sazae	제주도근해 전남서해남해 에서 영일만	6~8월	단백질, 무기질, 아미노산, 타우린	회, 구이, 건조품
골뱅이 (물레고동)	finely-striate buccinum	동해(주문진, 삼척, 속초)	3~8월	단백질, 무기질(철, 칼슘)	가정요리, 조미통조림
오징어	commcn squid surume-ika	동해, 남해, 서해	울릉도근해 8~10월	단백질,아미노산,타 우린,다가불포화지방 산, EPA, DHA	마른오징어, 회, 젓, 피데기 훈제조미
김	laver nori	전남해역 (진도완도)	1~월	식이섬유, 무기질	마른김(구이 등), 부각
미역	sea mustard wakame	완도, 진도, 장흥, 고흥, 기장, 울산	1~3월	식이섬유, 무기질 (칼슘, 나트륨, 철, 인, 요오드 등)	마른미역, 다당류추출(알긴산 등)
다시마	sea tangle kombu	동서남근해	7~9월	무기질(칼슘, 나트륨, 철, 인, 요오드)	알긴산, 핵산조미료원료 등
우뭇가사리	agar-agar makusa	제주해역	5~11월	식이섬유, 무기질	한천원료

2강

수산물의 근육조직

1. 어육의 조직

어육의 조직구조	껍질부	표피층	-점액을 분비하는 점액샘이 분포되어 있어 미끄럽다.
		진피층	-석회질이 침적하여 형성된 비늘이 있는 부위
		색소세포층	-색소세포층에 있는 색소과립, 비늘색소, 표피와 진피에 의한 빛의 굴절 등으로 복잡한 광채를 나타 냄.
	근육부	피하지방층	-껍질과 근육의 가교역할 -주로 지방이 축적되어 있다.
		혈합육층	-회유성일수록 혈합육의 비율이 높다. -가공시에 비린내를 많이 내는 특징이 있다. -참치통조림 제조 시 이 부위 제거(냄새 때문)
		백색육층	-저서성 어류에 백색육의 비율이 높다.

[어패류의 근육 량]

체격이 크고 몸통이 비만한 어종들에 근육량이 많으며(가다랑어 70%, 갯장어 68%, 연어 60%) 연체류, 갑각류, 패류의 순으로 근육량이 적어짐(굴 24%, 소라 20%, 바지락 13~20%

2. 근육의 분류

백색육	-일반육이라고도 부르며, 회유성이 적은 정착성 어종에 많다. -근육 대부분이 백색육인 어종 : 도미, 넙치, 가자미, 대구, 조기 등
적색육	-혈합육이라고도 하며, 운동성이 강한 회유성 어종에 많다. -백색육에 비하여 수분, 총질소, 비단백질소가 적은 반면 지질이 많다. -myoglobin, cytochrome, 결합조직, 비타민, 효소군 풍부. -가다랑어, 꽁치, 청어, 방어, 고등어, 정어리, 삼치 등에 많다.

3. 근육의 구성

근섬유	-외부는 근섬유 초, 내부는 다수의 근원섬유가 줄지어 있으며, 그 사이에 근형질이 있다. -근섬유의 크기는 어종에 따라 다르고, 부위, 연령, 영양 상태에 따라 차이가 있다.
결합조직	-근섬유와 내부기관을 결속하는 조직 -교원섬유, 탄성섬유, 세망섬유 등이 있다. -어육이 축육에 비하여 연한 이유는 근육의 결합조직의 양이 적기 때문이다.

3강

수산물의 주요 성분

수산물의 주요 성분은 어종, 암수, 크기, 어기, 어장, 선도, 부위 등에 따라 다름

일반적 구성 : 수분 60~85%, 단백질 15~25%, 지질1·10%, 탄수화물 0.1~1.5%, 무기질 1~2%

1. 수분(Moisture)

수산물의 수분은 영양적 가치는 낮지만 가공성, 저장성, 맛, 색, 조직감 등에 큰 영향을 주므로 가공과 저장 시에는 반드시 조절이 필요한 성분임

2. 단백질(Proteins)

어육 단백질의 영양가는 축육 단백질에서와 그 가치가 비슷하다.

쌀을 주식으로 하는 사람들에게 부족하기 쉬운 lysine이 풍부하여 어육의 섭취는 매우 유익하다.

종류	조성비 (%)	용해도	모양	종류	특성
근원섬유 단백질 (근육구조 단백)	65	염용성	사상	myosin, actin	-물에 불용, 중성염 용액에 가용, 점성이 큼 -actin이 몇 개 연결되어 실모양의 섬유성 F-actin이 되고 이것이 다시 myosin과 결합하여 actomyosin이 된다.
				actomyosin	-물에 불용, 중성염 용액에 가용, 점성이 큼 -myosin과 actin으로 구성되는데 소금물에 녹였을 때는 점도가 매우 높아 어묵과 같은 탄력있는 어육단백질 제품이 만들어 진다.

<표 계속>

종류	조성비(%)	용해도	모양	종류	특성
근원섬유 단백질 (근육구조 단백)	65	염용성	사상	tropomyosin	-물에 불용, 중성염 용액에 가용, 점성이 큼 -막대기 모양의 분자구조를 가짐. -분자량 5만3천~6만5천 -등전점은 pH 5.1
근형질단백질 (근장단백질)	30	수용성	구상	myogen	-물에 녹고, 효소, 단백질, 색소단 백을 포함 -분자량7만~10만, 55~65℃에서 응고 -등전점 pH 6.0~6.5
				myoalbumin	-물에 녹고, myogen과 같은 계통의 albumin성 단백질, 등전점이 pH 3.3의 산성인 점이 특징. -상어, 가오리 등에 많이 함유
				globulin x	물에 녹고, 분자량16만 -등전점 pH 5.2, 44~45℃에서 응고
근기질 단백질 (결합조직 단백)	3~5	불용성	사상	collagen	-jellatin이라고도 하며, 물, 염류, 묽은 산, 묽은 알칼리에 불용. -근육, 진피, 뼈, 힘줄, 비늘, 부레 등에 함유
				elastin	-물, 염류, 묽은 산, 묽은 알칼리에 불용. -collagen보다 산, 알칼리, 열에 더 안정 -gelatin화가 곤란 소껍질에서 보다 어류껍질에 더 많다. -분자량은 4만9천5백

3. 지질(Lipids)

수산물에서 지질이 증가하는 계절에는 수분함량이 감소하고, 지질이 감소하는 계절에는 수분함량이 증가하는 경향을 가지는 상관관계가 있다.

지질의 분포	백색어류	근육에 많고(중성지질), 간장에는 적다.
	적색어류	간장에 많고(조직지질), 근육에는 적다.
함량과 종류	어종,계절, 연령, 영양상태에 따라 차이 산란전>산란후, 배>등, 머리>꼬리, 표층>내부, 혈합육>보통육 어유에서의 Glyceride는 대부분이 Triglyceride이고 mono-, di-는 소량을 함유.	
지방산	축육의 지방산에 비하여 EPA(Docosapentaenoic acid), DHA(Docosahexadnoic acid) 등과 같이 탄소와 수소의 2중 결합이 4개 이상인 **다가 불포화 지방산**을 많이 함유. 이것은 동맥경화, 심혈관계 질환, 치매와 기억력 등의 뇌기능장애, 대장암, 유방암 등의 예방효과가 있는 것으로 알려져 있으며 등푸른 생선에 특히 많다.	

<표 계속>

지용성비타민	대구, 상어의 간-비타민 A 다랑어, 방어의 간-비타민 A, D
산화안전성	어패류의 지방은 영양적 가치는 높으나 불포화지방산이 많아서 불안정하여 산화되기 쉽고, 저장조건이 나쁘면 산화하여 냄새, 독성물질을 생성하므로 취급에 주의해야 함.

4. 탄수화물

함량	-회유성어류에약 1.0%, 저서성 어류 약 0.6% -패류에는 글리코겐 함량 많음(성숙기 5.0%) -해조류에는 탄수화물 다량 함유
사후변화	어육의 사후 첫 단계변화로서 해당작용에 의하여 글리코겐이 젓산으로 분해가 일어나며 그 결과로서 어육 중의 근육의 pH는 회유성어류는 5.6~5.8, 저서어류는 6.2~6.4까지 저하된다.

5. 엑스성분(Extractives)

정의	어류의 근육 중에서 단백질, 지질, 색소 및 기타 고분자화합물을 제외한 나머지 성분인 아미노산, 저분자 펩타이드, ATP관련물질 등의 질소화합물들, 저분자 탄수화물들을 통틀어 엑스성분이라고 한다.	
함량	-비단백태질소량 기준으로 적색어류 500~800mg% 정도 -백색어류 300~400mg% 정도 -갑각류>연체류>적색육어류>백색육어류>연골어>경골어 순이다.	
기능	어패류의 맛에 깊은 관련을 갖는 물질	
종류	유리아미노산	-단백질을 구성하지 않고 유리되어 있는 아미노산 -근육 엑스분 중 함질소화합물의 주요성분은 아미노산과 저분자 펩타이드이다. -실제로 어패류의 맛은 유리아미노산과 펩타이드에 의하여 결정 -적색육어류>백색육어류
	ATP 관련물질	-정의 : 핵산의 구성성분으로 어패류의 근육운동에 직접 관계하면서 이들의 맛에 관여하는 성분
	TMAO	약간의 단 맛. 분자식은 $(CH_3)_3NO$, 어류나 바닷가의 신선한 냄새의 주성분이나 세균 또는 glutathione에 의하여 쉽게 환원되어 TMA (Trimethyl Amine: $(CH_3)_3N$)가 되며 이것은 생선 비린내의 주성분이다. TMA는 선도가 저하할 수록 증가하므로 선도지표물질로 이용함
	Betaine	오징어, 문어 새우의 육에 많고 glycine과 함께 연체류의 단맛의 주체 물질이다. 새우의 경우는 엑스성분의 5~11% 정도로 많다.

<표 계속>

종류	유기산	젖산(lactic acid)가 대표 유기산이며 신선어는 600~1,200mg%, 그 외 succinic acid는 패류의 시원한 맛 성분을 구성한다.
	당류	어류 중에 존재하는 유리당으로는 다당류인 glycogen이 있고 이것에서 분해된 glucose, ribose가 있다.

6. 색소

근육색소	myoglobin	선홍색을 나타내며, 어육의 수용성 색소의 약 80%이상을 차지한다.
	carotenoid	연어, 송어의 특유색의 주 색소성분. 지용성 색소임
	cytochrome	적색어류의 육색의 주성분 색소
피부색소	melanine	표피색소 중 갈색이나 흑색의 주 색소, 오징어 먹물주머니의 색소
	carotenoid	표피색소 중 적색, 황색을 나타내는 주 색소. 도미, 적어, 갑각류의 갑각
	기타	오지어, 문어의 표피색 ommochrome, 어류의표피와 비늘 pterin, 갈치비늘 guanin 등
혈액색소	hemoglobin	어류의 혈액색소로 기본 원자단이 Fe(철) 인 색소
	hemocyanin	기본 원자단이 Gu(구리)인 hemocyanin은 게, 새우, 오징어, 문어 등을 가공할 때 푸른 색으로 변하는 원인색소
	hemovanadin	기본 원자단이 vannadium인 색소
	pinnaglobin	기본 원자단이 Mn(망간)인 색소
내장색소		어류의 간장에 지용성 carotenoid, 해산어류에 astacine, xanthophyll 금붕어 carotenoid, 오징어먹물 주성분 melanine

7. 맛성분

유리아미노산	-glutamic acid, aspartic acid : 수산물의 맛에 크게 관여하는 대표적인 아미노산 -glycine, alanine, proline : 새우, 오징어, 조개류 등의 단맛 -valine : 성게의 쓴 맛 -methionine : 게 등의 독특한 맛
ATP 관련물질	핵산관련물질의 분해경로 : ATP→ADP→AMP→IMP→inosine→hypoxanthine IMP는 잘 분해되지 않고 맛에 지대한 역할을 한다.
Betaine	일반적으로는 glycine betaine을 일컬으며, 상쾌한 단 맛을 가지는 물질로 오징어, 문어, 새우 등의 맛에 관여하는 물질
TMAO	-TMAO, TMA는 육상동물에는 없는 어패류의 특유성분이다. -TMAO는 감미물질이나 세균유래효소나 glutathione에 의하여 쉽게 환원되어 TMA로 되고 이것은 선도저하에 의해 급격히 증가되어 상한 생선 비린내의 주성분이다.

<표 계속>

당류	어패류에 함유하는 다당류는 소량이지만 glycogen이고, amylase에 의한 분해생성물은 대부분 glucose이고 주로 감미에 관여한다.
유기산	어패육에서 검출되는 유기산은 종류가 많지만 맛에 영향을 주는 유기산으로는 glycogen에서 분해되어 생성되는 lactic acid, succnic acid 정도가 있고, succinic acid는 오지어, 문어, 조개류에 많이 함유되어 상쾌한 맛을 나게 하는 물질이다.

8. 냄새성분

해수어	-해수어의 선도가 떨어지게 되는 경우 Amine류(암모니아, TMA,DMA)가 생성하고 여기에 piperidine,acetaldehide 등이 혼합되어 비린내를 발생한다. -비린내 이외의 부패취를 생성시키는 함 황화합물 등의 물질들이 있다.
담수어	담수어 비린내의 주성분은 piperidine, pyridine, pyrazine 계 화합물 등이 있다.

9. 유독성분

어패류에서의 유독성분은 다음과 같이 나눌 수 있다.

① 자연독 : 생존 상 필요한독으로 체내에서 만들어지는 독

② 공해독 : 자연 환경의 영향으로 체내에 축적된 독

③ 세균독 : 사후에 세균에 의하여 생기는 독

④ 부패독 : 성분의 분해나 부패에 의하여 생기는 독

[자연독]

tetrodotoxin	복어	holothurine	해삼 내장
saxitoxin,mytilotoxin	섭조개, 가리비	tyramine	문어의 타액
ciguateratoxin	열대, 아열대해역물고기	saponine	불가사리의 위
palytoxin	강장동물의 자성폴립 알	venerupin	굴,바지락 내장
ichthyotoxin	뱀장어 혈액	mytilotoxin	담치조개의 간장

3장. 수산물의 생리활성 기능성분

① 어패류(魚貝類; fish and shell fish) : 고단백, 고지방 풍부하고 무기질, 비타민 공급원

② 해조류(sea weed) : 바다야채, 각종무기물, 요도 공급원, 알긴산의 중금속체내 억제예방

③ 해양생물 : 미량, 소량의 성분으로 생명현상 영향물질

ⓐ 활성이 불안정하여 분리정제 至難

ⓑ 어간유의 비타민 A. D, 어류내장의 인슈린, 해조류의 구충제, 갯지렁이의 살충제 성분

ⓒ 건강식품, 식품가공첨가물, 의약품, 농약품, 공용품등 활용, 1960년대 많은 연구 진행

1. EPA, DHA

- ω3 지방산
- 등푸른 생선(꽁치, 고등어) 풍부, 고도의 불포화 지방산으로 유아두뇌 발달, 치매예방
- 성인병(심근경색, 혈전증)예방효과 탁월, 에스키모인, 일본인의 혈전全無 : 생선400g/일 섭취

(가) EPA(EicosaPentaenionicAcid)

탄소 20개, 이중결합 5개(5,8,11,14,17 탄소위치) 명태 10%, 고등어 6%, 정어리 16%, 멸치 16%

(나) DHA(DocosaHexaenoicAcid)

탄소 22개, 이중결합 6개(4,7,10,13,16,19 탄소위치) 명태 16%, 고등어 17%, 정어리 10%,

멸치 16%

① 포화FA : butyric-4, 버터, caproic-6, caprylic-8, capric-10, lauric-12, myristic-14, palmitic-16, stearic-18, arachidic-20, behenic-22, lignoceric-24, cerotic-26, montanic-28, melissic 30

② 불포화FA

ⓐ oleic acid=1개 계열 : caproleic-10, lauroleic-12, myristoleic-14, palmitoleic-16, oleic-18, vaccenic-18, ricinoleic-18, gadoleic-20, erucic-22, nervonic-24

ⓑ linoleic acid 계열=2개 : stillingic-10, linoleic-16

ⓒ linolenic acid 계열=3개 : hiragonic-16, linolenic-18

ⓓ polyethenoid계열=4개 : moroctic-18, arachidonic-20, claupanodonic-22, nisinic-24

ⓔ EPA=5개

ⓕ DHA=6개

2. Squalene($C_{30}H_{50}$, MW 410.7), Oxygen Box

심해(수심 500~1000m, 100기압, 2~4℃ 냉암소, 먹이사슬없는 환경) 아이(용철갑)상어의 간유(肝油)에 함유된 이중결합 6개 불포화 탄화 수소유 triterpenoids가 주성분이고 $C_{30}H_{50}$의 화학식을 갖는 무색·무취의 기름인데, 생체 내에서는 아세틸 보조효소 A로부터 메발론산을 거쳐 합성된다.

심해상어의 간은 체중의 25%, 전체내장의 90%를 차지하고 간의 90%는 간유이고 간유의 90%가 squalene이다. 스쿠알렌은 식물유인 올리브유에 6.8%, 인간의 피부(표피지방층), 간, 쓸개, 심장, 폐 에도 12% 함유하여 부드러운 피부를 유지하게 된다.

squalene은 1906년 쓰지모도 미쓰마루(일)가 발견하였고 1935년 스위스인 칼라에 의하여 화학식이 구명 되었다. BP 330℃, 간에서 생성되며 담즙, 스트레이드 호르몬 원료가 된다.

squalene의 효능은 ① 산소공급($H_2O \rightarrow H^+ + OH^-$, $4(OH^-) \rightarrow 2H_{20} + O_2 + 4e$) 60조개의 체세포에 산소공급, ② 피부건강기능, ③ 신진대사기능, ④ 살균작용(발생기산소), ⑤ 체액의 산성화 방지, ⑥ 세포부활작용, ⑦ 혈중 TG와 콜레스테롤 저하 기능 등 스쿠알렌은 1g당 1,733칼로리의 열량을 내는 고칼로리 식품이며 시들어져 가는 세포에 활력을 주어 근본적으로 생기를 부활하는 비밀의 무기이다.

· 공업적이용 : 윤활유(한랭지의 일본군 전차, 비행기), 화장품, 좌약, 의약품기질, GC고정 상액체

3. 기타

(1) Taurine(β-aminoethane sulfonate, 含 S 아미노산, 분유, 박카스 첨가원료)

① 동물계의 중추신경조직, 심근, 망막조직 구성성분

② 삼투압조절(해산동물), 근내 수축에너지물질(환형동물), 담즙산구성분(고등동물)

③ 생리활성은 막의 흥분성관여, K와 Ca의 막 이동관여, 내분비조직, 신경전달물질방출 조절

④ 생체막의 안정화로 노화 방지 물질 타우린 대사가 앞으로 연구 과제

(2) Insulin

① 동물 췌장 중 랑게르한스섬에 함유된 아미노산 A사슬(21개 aa 잔기)과 B사슬(30개 aa 잔기)로 구성된 peptide hormone으로 부족하면 당뇨병을 초래.

② 인슈린 채취는 소, 돼지, 개 나 가다랑이, 참치, 대구, 명태, 가자미 가 섬과 췌장분리가 용이하여 많이 이용, 어류 인슈린은 최상의 원료선도를 유지하여 picric acid에 침지한 랑게르한스 섬 조직을 마쇄하여 아세톤으로 수회추출, 35℃ 이하 감압증류, 잔사 + 혼합액(알코올 75%와 3N HCl 25%) 용해 후 원심분리, 상징액 + 아세톤 용해, 냉장고 방치한 후 인슈린 염산염 침전물은 아세톤과 에테르로 세척 건조 분말의 인슈린 제조

(3) Chitosan/Chitin(키틴의 탈 아세틸화합물)

① 키틴 함유원료 : 하등동물, 게, 새우껍질(皮) 20~50%, 하등식물 세포벽 45%

② 키토산 및 유도체 효능 : 무독성, 무공해성, 생분해성, 除酸작용, 궤양억제작용, TG나 콜레스테롤 감소약리작용, 장내 유용균의 발육촉진, 면역력 부활작용, 외과용 봉합사, 화상시 인공 피부, 항 균제, 항 종양제, 투석막, 응집제, 흡착제, 이온교환수지, 화장품, 시굴세포의 활성화제 등 다양

③ 키토산의 식품에 이용도

ⓐ 무독성 천연물

ⓑ 높은 소화율(닭 89~98%, 토끼 40~44%)

ⓒ 보존제(pH 5.6)

ⓓ 고분자 응집제(폐수3차 처리오니의 75% 응집)

④ 제조상 문제점 : 섬유소 다음으로 풍부한 자원, 다양한 용도, 건조 게 껍질 1톤에서 200~500kg 키토산 생산과 100톤 폐수(BOD 350kg + 염 350kg함유)발생, 화학약품(산, 알칼리) 분해법에서 → 효소분해법으로 공해 해결

⑤ 용도 :의료용, 농업용, 섬유, 종이, 항균제, 건강기능식품

4. 해조류 기능성분

· 해조류 : 기호품, 임산부영양원, 무기질, 식이섬유 공급원, 생체유지기능

· 주요기능성 물질 : 지방산 관련물질, 페놀류, terpenoid, 다당류, 아미노산류

· 기능효과 : 항균성, 항바이러스성, 항 종양활성, 항혈액 응고물질, 혈압조절작용

(가) 화학성분

① 광학성 색소

ⓐ 지용성 엽록소 : 건갈조(乾原藻 : 갈, 홍, 록 조류)에 0.1~2 % 함유

ⓑ 카로티노이드 : β-carotin, lutein, violaxanthin, zeaxanthin, neoxanthin, antherax-anthin, β-cryptoxanthin, lutein-epoxide - 常存 成分

ⓒ phycobilin : 홍조류, 수용성, bilin은 담즙색소와 유사

② 단백질

ⓐ 마른해조(녹, 갈, 홍조류) 10~20%(건물 중)함유, 육상채소와 유사

ⓑ 김(海苔) 35~45% 함유 - 大豆와 필적

ⓒ 제한 아미노산 - 라이신, 트립토판, 但 소화성불량, 채소 곡류보다는 소화우수

③ 지질

ⓐ 乾 해조 1~4%, 다시마 1.5~2%, 미역 3.7%, 김 2%

ⓑ 포화FA(팔미틴산 10~40%, 미리스틴산 0.5~10%), 불포화FA(올레인, 리놀산, 레놀레산 10~30%, hexateraen산 7~17%, 탄소 20 이상 산은 적음)

ⓒ 고도 불포화산 : 홍조류가 아라키돈6~20%, EPA26~56%

ⓓ 아세톤 可溶의 당지질, 황지질, 인지질, DGDG, MGDG 함유

④ 당질 : 삼투압 조절, 영양염류 흡수가능케 전체 해조류가 치밀 구성

ⓐ 골격 다당류 : cellulose (최외층 존재, 해수와 접하며 조체의 골격구성)

ⓑ 점질 다당류 : 세포벽, 세포질, 세포간격을 충진상태, sulfated glucuronoxylo-rhamnan, sulfated glucuronoxylorhamnogalactan 과당이 결합, 알긴산 10~30% 함유, 아가로스(홍조), carageenan

⑤ 엑기스 성분 : 아미노산, oligopeptide, amine, betaine, aminosulfonic acid, nucleotide 등 저분자 N 화합물

ⓐ amino acid : 녹조류는 적고 갈조류에 글루타민산, 아스파라긴산, 알라닌, 프로린이 많고, 미역(알라닌, 글리신, 트레오닌, 글루타민산), 홍조류는 알라닌, 글루타민산, 타우린 특히 많음

ⓑ 기타성분 : nucleotide(cytidil산, adenyl산, uridil산, guanyl산, 85%가 2.3ribonucleotide), organicacid, 건물 중 200~1,100mg%), 당질(mannitol, sorbitol, inositol 등 6가 알코올 존재)

⑥ Vitamin : 김(vit. A 16,000IU), 감해태(13,000IU)

cf. 시금치 18,000IU, 감해태, 미역에는 thiamine, riboflavine, niacin이 많고 해조건물 중에 vit. C 20~1000mg% - 건조보존 유의 시 고가치유지

⑦ Minerals

ⓐ 인체의 체액(혈액, 임파액, 자궁 양수액) 조성은 해수조성 과 유사

ⓑ 인체골격, 치아(Ca. Mg. P), Na, K(근육, 신경 바란스 조절), Fe(Hb 산소운반, 에너지 대사)

ⓒ Ca, Mn, Cu, Co, Zn(효소 구성분, 활성화), I(갑상선기능)

ⓓ Cu, Co (Hb 합성, 골수 조혈 인자), Al, Fe, Mn의 농축률 high

⑧ 항균(抗菌) 및 Virus성 물질 : FA화합물, 페놀, 탄닌, 할로겐화물, 황화물, terpene류

ⓐ FA 관련 화합물 : Acrylic acid(항균력), DMPT(DemethylPropioThetin)-효소, 미생물분해생성

ⓑ Phenol류 : p-cresol, p-hydroxybenzyl alchol, phloroglucine 및 그 중합체 함유-할로겐(Br, Cl, I)치환,항생물질(cymopol,zonarol,bifucarenene, 5-hydroxy-cysato-furanoquinol)

ⓒ 황화합물 : 4-dioxy-1,2,4,6-tetrathiepane 및 1,2,4,6-tetrathiepane, lethionene)-항균활성 인식

ⓓ Terpenoi : 다수할로겐Monoterpene(항곰팡물질), sesquiterpene(laurintenol, iso-laurinterol), dilabellane, dictyolE, amijol,dictyodiol(G+ 균항균성확인)

ⓔ 다당류 : 해파린상 항산화(카라기난, 한천생성)다당류 : 항 바이러스 활성, 39종 다당

류 추출

⑨ 항종양성 물질

ⓐ 점질다당류 : 다시마, 모자반 열수추출물의 쥐 항 종양성 효과 인식, 알긴산, fucoidan 유효

ⓑ Terpenoid류 : 홍・갈조류에서 분리성분이 쥐의 악성 흑색종세포, 사람 결장 암세포 유효

⑩ Iodine 과 기능성

ⓐ 해조(海藻)의 요도 4~5ppm(해수의 5dd~6만배 함유)

cf. 해수(海水) 0.008 ppm, 녹조 130ppm, 홍조 890ppm, 갈조 4.300ppm

ⓑ 기능성 : tyrosine의 갑상선 호르몬 구성분

ⓒ 호르몬의 생리작용 : 세포 및 조직에서 지질, 단백질 당대사 촉진, 부족시 수종의 생리장애, 발육기 부족시 왜소증, cretin병, 성인은 점액수종, 골 발육불량, 단구증, 지능 저하증

⑪ 혈압조절물질 : 압저하작용과 혈압 점조성에 관여하는 콜레스테롤, T.G조절물질, 혈전방지, 혈액응고방지

ⓐ 아미노산류 : 라미닌(혈압강하효과), 갈・홍조류, 다시마에 함유

ⓑ 알긴산 : 식염과 고혈압, 과잉섭취는 체내에 NaCl과 물을 축적, 세포외액의 증가, 혈관벽 비후시키는 angiotensin 분리(혈관수축, 근육수축강화)로 혈압상승

- 알긴산은 Na과 결합 체외배출로 혈압상승억제 효과 초래

⑫ Cholesterol 저하물질

ⓐ 콜레스테롤 : 세포막 구성분, 답즙산, 부신피질의 전구물질

ⓑ 혈중 함량 초과시 : 심장동맥 및 말단 세동맥의 경화촉진 → 심근(心根)경색 초래

- Alginic acid : 녹・홍조류, 감해태, 곤부 분말의 베타인류 특히 homobetaine(β-alanine betaine), ulvalin이 혈중 콜레스테롤치 저하효과 우수

⑬ 항 혈액응고 활성 성분 : 황산 다당류인 Sargassan(갈조 성분)은 heparine의 항 혈액응고활성의 72배 강, 김(홍조류)의 트롬빈 활성 저지력이 헤파린의 2배효력

⑭ 기타 생리활성 물질

ⓐ 유해 중금속 제거배설 효과 : 해조 다당류는 -COOH 나 $-SO_2$ 기를 갖는 산성 다당류로 중금속과 결합력 강

cf. 알긴산은 Ca, Na외에 Cd, 방사능 오염 Strontium과 결합 체외 배출용이

ⓑ 효소활성인자 : 알긴산(amylase, protease활성증가), 가라기난(항 펩신기능)

- 톳(diterpene의 phytol) : 카르복시 에스테라제 활성인자
- polyphenol : 갈조류의 dibenzo-1,4-dioxine 골격의 eckol은 프라스민 저해활성, 아미라제, 트립신, 리파제 등 활성저해
- sterol : 혈전효소 활성화 인자(프라스미노겐)생성촉진, fuccosterol은 해조에 50~200mg% 함유 혈전생성방지, 용해효과
- Prostaglandin(자궁수축. 혈압강하제) : 홍조류인 김에 함유, eicosapentanoid 수종 발견, 12-hydroxy-eicosa-5,8,10,14,17-pentaenoicAcid(항균성분), 혈소판응집저해작용, 大신장(腎臟)의 ATPase 저해활성 촉진
- lectin(응집소) 해조류 응집소는 사람적혈구, 소, 모르모트 등의 적혈구, 림파구, 쥐 종양 세포, 해양세균에 대한 응집성이 강

4장. 수산가공의 요건

원료의 우수선도가 우수제품의 관건(수율, 품질)

1. 어패(魚貝)류의 선도 판정

(1) 목적

품질파악 (원료, 제품), 가공적성, 보존법 결정, 위생검사

(2) 측정원리

관능검사, 과학 분석 검사(이화학적, 세균학적)

(3) 측정법

(가) 관능검사

5대 감각기관 의존, 경험과 숙련필수, 간편하여 현장채용 많음.

・순서 : ⓐ 근육경도(손가락으로 눌러 경연 차), → ⓑ 아가미색(담적-양호, 회록-부패) → ⓒ 안구 상태(투명-양호, 혼탁-불량) → ⓓ 어피 색(고유색채) → ⓔ 복부(팽만감-양호) → ⓕ 어육(투명 광택 유무) → ⓖ 냄새 (해수 취-우수, 비린내-부패 취)

(나) 물리적 검사

신속판정가능하나 개체차 커서실용불가

① 경도측정

② 전기저항 차(부패로 감소)

③ 안구수정체 혼탁도

④ 어즙액 점도

⑤ 안방 상등 액의 굴절율

(다) 화학적 검사

① 판정원리

ⓐ 신선육에 없거나 소량성분이 변질시 생성 증가(VBN, TMA)

ⓑ 단백변성을 지표

ⓒ 효소활성지표

ⓓ pH 변화치

② 측정법

ⓐ 휘발성 염기질소(VBN) 측정법 : 증류법, 미량확산법(Conway법)

- VBN 판정기준 : 신선어(5~10mg%), 보통어(15~25), 초기부패어(30~40), 부패(腐敗)어(50mg% 이상), 통조림원료어 20mg%↓

ⓑ TMA(Tri Methyl Amine) : 신선어(없음), 초기부패어(3~4mg%↑, 부패어(TMAO 환원), 담수어 불사용

ⓒ 휘발성환원물질(VRS) : 초기부패어(20mg% 당량↑- KMnO4소비량)

ⓓ 단백승홍침전반응 : 어육을 승홍(제2수은의 침전정도로 측정)

ⓔ 어육 pH : 사후 저하후 재차 상승

- 부패점 pH : 적육어 6.2~6.4, 백육어(6.7~6.8), 신선 (7.0)

- 오징어육 선도판정기준 : VBN 30mg%, pH 6.5

(라) 세균검사

어육에오염세균수 측정, 번거롭고 장시간소요로 비실용적

· 부패구분(Tarr 1944) 어육 1g당 세균수로 신선어 105↓, 초기부패어 105~106, 부패어 15×106

2. 어패육(魚貝肉)의 사후(死後)변화

(1) 사후변화 5단계

① 해당(解糖)작용(Glycolysis) : 간당 → 젖산, ATP → H_3PO_4 + ADP

② 사후경직(硬直; Rigor Mortis) : pH 6.3↓

③ 해경(解硬; Off Rigor, Resolution of Rigor) : ATP소실, 근섬유 파열

④ 자가소화(自家消化; Autolysuis) : 육질연화, 산가↑, 인산↓, NH3.aa, 가용성N↑

⑤ 부패(腐敗; Putrefaction) : 자가소화 + 대장균에 의한 분해의 공동작업

(2) 어패육의 어획후 생체변화(사후변화)는 대단히 복잡하나 크게 나누어

① 먼저 소계에 의한 해당작용 같은 생화학적 변화로 시작하여 근육내 젖산과 인산이 축적되어 ② 육단백질이 사후경직이 근육내 간당(glycogen)이 소진 될 때 까지 계속되고 ③ 해당작용이 끝나면 해경과 더불어 ④ 근육 내 자가분해효소에 의한 자가소화로 육질이 연화 팽윤된다. 이때 부패균의 오염증식이 왕성해져 근육성분은 저급화합물로 분해하여 ⑤ 부패를 일으키게 된다.

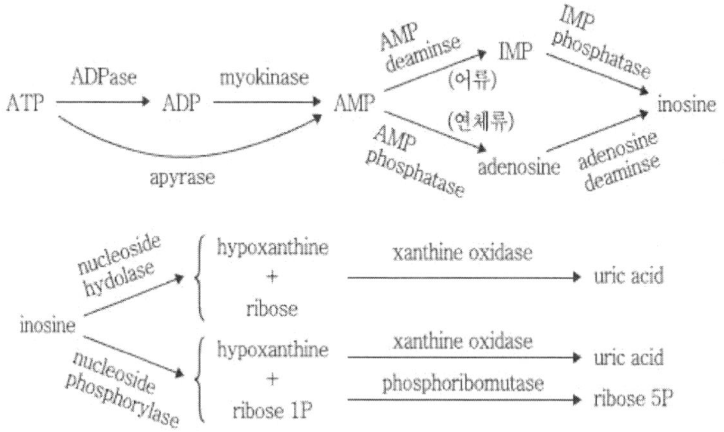

【그림 4-1】 ATP의 분해경로

(3) 어육 사후변화

- 저장목적 : 사후경직(前. 中) 과정을 냉동(-15℃, 2주간)으로 연장
- 조리 목적 : 자가소화 과정신속화(연화효소)진행

① 생선회(生鮮膾)

신선육을 냉수에 담그면 급격히 수축하는 현상 = 이상경직

· 원인 : 인산화합물의 소실, 간당의 감소, 근육의 경직 등이 단시간 진행으로

② 부패작용

유기물질이 미생물의 작용에 의하여 인간생활에 부적당한 물질로 분해되는 것.

· 명칭 : 탄수화물 → 발효, 지방 → 산패, 단백질 → 부패

· 아미노산 분해종류 : ⓐ 탈탄산작용 ⓑ 탈아미노작용 ⓒ 탈탄산과 탈아미노병행 ⓓ amino acid 발효

· 어육부패세균 : *Flavobacterium, Pseudomonas, Achromobacter*속

· 분해산물 : NH_3, 아민류, 휘발산, 방향 및 Oxy산, 페놀, 인돌, 스카돌, 피롤, 유황 유도체, 각종 aa, 각종 ptomine류

3. 어획물의 취급과 관리

선도가 우수하고 위생 안전한 어패류공급은 어획에서 소비까지의 어획물의 취급, 관리 및 선도유지 기술확보가 절대적 요건임.

(1) 선상의 취급관리

(가) 선상 선도유지

오염원신속제거, 효소작용억제, 직사광선회피, 저온유지, 상처 및 유혈방지로 미생물오염 발육 및 변색방지

(나) 선상처리

① 선별 : 신속실시, 취급주의 타박 · 상처 방지

② 예비처리

ⓐ 어획물 즉살처리(대어-광어, 민어, 삼치) 필요

ⓑ 내장제거 : 장내세균, 효소작용억제, 선상처리유리
ⓒ 세척 : 오염원 제거(청수로 혈액. 오물세척)
ⓓ 상자담기 : 혼합어 입상배제, 적량, 적정한 배열 필요

[입상자(入箱子)법]

① 배립(排立)형<등이 위로>
② 복립(腹立)형<배가 위로>
③ 평편(平編)형<옆으로>
④ 산립(散立)형<무배열>
⑤ 환상(環狀)형<장어>

· 배열법 결정요인 : 어종, 용도, 저장기간(배립 10일 이내, 복립 10일 이상저장)

(2) 유통중 취급 및 관리(빙장, 염장, 냉동)

① 철저한 청결상태 유지 : 초기오염원과 미생물 영양물질(내장, 아가미) 제거
② 어체 온도 신속저하 : 부패세균과 효소활성 작용지연
③ 위생처리 준수 : 아가미 · 내장은 철저분리, 세척(오염원), 불결빙, 부패어, 부산물 제거
④ 취급주의 : 상처예방(밟거나 던지기, 갈고리로 찍는 작업 배제)오염어 격리

· **수산전통식품** : 옛 부터 전래 우리 고유 식품의 계승, 육성을 위해 품목을 지정하고 공장 심사 및 품질시험 후 그 품질을 인증, 상품에 「물레방아」 마크를 부착 출하하는 제도로 1996부터시행-한식연. '96-11품목-7개공장776톤생산<절임식품(젓갈류), 죽류, 어육제품(건조갯살), 해조류(조미김)>
· **수산특산물** : 산지특산물을 대상으로 품질검사 후 그 품질을 인증, 상품에 「品」자 마크를 표시하여 출하하는 제도로 1996부터 실시 - 농산물품질검사원<해초류(김, 미역, 다시마), 건제품(건오징어, 건멸치, 꽃새우), 염장품(간미역), 조미가공품(조미쥐포, 조미개량조개), '96-18개품목-52개 공장-1,291톤 출하

4. 어패류 선도 유지기술

(1) 단기유지

① 내장, 아가미 제거로 해수세균, 내장효소 등 오염미생물의 영양원 제거

② 수세로 부착세균, 오물제거로 품질유지 : 수침, 분사세척 실시(어류, 어 상자, 어창 등)

③ 신속 냉각으로 저온 유지 시켜 세균증식 억제<냉각법(빙장, 냉장, 동결) 빙장-어류+ 쇄빙, 수빙침지>

- 10일간 보존가능 : 빙사용량 - 春·秋(어와 동량), 夏(氷2배), 冬(氷1/2량)
- 夏 저장일수별 : 1일(동량), 2일(1.5배), 3일(2배 얼음)

④ 상처·타박상 발생주의 : 산물 적재 시 적당높이, 취급주의(소형어의 어육이 더 연약함)

(2) 장기 유지

① 저온저장

동결점 부근 냉각, 해수어 4~15일(-1~0℃), 담수어 2~5일 (0~1℃)

- 냉각법 : 냉공기, 얼음, 항생제 빙, 염수빙, 냉염 수, 부분 동결

② 광선이용

ⓐ 자외선(저압수은등, 테불 위 2m, 대장균살멸(1분/15w)고기숙성

ⓑ X선(세균살멸 : 300만w 음극선, 효소파괴)

③ 첨가물 이용

ⓐ 방부제(솔빈산, 안식향산, 포로피온산)

ⓑ 산화방지제(BHA, BHT)

ⓒ 드립방지제(복합인산염, 당류, 식염)

ⓓ 발색제(아질산Na, 질산Na)

ⓔ 탄력보강제

④ 약제 빙(안식향산, 살리칠 산, 붕산, 유효염소 0.02~0.06%)

⑤ 부분 동결(빙장, 수빙법의 결점보완 : 비 내동성어류, 송어(2주/-2℃~ -10℃) 기생충 사멸

⑥ 동결 : 내동성 어류, 0℃↓기한제사용, 대량장기저장 가능, -18℃↓ 급속 동결

4강

수산물의 사후변화

1. 수산물의 사후 변화

수산물은 죽게 되면 신진대사가 정지되고 여러 가지 변화가 일어나 최종에는 미생물에 의하여 간단한 물질로 분해된다.

사후 초기의 변화는 근육 중의 효소에 의한 것이지만 이후에는 세균에 의한 부패로 이어지게 된다.

사후변화 (postmortem change)	정의	원인	영향요인
1단계 ① 해당작용 (glycolysis) ② 사후경직 (rigor mortis)	동물(어패류)은 사후에 일정 기간이 경과하면서 근육이 굳어져 뻣뻣해짐	산소가 공급되지 않아 근육에 lactic acid(젖산)이 쌓이고 ATP 감소로 근육 단백질 가운데 actomyosin 이 수축 되어 일어난다. 동물이 죽으면 심장이 활동이 정지되어서 조직에 산소가 공급되지 않는 혐기적인 상태가 되면, glycogen의 분해가 일어나고 유산이 축적되어서 pH가 저하한다. 또, 크리아틴인산(creatine phosphate)이 소실하는데, 이것의 대부분이 소실되는 시점에 ATP의 감소가 급격해짐과 동시에 근육이 수축되어 단단하게 되는 경직현상이 생기게 된다.	동일어종인 경우 즉사가 고민사보다 사후경직이 늦고 길다. 어종, 성숙도, 성분조성, 죽음상태, 사후관리 환경, 특히 온도가 큰 영향인자가 된다.

<표 계속>

사후변화 (postmortem change)	정의	원인	영향요인
2단계 해경 (resolution) ※ 축산물의 경우 숙성과정에 해당	사후경직이 지나면 근육 이 다시 연해지는 현상	아직 해경의 원인은 명확히 규명되지 않음. 다만, 근육 섬유의 물리적 파괴와 자가 소화에 의한 화학적 분해라고 추측.	
3단계 자가소화(또는 연화) (autolysis)	어패류 조직 내의 효소 에 의한 물리 화학적인 변화	사후경직기를 지난 어패육은 자가소화 효소의 작용 을 받게 되어 차츰 유연성 이 증가하게 된다.	자가소화는 효소에 의한 작용이므로 열처리, 저온저장, 수분제거 등에 의 하여 지연, 또는 정지가 가능 하다. 어육은 축육에 비하여 자가소화 속도가 빠르다.
4단계 부패 (putrifaction)	단백질과 유기물이 부패 미생물에 의해 분해되어 유독한 물질과 악취를 생성하는 변화를 말한다.		미생물의 생육조건인 수분, 온도, pH 등의 영향을 크게 받으며, 열처리, 저온저장, 수분제거, 보존제 첨가로 지연 또는 정지시킬 수 있다.

- 부패/변질 (decay/spoilage) : 식품의 품질이 떨어져서 먹을 수 없게 되는 현상(단백질 위주)
- 발효(fermentation)
  ① 미생물과 효소작용으로 유기화합물이 화학적으로 분해되는 현상(당질 위주)
  ② 미생물이 무 산소 조건에서 당으로부터 알 콜을 만드는 과정
- 산패(rancidity) : 식품중의 지방질이 산화 또는 가수분해 되어 색, 맛, 냄새 등이 변함(유지 위주)

2. 수산물의 선도저하 원인

세균오염용이	해수 및 어패육자체에 부착된 부패세균이 사후에 조직 속으로 침입 증식
세균증식용이	어패류의 부패세균의 발육온도는 대체로 저온성이므로 상온에 방치되거나 저온저장을 하여도 축육에 비하여 증식이 용이.

<표 계속>

체조직 연약	축육 류에 비하여 결합조직의 함유량이 적고, 근섬유도 짧고 굵기 때문에 육질이 연하고 약해 분해되기 쉽고 부패세균의 침입용이.
자가소화효소의 高활성	어체 조직 특히 내장조직 중의 효소의 활성은 강력하고 어체 조직 자체도 연약하기 때문에 효소에 의한 분해가 빠르다.
高수분 함량	어체의 수분과 지방은 반비례관계이지만 지방함량이 많은 계절에도 수분함량이 80%를 넘는 어패류가 많아 미생물의 증식은 축육에 비하여 용이.
어획방법의 차이	어패 육 자체의 글리코겐 함량이 적고 이것의 분해에 의한 젖산(lactic acid)도 적으므로 pH에 의한 세균억제 효과가 낮음. 그리고 어획과정에서 피로사인 경우 생체 내에서의 자가소화의 진행이 빠르고 이와 함께 자체부착세균이나 해저기생세균의 오염에 의하여 변패 가 촉진.

5강

수산물의 선도판정

수산물의 선도판정은 원료의 품질, 가공적성, 위생검사 등에서 매우 중요하여 간편, 신속 정확하여야 하나 이를 모두 충족하기에 충분한 방법은 없어 일률적인 판정은 곤란.

<table>
<tr><th rowspan="2">방법</th><th rowspan="2">특징</th><th rowspan="2">판정부위</th><th colspan="4">판정결과</th></tr>
<tr><th colspan="2">신선</th><th colspan="2">선도저하</th></tr>
<tr><td rowspan="6">관능적 방법
(객관성부족)</td><td rowspan="6">숙련필요
판정신속</td><td>근육강도</td><td colspan="2">단단하다.</td><td colspan="2">흐물거린다.</td></tr>
<tr><td>아가미</td><td colspan="2">담적색, 암적색</td><td colspan="2">회색, 회녹색, 악취</td></tr>
<tr><td>안구</td><td colspan="2">맑고 투명, 정위치</td><td colspan="2">혼탁, 침몰, 탈락</td></tr>
<tr><td>껍질</td><td colspan="2">투명, 광택, 비늘밀착, 고유 색채유지</td><td colspan="2">변색, 퇴색, 점물질, 비늘탈락</td></tr>
<tr><td>복부</td><td colspan="2">탄력, 단단</td><td colspan="2">흐물거림, 내장액침출</td></tr>
<tr><td>냄새</td><td colspan="2">신선 취(해수취)</td><td colspan="2">불쾌취(비린내)</td></tr>
<tr><td rowspan="5">생물학적 방법
(세균학적방법)
(장시간소요)</td><td rowspan="5">지식・기술
필요,
소비자이용
곤란</td><td rowspan="5">어체부위별
차이가
많음</td><th>판정</th><th colspan="2">생균수 결과</th><th>비고</th></tr>
<tr><td>신선</td><td colspan="2">105CFU 이하/g</td><td rowspan="4">Tarr(1944)</td></tr>
<tr><td>초기부패</td><td colspan="2">105~106CFU/g</td></tr>
<tr><td>부패</td><td colspan="2">15×106CFU 이상/g</td></tr>
<tr><td>부패정체</td><td colspan="2">109~1010 CFU/g</td></tr>
<tr><td rowspan="4">물리적 방법
(장시간 소요)</td><td rowspan="4">기계적측정
소비자용
이용 곤란</td><td rowspan="4"></td><td>항목</td><td colspan="2">신선</td><td>선도저하</td></tr>
<tr><td>어육경도</td><td colspan="2">경도 높음</td><td>경도 낮음</td></tr>
<tr><td>어체전기저항</td><td colspan="2">전기저항 높음</td><td>전기저항 낮음</td></tr>
<tr><td>안구수정체혼탁도</td><td colspan="2">투 명</td><td>혼 탁</td></tr>
</table>

<표 계속>

방법	특징	판정부위	판정결과		
			항 목	판 정	원 리
화학적 방법 (장시간소요)	소비자이용 곤란	시료채취부 위별로차이	pH	일반기준 6.2 대구, 넙치 6.8~7.5 적색 육 6.89 백색 육 6.25	사후초기pH점차 저하되어 최종 5.4까지 이른 후 자가소화, 세균번식으로 다시 상승
			VBN Test (volatile basic nitrogen) ※conway 미량확산법	신선어:5~10mg% 보통어:15~25mg% 초기부패어:50mg% 이상 가공용기준:20mg% ※상어류, 무척추어육은 원래 암모니아가 많아 이 방법 적용 불가.	어패류는 선도저하 시암모니아, TMA, DMA 등휘발성염기질소의 양이증가함.
			TMA (TriMethyl Amine)	초기어:일반 3~4mg% 대구 4~6mg% 청어 7mg% 다랑어 1.5~2.0mg% 담수어는 TMAO량이 적어 적용 못함.	신선어육에는 거의 존재하지 않음. 사후에TMAO가 세균의 작용으로 환원되어 생성되므로 선도판정에 적합한 방법임
			K-value	· 선도가 중시되는 경우에 많이 이용 · 횟감의 경우 20mg% · K value(%)= $\frac{HXR+HX}{ATP+ADP+AMP+IMP+HXR+HX}\times 100$ · 어패류의 사후 효소작용에 의하여 ATP 관련물질이 AMP, IMP등을 거쳐 inosine (HXR), hypoxanthine(HX)으로 분해됨.	

[어류의 수명(년)]

거북(300), 까막조개(80), 장어(70), 메기(60), 잉어(45~150), 방어 · 도미 · 청어(10), 가오리(20), 미꾸라지(20), 대구(13), 연어 · 고등어 · 숭어(4~6), 은어 · 정어리 · 꽁치 · 망둥어

(1~3)<코끼리(200), 고래(100), 사자・호랑이・소・개(20), 곰・낙타(50), 염소・고양이(10), 말・돼지・원숭이(30), 토끼(8), 쥐(6), 앵무(150), 독수리(130), 까마기(100), 학(90), 비들기(50), 닭(20), 매미(7일), 벼룩(3개월), 파리(7일)>

5장. 냉동 수산품 (Frozen Fish Products)

1. 일반 개요

(가) 원리

저온(냉각, 냉장, 냉동)에 의한 미생물, 효소 등의 작용방지

(나) 효과

저장성-식품 중 자유수 80% 빙결시켜 수분고갈로 미생물생육정지

- 산화속도지연(1/30지연, 20℃에서 30℃ 보다) : 가공효과-동결건조효과로 조직개선(북어포)

(다) 정의

어류를 급속동결 포장한 규격품으로 간단한 조리로식탁에 제공 할 수 있는 것으로 소비자까지 -18℃의 동결상태를 유지하는 식품(동결품/냉동품)

(라) 요건

① 전 처리 될 것

② 급속 동결 될 것

③ -18℃ 유지 될 것

④ 포장 될 것

(마) 제품특성(Advantage)

① 최고의 신선도(동결품)

② 경제적(폐기물 없음)

③ 시간과 일손절약(전처리품)

④ 균일한 품질(크기, 품질, 내용량)

⑤ 위생적(신선원료, 냉동)

⑥ 안정된 가격(대량생산)

(바) 분류

① 생선어패냉동품 : Round/whole, dressed(semi, pan), fillet, chunk, dice, stick

② 가공냉동품 : 냉장기능(염장어, 연제품, 조미품의 저장성 보완), 식미성 위주제품

③ 조리냉동식품 : 미가열품(새우), 반조리냉동품, 조리자숙품(만두, 교자, 튀김, H.B)

(사) 냉동 기본원리

① 냉동Cycle : ⓐ 단열압축(압축기) → ⓑ 냉각응축(응축기) → ⓒ 팽창(팽창관) → ⓓ 증발(증발기)

② 냉매 : 냉동사이클을 순환하면서 열을 저온부에서 고온부로 이동매체

ⓐ 1차 냉매(암모니아, 프레온가스)

ⓑ 2차 냉매(식염, $MgCl_2$, $CaCl_2$, 알코올, P.G 수용액)

(아) 냉동곡선(Freezing Curve)

식품동결시 식품내 임의의 한점(온도하강이 가장늦은 중심점)에서 경과에 따른 온도의 변화상태

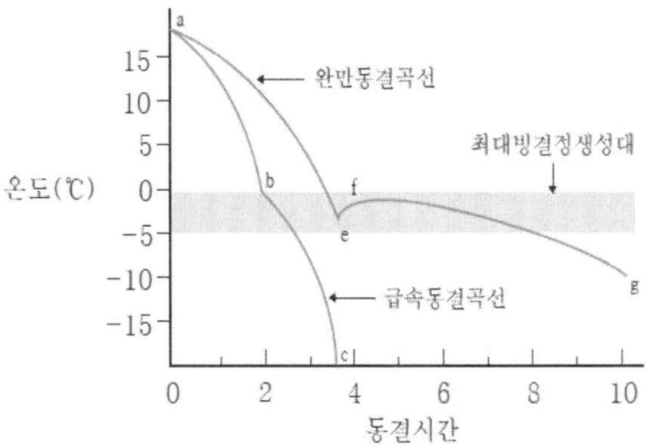

【그림 5-1】 동결곡선

(자) 최대빙결정생성대(Zone of maximum ice crystal formation)

동결곡선중 수분이 대부분(80%) 빙결되는 온도범위(0~-5℃)는 zone통과하는 속도(시간)에 따라 냉동식품의 품질좌우, 완만동결 과 급속동결로 구분(결빙형태, 크기, 수 차이)

(차) 동결율(Freezing rate)

동결점하 최초수분함량에 대하여 얼음으로 변한 비율 %m = (1 - Θf/Θ) × 100

단 : m 동결율, Θ식품온도(-1℃), Θf 냉동온도(-5℃)

m = (1 - -1/-5) × 100 = 80%

(카) 동결 종류

① 완만동결(Slow Freezing) : 동결속도1/4 -1인치↓, 빙(氷)결정 크고 수적음. 부피팽창(얼음)

② 급속동결(Quick Freezing): 동결속도 1인치↑, 빙결정수 많고 크기가 적음, 무팽창(눈, 서리)

(타) 냉동식품의 품질 유지특성곡선(T.T.T, Time-Temperature-Tolerance)

① 정의 : 품질 유지특성곡선으로 냉동식품의 최종품질은 제조시, 수송시의 온도와 경과시간이 냉동식품의 온도에 지배되는 3자간 관계를 수학적으로 산출한 것으로 TTT수치는 1.0↓가 되어야 우수품질임.

② 내용 : -20℃에서 1000일, -5℃, 200일, 관능상 품질저하가 처음인식시의 변화량 = 1일때 TTT = 1.00/1000 = 0.001

③ 연혁 : 미국 USDA(1948~1958)에서 실험한 시간(저장 기간) - 온도 - 허용한도(물질내성)에 의한 냉동식품 품질저장기간 예측관계식으로 품질노화판정을 색과 향미에 의하여 실시.

④ 실예

ⓐ 영업 창고보관 : -29℃ × 90일(3개월)

ⓑ 수송 중 : -18℃ × 2 일

ⓒ 판매 stocker so 보관 : -12℃ × 12일 일때 TTT Value?

- TTT 치 : 0.0028 × 90 + 0.0067 × 2 + 0.0167 × 7 = 0.3823
- Stocker 저장가능일(품질보증) : (1 - 0.3823) / 0.06737 = 37일

2. 수산냉동품의 제조기술

[수산냉동품의 제조공정]

① 前 처리공정 : 원료어 → 수세 → 선별 → 세척 → 칭량 → 냉동팬 담기(IQF<개체급속동결), BQF(단체동결)

② 後 처리공정 : 동결 → 탈팬 → 빙의(보호처리) → 포장 → 냉장(FAO권장 -18℃)

[냉동품 저장과 보관기술]

냉장원칙 : 장기간 저장 시, 다 지방어는 단기간, 저지방어 보다 낮은 온도 보관

【표 5-1】 동결어의 냉장온도(℃)

저장월수	3개월	6개월	9개월	12개월	1년 이상
저지방어(℃)	-5↓	-10	-15	-20	-20↓
다지방어(℃)	-10↓	-15	-20	-25	-25↓

참치회 -45℃, 가다랑어 -35~-40℃, 대구 · 게 · 돔 -35℃, 일반어류 -25~-30℃, 자숙 가공원료어(통조림용) -25℃, 비식용어분 -10℃

[국제냉동협회 권장규격(-18℃↓)]

게, 닭새우 2개월, 굴 2~4개월, 바지락, 가라비 3~4개월, 새우 6개월

3. 냉동 어류의 품질관리

① 냉동어의 냉장 중 품질변화

ⓐ 어체 내 수분증발(표면건조)

ⓑ 어체 변색(세균, 색소성분)

ⓒ 방향성분 휘발(고유향)

ⓓ N화합물의 변화(aa, 염기성N)

ⓔ 유지 산화(유소)

ⓕ 빙결정의 성장(완만동결, 저장온도변화)

ⓖ 식품조직파손(빙결정, 드립-가스+부동수)

ⓗ Jellymeat

ⓘ drip

ⓙ 단백의 냉동변성

ⓚ 어체 지방변화(효소, 산소)

ⓛ 어육변색(광택 불량)

ⓜ 냉동소(冷凍燒)

② 냉동어의 해동 : 동결의 역현상, 동결로 제거된 열을 흡수하여 빙 결정을 녹여 품온을 원상태로 하는 것

- 해동이 동결보다 늦은 이유 : 동결어가 신선어보다 열전도율이 높기 때문
- 해동법 : ⓐ 자연, ⓑ 침수, ⓒ 송풍, ⓓ 수증기, ⓔ 진공, ⓕ 접촉, ⓖ 전기해동

③ 해동곡선 : 해동 중 식품의 품질변화를 나타내며 냉동 곡선의 반대곡선, 유효해동온도대가 곡선의 평탄부를 나타내 품온 상승이 지연되는 것이 특징.

④ 해동속도와 품질

ⓐ 급속해동(품질 양호)

ⓑ 완만 해동(장시간 미생물・효소・산소작용으로 품질 불량)

6강

수산냉동품의 가공(냉동개요)

1. 냉동관련 용어의 정의

분 류		정 의
냉동 (냉각처리조작)	냉각(cooling)	빙결점이상의 온도로 차게 하는 조작
	동결(freezing)	빙결점이하의 온도로 얼게 하는 조작
냉장 (저온저장)	냉장(cold storage)	단기저장을 목적으로 품온을 낮추되 빙결점보다 높은 온도에서 저장하는 것(보통 0~+10℃)-비내동성
	냉동저장 (freezing storage)	장기저장을 목적으로 품온을 낮추되 빙결점보다 낮은 온도에서 저장하는 것(보통 -18℃ 이하)- 내동성

• 저온(底溫, Low Temperature) : 상온보다 낮은 온도 또는 상대적으로 낮은 온도

2. 냉동식품관련법규[식품공전]에서의 규정

냉동식품(Frozen Food)의 정의는 전처리 및 포장하여 급속동결한 후 -18℃ 이하에서 보관한 식품이다.

소비자용 가공품 이외의 원형그대로를 냉동한 것을 원형냉동품(냉동저장어)이라고 한다.

[영업자 준수사항]

· 냉동식품을 냉장식품으로 판매하여서는 아니 된다.
· 냉장식품을 냉동하여 판매하여서는 아니 된다.
· 냉장식품을 상온 보관 판매하여서는 아니 된다.
· 한 번 해동된 냉동식품은 재 냉동하여서는 아니 된다.
· 따로 규정된 경우를 제외하고는 냉장은 0~10℃, 냉동은 -18℃를 의미 한다.

[냉동조리식품(冷凍調理食品, Precooked Frozen Food)]

- 냉동식품 중 가열만 하면 먹을 수 있도록 미리 조미 배합 성형 등을 한 후 동결한 식품으로 일반적으로 냉동조리식품을 줄여 냉동식품으로 통용.
- 냉동 전 가열식품의 경우 중심온도 63℃이상에서 30분 가열 살균해야 한다.

[장기보존식품 중 냉동식품의 기준과 규격(식품공전)]

	가열하지 않고 섭취하는 냉동식품	가열 후 섭취하는 냉동식품	
		냉동 전 가열식품	냉동 전 비 가열식품
세균수	1g당 100,000 이하 (다만, 발효제품 또는 유산균 첨가제품은 제외)	1g당 100,000 이하 (다만, 발효제품 또는 유산균 첨가제품은 제외)	1g당 3,000,000 이하 (다만, 발효제품 또는 유산균 첨가제품은 제외)
대장균군	1g당 10이하	1g당 10 이하	-
대장균	-	-	음성
유산균수	표시 량 이상 (유산균 첨가제품에 한한다.)	-	-

3. 급속동결(急速凍結, Quick Freezing, Rapid Freezing)

① 급속 동결에 대한 정의는 통일된 것이 없으나, 보통 동결속도가 최대 빙결정생성대(-1~-5℃)를 단시간(30~35분 정도) 통과시키는 냉동

② 빙결정크기가 70μ↓되는 동결, 또는 0~-5℃ 까지 얼음층 두께가 5~20cm/hr되는 동결속도나

③ 품온 강하(0~-15℃)가 0.6~4cm/hr의 동결속도

④ 얼음팽창으로 식품조직 손상없는 빙 결정을 생성하는 동결속도이며

⑤ 급속 동결은 조직 내에 미세하고 많은 수의 빙결정(눈. 서리)이 단시간 형성되어 식품조직세포 손상을 최소화시켜 해동시 drip의 발생이 줄여 품질상태가 비교적 양호하게 보존.

4. 완만동결(緩慢凍結, Slow Freezing, Smooth Freezing)

① 급속동결 반대로. -18℃까지 또는 최대 빙결정생성대(-1~-5℃)를 장시간(35분 이상) 소요

② 식품중의 수분을 서서히 동결시켜 적은수의 큰 빙결정만듬 ; 저장 중 처음 생성 빙결정

입자가 주위의 타수분과 응착되어 큰 입자로 성장, 식품조직이 손상과 다량의 drip발생으로 품질저하.

③ 장기냉장 시 승화(昇華)로 식품조직의 스폰지화 나 산화로 변질초래- 빙의처리로 예방.

5. 냉동식품의 형태별 구분

① IQF : Individual Quick Freezing (개체동결품, 個体凍結品)

② BQF: Block Quick Freezing(괴상동결품, 塊狀凍結品)

③ BQF의 경우 표면부는 급속동결이 되나 중심부로 갈수록 완만 동결의 상태로 진행되기 때문에 중심부의 품질은 표면부보다 더 저하.

6. 식품의 저온저장 원리

식품을 -20℃ 이하 저장으로 대부분 수분이 빙결로 식품변패 2대요소인 부패세균발육 과 자가소화효소의 작용이 억제된다. 일반적으로 화학반응 속도는 온도 10℃ 저하에 따라 1/2로 감소하며, -20℃로 저장 시 산화속도가 +30℃ 때의 1/30정도 감소시키는 저온저장 효과의 원리(Q10 value).

7. 냉동의 원리

냉매는 압축과 팽창을 반복하며 상(象:phase)변화를 할 때 흡열변화, 발열 변화를 하는데 액체 냉매 1kg이 기체로 변화 하려면 539kcal의 에너지가 필요하고 밀폐된 일정 공간내에서의 공기로부터 열을 흡수함으로써 상변화와 함께 냉매와 공기사이의 열 교환으로 공기는 냉각되고 냉매는 공기가 가지고 있던 열을 흡수한다. 냉각된 공기와 식품 간의 2차 열 교환으로 식품이 냉각 또는 동결

8. 열(Heat)

물체가 갖는 전열 량은 그 상태(相, phase)가 변화할 때 증감한다.

열 (Heat)	감열(sensible heat)	현열(顯熱)일라고도 하며 물체의 온도에 변화를 주는 열
	잠열(latent heat)	분자배열에 변화를 일으키는 열, 즉 온도에 변화를 주지 않고 상태변화를 주는 열. 융해열, 증발열, 승화열이 이에 속한다.

<표 계속>

잠열	융해열(heat of fusion)	고체를 녹이는데 필요한 열	흡열(吸熱)변화
	증발열(heat of evaporation)	액체를 증발시켜 기체로 할 때 필요열	흡열(吸熱)변화
	승화열(heat of sublimation)	고체가 직접 기체로 되는데 필요한 열	흡열(吸熱)변화
	응고열(heatof coagulation)	액체를 고체로 하는데 필요한 열	발열(發熱)변화
	응축열(heat of condensing)	기체를 액체로 하는데 필요한 열	발열(發熱)변화
	승화열(heat of sublimation)	기체를 고체로 하는데 필요한 열	발열(發熱)변화

9. 냉동사이클(Refrigeration cycle, 냉매의 열 운반 경로)

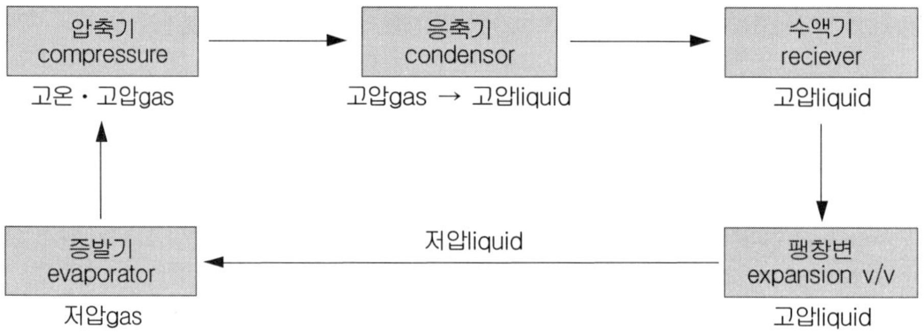

10. 냉동곡선(冷凍曲線, Freezing Curve)

식품동결 시 식품 내 임의의 한 점(온도 하강이 가장 늦은 중심점)에서 경과에 따른 온도의 변화상태

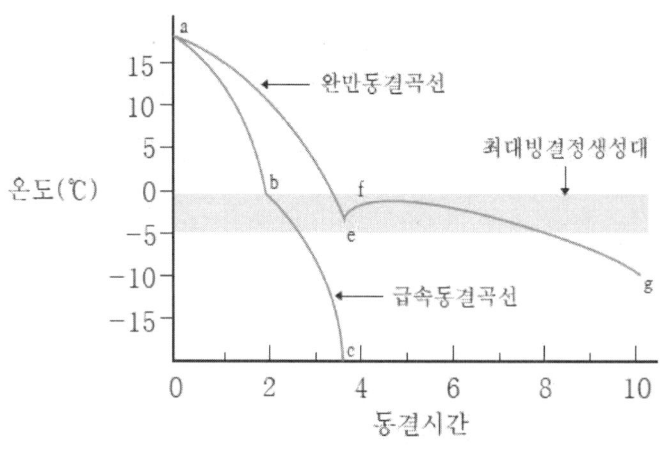

11. 최대빙결정 생성 온도대(Zone of maximum ice formation)

식품을 동결할 때 일반적으로 빙결점 -1℃에서부터 -5℃사이의 온도구간을 이르며 이 구간에서 수분(자유수)의 약 80%가 빙결된다(동결곡선그림 참조).

12. 빙/동결률(Freezing ratio)

① 식품을 동결점이하로 냉각하면 빙결정의 양이 증가.

② 식품 내부에는 동결이 진행되는 동안은 고체 얼음과 액상의 물이 공존

③ 식품의 처음의 수분량 100에 대하여 빙결정으로 변화한 얼음의 비율을 동결률이라 하며 다음식으로 계산.

$$\%m = (1-\frac{t_1}{t_2})\times 100$$

t_1 : 초온(빙결온도)(℃)
t_2 : 목표온도(℃)

④ 빙결점 -1℃의 식품이 -5℃가 되었을 때 동결률은 80%로 산출.

계산예) $\text{동결률}(\%) = (1-\frac{\text{식품의 초온(℃)}}{\text{목표온도(℃)}}) \times 100 = (1-\frac{-1℃}{-5℃}) \times 100 = 80\%$

13. 냉동부하(refrigeration load)

식품을 냉각 또는 동결할 때 식품 1kg으로 부터 제거할 열량(Kcal).

냉동부하는 식품자체의 열량, 용기나 포장의 열량, 장치를 통하여 들어오는 침입열, 전등, 모타, 작업원 등에 기인하는 열 등도 가산.

$$Q = G\cdot\{C(t_1 - t_2) + (W\times 80) + C'(t_0 - t_2)\}$$

Q = 원료냉동부하(Kcal)
G=원료의 중량
W=원료의 함수율
C = 원료의 비열(빙결점 이상, Kcal/kg℃)
C'= 원료의 비열(빙결점 이하, Kcal/kg℃)

t_1 = 원료의 평균초온(℃)
t_2 = 원료의 평균종온(℃)
t_0 = 원료의 빙결점(℃)
80 = 수분의 빙결잠열(Kcal/kg)

14. 냉매(冷媒, Refrigerants)

냉매란 넓은 의미에서 냉각작용을 일으키는 모든 물질로 특히 냉동장치 열펌프 공기조화장치 및 소 온도 차 열에너지 이용기관 등의 사이클 내부를 순환하면서 저온부(증발부)에서 증발함으로써 주위로부터 열을 흡수하여 고온부(응축기)에서 열을 방출시키는 작동유체를 말함.

일반적으로 증발 또는 응축의 상변화 과정을 통하여 열을 흡수 또는 방출하는 냉매를 1차 냉매(primary refrigerant)라 하고 단상 상태에서 감열 열전달을 통하여 열을 교환하는 냉매를 2차 냉매(secondary refrigerant)라 함.

15. 냉동톤(Refrigeration Ton : 1R/T)

① 24시간동안에 0℃의 물 1톤(ton)을 0℃의 얼음으로 만드는데 필요한 열량.

② 냉동설비의 설계 및 운전에 필요한 냉동능력의 단위로 사용

③ 한국, 일본 등에서는 3,320 Kcal/kg·hr

④ 실제로는 얼음 1톤을 생산하는 데는 전등열, 기계열, 손실열 인체열 등을 포함하여 약 1.72R/T의 능력이 필요함.

16. 드립(Drip)

① 동결식품 해동 시 원상태대로 식품의 조직에 흡수되지 못하고 밖으로 유출되는 액즙.

② 자연드립(freedrip)과 압출드립(expressibledrip)이 있고 보통 드립은 free drip을 의미.

③ 완만동결 식품에서 드립의 양이 많으며, 적게는 몇%에서 많게는 수십%의 드립이 생김.

④ drip은 선도가 좋고, 급속동결 시, 냉장온도가 낮고 기간이 짧고 온도변동 폭이 적으면 감소.

⑤ 당류, 식염, 중합인산염의 첨가로 효과기대.

⑥ 입출고가 빈번한 창고에서도 온도의 변동 폭은 ±2℃ 이내로 유지권장.

17. 식품 냉동법의 종류

1) 빙장법 (icing)	식품과 가루얼음 또는 잘게 부순 덩어리 얼음을 섞거나, 얼음물(氷水)에 담구어 저장하는 방법. 간편하고 냉각이 빠르며 어체 표면의 건조를 막을 수 있으나 자기소화나 세균의 작용을 완전히 방지할 수 없으므로 수 일 내지 10일정도의 단기간 보존에 적용.

<표 계속>

2) 냉장법 (cold storage)	어패류나 청과류를 빙실 또는 0℃ 내외의 저온실에서 저장하는 방법. 선어의 경우에는 먼저 빙장을 하여 어체 온도를 빨리 내린 후 냉장을 하는 것이 필요하다.
3) 동결저장법 (freezing storage)	① 공기동결법(sharp freezing 및 반송풍동결법(semi-air blast freezing) -25~-30℃로 온도가 조절된 공기동결실에서 냉매가 흐르는 선반식 냉각관위에 식품을 얹어 동결시킨다. 이방법은 열용량이 적고 열전도가 나쁜 공기를 통하여 이루어지므로 완만 동결(slow freezing)에 속한다. ② 송풍동결법(air blast freezing) 동결실은 보통 tunnel형이며 식품을 tray rack이나 conveyer위에 얹어 tunnel속에 넣고 식품표면에 -30~-40℃의 냉풍을 3~5m/sec속도로 불어 단시간에 동결하는 방법 ③ 접촉식 동결법(contact freezing) 냉각된 금속판 사이에 식품을 넣고 상하로부터 밀착시켜 동결하는 방법 금속판은 그 속에 직접 냉매를 흘리든가 또는 냉각된 brine과 같은 2차 냉매를 흘려서 -30~-40℃로 냉각하고 식품과 금속판 사이에 접촉압이 0.1~0.2kg/cm² 정도가 되도록 누르면서 동결한다. ④ 침지식 동결법(immersion freezing) brine을 -30~-40℃로 냉각하여 그 중에 식품을 침지하여 급속히 동결 하는 방법. 이때 brine이 식품에 침입할 수 있으므로 미리 포장하여야 한다. ⑤ 액체질소 동결법(Liquid nitrogen spray freezing) 액체질소는 -195.8℃에서 기화한다. 이것을 식품표면에 직접 살포하면 종전의 급속동결법보다 약10배의 동결속도를 얻을 수 있다. IQF동결에 효과적이며 좋은 품질의 동결식품에 이용된다. 현대 유전공학, 의학, 농학분야 등에서 종자, 조직, 혈액 등의 동결보존에 사용된다. ⑥ 부분동결법(partial freezing), 초냉각(super chilling) 피동결물을 -2~-10℃범위에서 저장하는 방법으로서 어체 수분의 일부만을 동결하기 때문에 부분동결 또는 초냉각이라고 한다. 일주일 전후의 단기간 저장때 이용되며 해동시의 품질이 -10~-15℃ 에서 동결한 것 보다 양호하여 그 유용성에 대한 인식이 높아지고 있다. ⑦ 저온 삼투압 탈수 동결법 저온 삼투압 탈수 동결법은 일반적으로 동결품의 품질저하가 빙결정의 생성에 의한 조직손상으로 야기되므로 동결 처리를 실시하기 전에 미리 빙결정 생성 인자인 수분을 탈수 시트로 탈수한 후 동결하는 방법이다.

18. 빙결점(氷結点, freezing point)

식품중의 수분이 빙결화 되기 시작하는 온도

- 순수한 물 0℃
- 어패류 1℃~-2℃

- 축육류 -2℃~-3℃
- 야채류 0℃~-1℃
- 과일류 -2℃~-8℃
- 가공 또는 조리식품은 원료의 성분, 조미료, 첨가물, brix에 따라 일정치 않다.

※ 원리적으로는, 식품이 어는 것이 아니라 식품 중에 함유된 수분 중 자유수가 어는 것이며 빙결점 은 자유수 중의 염류, 당류 등의 용질의 농도에 반비례한다(공정점, 빙점 강하).

19. 자유수와 결합수

자유수 (free water)	① 열역학적인 운동이 자유로운 상태의 수분(※ water activity의 주체) ② 용매의 기능을 가진다. ③ 미생물의 발육과 발아에 이용된다. ④ 건조나 가압에 의하여 쉽게 제거될 수 있다. ⑤ 0℃ 이하에서 빙결된다.
결합수 (bound water)	① 열역학적인 운동이 자유롭지 못한 상태의 수분 ② 용매의 기능이 없다. ③ 0℃ 이하에서도 얼지 않는다. ④ 수증기압이 낮아서 잘 증발하지 않는다. ⑤ 압력에 의해 분리, 제거되지 않는다. ⑥ 미생물발육이나 포자의 발아에 이용되지 않는다.

20. Glaze(氷衣)

① 동결식품의 보호처리로 냉수 중에 수 초간 수침 또는 냉수분무하면 표면에 형성되는 엷은 얼음 막. 빙의(氷衣)를 입히는 처리를 glazing이라 함.

② 동결어류의 냉동저장 중의 품질(건조, 산화, 냉동소)유지를 위하여 이용하는 방법.

③ 동결제품의 저장 중의 표면 건조에 의한 Sponge화, 공기 중 산소접촉에 의한 산패를 방지하여 품질 및 상품성 유지가 목적

④ 동결식품온도 : 품온 -15℃, 처리실온 -5~-10℃, 용수온도 1~3℃, 2~3회 반복, 중량 : 3~5%, 두께 : 2~7mm.

⑤ gelatin, 전분, CMC, 알긴산 등의 호료는 glaze량을 많게 할 때 사용, 또 산화방지제, 방부제등의 용액도 사용 함.

21. 어류의 가공처리 형태

용 어	설 명
round	두부, 내장을 포함한 원형 그대로의 것
semi-dressed	round 상태의 어체에서 아가미와 내장을 제거한 것
dressed	두부와 내장을 제거한 것
pan-dressed	dressed에서 지느러미와 꼬리를 제거한 것
fillet	dressed에서 척추골 부분을 제거하고 2개의 육편으로 처리한 것. 단, 학꽁치, 뱀장어, 붕장어, 보리멸 등은 dressed로 한 후 등뼈 게거 제품의 경우 fillet로 분류하고, 이 경우 fillet는 껍질이 붙은 것(skin-on), 꼬리가 있는 것(tail-on) 등으로 구분하여 표시함.
chunk	dressed 또는 fillet를 일정한 크기의 가로로 절단한 것.
steak	dressed 또는 fillet를 2cm정도의 두께로 절단한 것.
slice	steak보다 더욱 얇게 절단한 것
dice	어육을 2~3cm의 육면체형으로 절단한 것
chop	어육 채취기로서 채취한 것
ground	고기갈이로서 간 것
shreded	아주 잘게 채썰기를 한 것
loin	혈합육과 껍질을 제거한 것
fish-block	어육을 일정한 형틀에 넣고 눌러서 단단하게 한 것으로 모서리의 각이 바르고 면이 평평함. 이와 같은 fish-block은 단일 어종의 어육으로 만든 single fish-block과 한 가지 이상의 어종의 어육으로 만든 assorted fish block으로 나누어짐.
stick	fish-block을 세절하여 각봉으로 한 후 세로 썰기한 것.

7강

냉동품의 가공실제

1. 저온저장법 및 장치

저장온도	저장기간	저장법 및 장치	방법
냉장 (0℃<저온<실온)	단기간 (2~3일)	빙장법	쇄빙법 또는 수빙법 ※ice burn:어체 접촉부족으로 변색, 악취 등 발생 ※청수나 해수 미리 냉각
		CA저장법	-controlled atmosphere storage- 저장고 내의 공기조성을 변화시켜 청과물이나 과채류의 증산과 호흡을 늦추어 품질수명연장
		냉장법	공기냉각법 과실, 야채, 어육, 축육의 단기 냉장 홈 프리저, 쇼 케이스
동결 저장 (빙결점 이하 온도)	중기간 (7~10일) (-2℃~-3℃)	부분 동결 partial freezing	심온동결시에 발생할 수 있는 단백질 변성, 지질산화, 전분노화 등을 경감시켜 품질이 오히려 개선되나 대량취급이 어려워 지금은 이용저조. 냉장과 동결 중간형
	장기간 (수개월) -18℃ 이하	공기 동결법 air freezing	선반식 냉각관 위에 식품을 얹어 냉각. 냉각된 공기에 의한 완만동결(2차 열교환)로 품질은 떨어짐
		송풍 동결법 blower freezing	터널식 동결실 또는 연속식 컨베어에 식품을 얹어 -40℃ 정도의 공기를 4m/sec 정도로 강제 순환시켜 식품을 동결. 일반의 급속 동결 유형
		접촉식 동결법 contact freezing	냉각된 금속판(일반적으로 알미늄 소재)사이에 제품을 넣고 압착시켜 급속 동결
		침지식 동결법 immersion freezing	냉각된 부동액(brine)(2차냉매)에 식품을 침지시켜 급속 동결, 식염수, 염화칼슘,에틸렌글리콜 등 사용

<표 계속>

저장온도	저장기간	저장법 및 장치	방법
동결 저장 (빙결점 이하 온도)	장기간 (수개월) -18℃ 이하	액화가스동결법 liquid Ngas freezing	액화질소, 탄산가스 등을 분사시켜 식품을 냉각. IQF에 유용
		저온삼투압 탈수 동결법low osmotic-dehydr-ation freezing	동결전에 식품 중의 수분을 탈수시켜 빙결정 생성에 의한 조직손상을 줄인 후 동결

2. 수산냉동품의 일반적 제조공정

	공정	작업 내용	주요 관리점
전처리	선별	규격에 의한 선별(크기, 선도 등)	원료 기준서
	수세 및 탈수	혈액, 점액, 이물제거 후 탈수	용수는 담수어는 담수 또는 해수 해수어는 반드시 해수어 사용
	어체처리	buyer의 요구사양에 따름	-제품사양서, 포장규격서, 주문서등 관련문서 내용에 유의 -속 포장은 glazing과 택일 -동결 시 체적 팽창을 감안한다. -부산물의 이용 또는 관리에 지침을 가진다.
	재수세, 탈수, 선별	재수세 후 잔 피, 뼈, 충, 비늘 등 이물질을 제거하고 등급 별 정품, 파 품 등 선별	
	특별전처리	염수처리, 가염, 가당, 산화방지제, 동결 변성 방지제, 특별 탈수 등	
	평량	포장 사양에 따름	
	속포장	건조, 지질산화 및 2차 오염방지가 목적	
	팬채움(담기) (panning)	동결하기 위한 작업	
동결		급속동결을 기본으로 한다.	중심온도 -18℃
후처리	탈팬 (depanning)	동결품이 pan으로부터 잘 분리한다.	
	글레이징 (glazing)	속포장과 같은 기능	포장규격서에 다른다. 글레이징은 속포장과 택일
	겉포장 (outboxing)		
냉동보관		-20℃이하의 냉동창고에 보관 입출고작업 중 또는 보관 중에 외부충격에 의한 파손과 오염이 발생되지 않게 관리	냉동품 보관중의 품질변화에 대한 관리를 체계적으로 수행한다. 표면건조, 탈색, 감량변화

3. 수산 냉동품의 품질규격(어패류, 갑각류, 기타수산물)

구분	항 목	합 격
관능검사	형태	고유의 형태를 가지고 손상과 변형이 거의 없는 것
	색택	고유의 색택을 가지고 유소로 황갈색대가 생기지 아니하였으며 건조에 의한 회백색대를 가진 부분이 없는 것
	선별	크기가 대체로 균일하고 다른 종류가 혼입되지 아니한 것
	선도	신선하고 이취가 없는 것
	잡물	혈액 기타 협잡물이 없는 것
	glazinng	투명하고 건조 및 유소를 방지할 수 있을 정도로 충분히 glazing한 것
	온도	제품의 중심온도가 -18℃ 이하인 것 다만, 횟감용 참치류의 중심온도는 -40℃ 이하인 것
정밀검사	중금속	1.담수산 어패류의 중금속은 100mg 이하/kg인 것 2.해산 어패류(심해성 어패류 및 참치류 제외), 냉동대구머리 가공품 및 냉동창란의 총수은은 0.5mg/kg 이하인 것 3.해산 어패류(심해성 어패류 및 참치류 제외),냉동대구머리 가공품 및 냉동창란의 납은 2.0mg/kg 이하인 것
	패류독소	80㎍ 이하/100g인 것
	세균수	10^5CFU 이하/g인 것(생식용에 한함)
	분변계 대장균	대장균의 최확수가 20MPN/100g을 초과하지 아니한 것(생식용에 한함)
	pH	해동하였을 때 pH가 6.0 이상인 것(패류에 한함)

• 기름변색(油燒) : 유소는 어육중의 유지가 냉장 중에 산화되어 발생한다. 유지의 냉장 중 변화는 0℃부근 온도에서 유지분해효소와 더불어 세균의 작용이 동시에 일어나기 때문이다. 유소가 생기면 산화부위가 황갈색으로 변색된다.

6장. 수산건제품

1. 일반 개요

(1) 정의

어패류, 해조류 등을 태양열 또는 인공 열로 건조시켜 저장성을 부여시킨 제품으로 간편하고 경제적인 저차가공의 초기 어류 저장품

(2) 건조원리

건조란 열과 수증기의 동시 이동 현상

ⓐ 표면증발, ⓑ 내부 확산, ⓒ 큰 포차(飽差)로 건조촉진

(3) 건조목적

수분제거로 ⓐ 부패균발육억제로 저장성향상, ⓑ 식미개선(맛, 조직) ⓒ 창고, 수송력 제고(중량, 부피 감소)

(4) 건조요건

표면증발(Surface Evaporation) → 내부확산(Internal Diffusion) → 반복

(5) 건조촉진방안

ⓐ 수증기분압강하(공기중), ⓑ 온도상승, ⓒ 승화(얼음 → 기체)

(6) 건조조건

(외적)-ⓐ 온도 ⓑ 습도 ⓒ 기압(내적) ⓓ 식품표면적 ⓔ 두께 ⓕ 성분조성
└────── 표면증발 ──────┘ └─ 내부확산 ─┘

(7) 건조속도 지배조건

ⓐ 기온(氣溫), ⓑ 풍향(風向), ⓒ 풍속(風速), ⓓ 형상(形狀), ⓔ 포차(飽差)

· 포차(E) : 증발표면의 수증기압력(F)과 공기 중의 수증기압(f)차이

$(E = F - f)$

* 이 요인은 건조속도를 좌우하는 가장 큰 외부요인이며 포차가 클수록 건조속도도 신속하게 됨

· 건조속도는 표면적에 비례하며 표면적이 가장 큰 것은 구형체임

(8) 물의 상태도(Triple Point)

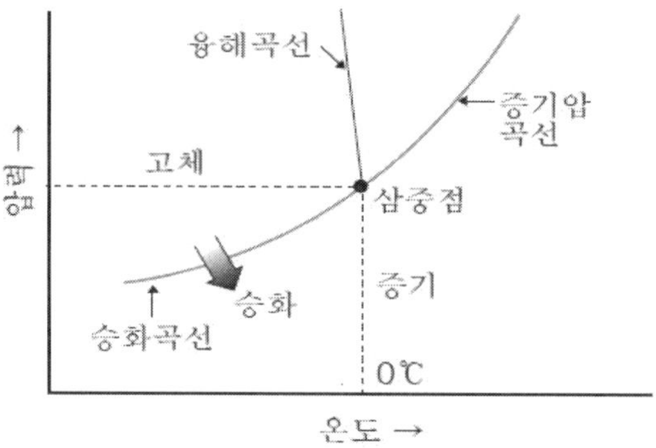

【그림 6-1】 물의 상태도

(9) 등온흡습곡선(Water Sorption isotherm)

일정온도에서 식품의 수분 %를 세로축에 관계습도(aw)를 가로축에 취하여 그린 ∫자 곡선으로 식품의 정적인 수분 %와 동적인 aw와의 관계표시

① 방습(건조)곡선과 흡습곡선은 이론상 일치하나 실제는 큰 차이가 나는데 이는 식품이 갖는 이력현상(식품의 조직변화 와 성분변성의 차이) 때문이다.

② 등온흡습곡선의 응용

ⓐ 안전저장의 최대 수분량 결정

ⓑ 진공/열풍 건조기의 최대 허용압력 결정

ⓒ 식품포장 재료의 필요한 투과성 재질 선정

③ 단분자층의 수분(Mono Molecular layer of water) : 다공질표면 건조식품의 저수분에 기인한 산화, 산패로 초래되는 변퇴색, 성분열화를 방지 할 수 있는 최소의 필요량으로 최대 허용 수분량. Bet 공식으로 계산(식품안전저장)

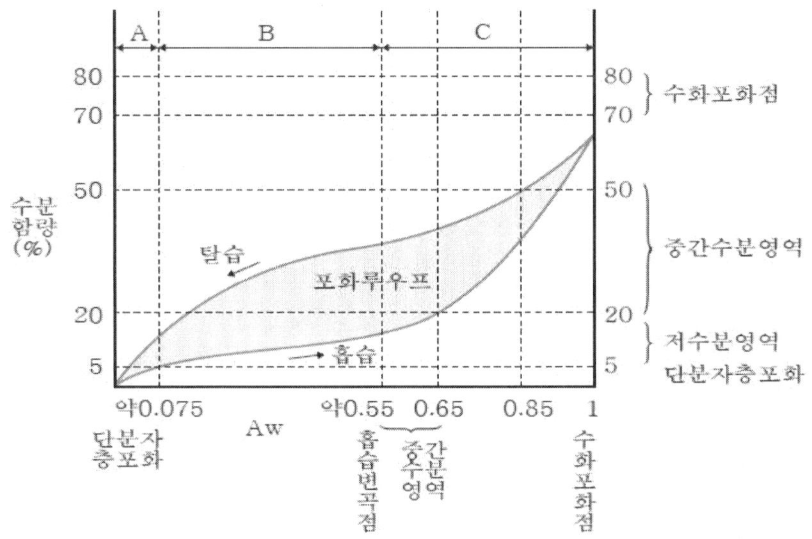

【그림 6-2】 등온흡습곡선

【표 6-1】 단분자층의 수분의 Bet식 계산치와 분석치 스리고 규격수분 비교

	Bet	분석치	규격수분
잔새우	5.56	3.69	2.5
양파분	3.58	4.10	4.0
탈지분유	2.98	3.42	3.5

BET = R/a(100-R) = I + SR

R : 관계습도

a : 관계습도 R일때 100g 건조물에 흡착하는 물의 g수

S, I : 정수

④ 다분자층 : 친수성기위에 형성된 것으로 차차 액화하고 있는 상태의 층

(10) 수분활성(Available Water Activity, Aw)

계(系)중의 물 자유도의 한 지표, 식품중의 수분%(정적)대신 동적 표시 한 것

$Aw = P/P^0$(단, P : 식품의 수증기압, P^0 : 공기의 수증기압)

• 수분활성과 미생물생육한계 : 세균 0.9, 효모 0.88, 곰팡이 0.80

【표 6-2】 식품별 미생물 생육한계

	식빵	찰떡	건오징어	건어패류	중간수분식품
수분활성(Aw)	0.645	0.647	0.640	0.98~0.99	0.65~0.85
수분함량(%)	13.7	17.8	28.3	15~35	20~50

① 어육(魚肉) 중의 수분 : 60~90%함유 중 결합수 35.2~63.2%(단백질 과 결합되어 동결이나 건조 또 미생물의 이용불가)

② 어육의 보수성 : 압착, 가열, 세절 등 조작 시 원래 함유수분이나 첨가수의 유지하는 힘. 다가금속(Ca.Mg.Zn.Fe)이온은 교차결합을 형성단백질구조가 강고해져 수화성 감소. 등전점 pH 에서 최소, Na Zn은 증가, 중성, 알칼리 시 소금(5~8%) 첨가로 증가

③ 인산염의 보수력 : pyro-, meta-, tripoly-, hexameta-, polyphosphate

• 인삼염의 효과 : ㉠ 금속이온 봉쇄, ⓑ pH 완충, ㉢ 계면활성효과, ㉣고강도이온에 의한 pH 증가, ㉤ 소금병용효과(0~20℃)

2. 건조곡선 및 겉마르기

(1) 건조곡선

① 구성

ⓐ 예열기간 → ⓑ 항율건조(큰건조속도) → ⓒ 감율건조1단, 2단(건조지연)

② 한계함수율 : 항율과 감율 건조의 경계점의 수분량(고온, 저습, 고풍속, 두께, 큰 밀도 등은 함량이 큼)

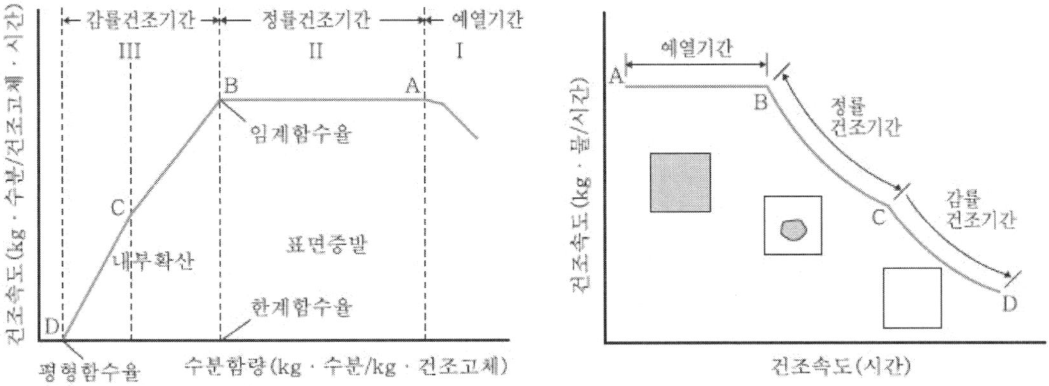

【그림 6-3】 식품의 건조곡선

(2) 겉마르기/표면경화(Case Hardening, Skin Effect)

① 정의 : 표면긴조 > 내부확산, 어체표면의 수분증발이 빠르고 내부확산이 늦게되면 표면에 피막이 형성되어 내부수분의 탈출을 방해받아 품질이 저하되는 현상. 이는 함수고체는 가열이나 공기 중 방치시 먼저표면증발이 일어나 내부의 표면사이에 밀도차가 생기게 되어 내부 수분이 외부표면으로 평형 될 때 까지 확산이 계속되는데 표면증발이 내부 확산보다 빠르게 되면 표면만 과도 건조 경화되어 내부수분의 탈출을 봉쇄하여 이후의 건조가 방해 받음.

② 방지책 : ⓐ 야간퇴적(암증(暗蒸) 내부 확산 부여), ⓑ 열풍건조기의 단속(斷續)(내부확산 부여)

3. 제조기술

(1) 어체의 건조

선어(80%함수) → 수분증발건조(50~60%) → 건어(40% 함수)
어육(교질) → 내부 확산지연 → 경화현상(급속건조) → 부패(내부 수분분포 불균일)

(2) 건조법의 선택조건

피 건조식품의 ① 열감수성, ② 성상(고, 액, 입(粒), 분체), ③ 처리량

(3) 건조방법

① 자연건조

ⓐ 천일(태양복사열) - 양건(陽乾), 음건(陰乾)

ⓑ 동건(자연냉기)-동결과융해반복

② 인공건조 : 기계장치이용(기온, 습도, 풍속 등 임의조절가능)

ⓐ 열풍(가열, 증발)

ⓑ 진공(감압, 저온증발)

ⓒ 배(焙)건(훈연)

ⓓ 동결(승화)건조

ⓔ 냉풍(장력 차 건조)

ⓕ적외선(복사열)

ⓖ고주파(유전가열)

ⓗ 분무(분유)

(4) 수산건제품의 종류

① 날마른치(素乾品) : 무처리건조품(건오징어, 건명태, 삭스핀(흑시, 백시), 건미역, 건조김)

② 찐 마른치(煮乾品) : 삶은 후 건조한 것(건멸치, 마른/건전복(명포, 회포), 건조굴(호건, 호고)

③ 군 마른치(焙乾品) : 구운 후 건조한 것 (군쥐포, 군오징어)

④ 간 마른치(鹽乾品) : 굴비, 염대구, 염가자미, 자반고등어

⑤ 맛 마른치(調味乾品) : 멸치볶음, 조미오징어, 조미쥐포, 새우 꽃포

⑥ 얼 마른치(凍乾品) : 동결, 해동의 반복건조 - 복어, 한천

⑦ 연기 마른치(燻乾品) : 염지훈연건조 - 훈제굴, 훈제연어, 훈제청어, 훈제전복

【표 6-3】 오징어 영양성분

오징어	수분	단백질	지방	당질	무기질
날 것	80.3	17.0	1.0	0.5	1.2
마른것	19.0	67.5	4.7	1.9	6.9

[신 건조식품의 경향]

① 중간수분제품(IMF, Intermediate Moisture Food) : 신선품과 건조품의 중간수분품

Aw 0.85(신선품) - 0.65~0.85(중간품) - 0.2 (건조), 곶감, 잼, 건조소시지

・방법 : ⓐ Moisture Infusion(어・축육제품)

ⓑ Dry Infusion(비프스티우)

ⓒ 혼합법(pet)

② 건조압축식품(Dehydrate Compressed Food) : 중량, 부피 축소, 품질복원성 촉구

・미육군 전투식(1960대) : 수분 10~30%, 동결건조 채소를 12% 증습(蒸濕)후 14~170 기압으로 압착, 통기건조 후 포장한 식품

・농산품(버섯), 게살, 미트볼, 사라드, 푸딩

4. 품질관리

① 건조과정

ⓐ 물리적 변화 : 부피감소, 겉마르기, 가수복원성, 식감저하

ⓑ 화학적 변화 : 단백탈수변성, 동결변성, 지방산패, 기름변색(油燒), 산패, 중합, 변색 등 종합적 변화

• 백분(白粉)성분성분

ⓐ 타우린, 베타인(건전복, 건오징어)

ⓑ 타이로신(복어)

ⓒ 만니트(건미역)

② 저장보관과정

ⓐ 저하요인 : 건조, 흡습, 유지변색, 충해

ⓑ 방지기술 : 방습포장, 건조제, 저습저장, 진공포장, 불활성가스, 항산화방지제, 냉장, 훈증, 고온살균, 알코올 분무, 살균제(솔빈산), 저 수분 유지

8강

건제품의 가공

1. 건제품 가공원리

① 식품중의 수분제거

②수분활성도 낮춤

③ 미생물 발육 억제

④ 수분감소로 농축된 맛과 성분함유로 독특한 풍미와 촉감을 가진 제품으로 된다.

• 수분제거방법 : 증발, 가압, 흡수재 이용

2. 건제품의 종류

건제품	정 의	대상제품
소건품	수산물을 아무런 전처리 없이 그대로 건조한 제품	마른오징어, 마른대구, 마른상어, 지느러미, 마른김, 마른미역 등
자건품	수산물을 자숙한 후 건조한 제품	마른멸치, 마른전복, 마른해삼, 마른패주, 마른새우, 명골(상어. 가오리 등 연골) 등
동건품	수산물을 자연적인 조건이나 기계적인조건 으로 동결 및 해동을 반복하여 건조한 제품	과메기, 황태, 한천 등
염건품	수산물을 소금에 절인 다음 건조한 제품	굴비, 염건정어리, 염건고등어, 등
훈건품	수산물을 훈연하면서 건조한 제품	훈연굴, 훈연오징어 등
조미건제품	수산물을 조미한 다음 건조한 제품	조미 말쥐치, 조미오징어 등
배건품	수산물을 불에 구워서 건조한 제품	가쓰오부시 등

3. 건제품의 제조

소건품	-Round상태 또는 적절한 처리를 하여 수세 후 건조한다. -품목수에서는 어패류보다 해조류제품이 더 많다. -소건으로 저장성 부여와 풍미개선 ① 선도가 좋은 원료를 사용해야 한다. 건조 중에 세균이나 자가소화 효소에 의하여 육질이 연화되기 쉬우므로 ② 바닷물이 아닌 맑은 청수로 염분을 씻어낸 다음 건조한다. ③ 음건 후 양건 한다. → 표면경화 예방(case hardening or skin effect)
자건품	-건조전에 원료를 미리 삶는다. -(이유)효소불활성화, 미생물사멸로 부패를 막는다. -열에 의한 단백질 응고로 일부수분과 피하지방을 제거하여 건조를 돕는다. -삶을 때는 끓는 물속에 원료를 넣거나, 끓인 물에 찬물을 첨가하여 온도가 90 정도가 되게 하여 원료를 넣는 것이 좋다. -마른 멸치 제조공정 → 교재참조 · 원료 어획: 어획 직후 선상에서 바로 자숙(자가소화속도 급속함)-선도양호 · 자숙 : 5~6%의 끓는 민물식염수에서 4~5분 삶는다(건조시간단축, 윤기생성). · 건조 : 천일건조 보다 냉풍건조가 품질우수 · 선별 : 대멸(7.7cm 이상), 중멸(4.6~7.6) 소멸(3.1~4.5) 자멸(1.5~3.0) 세멸(1.5 이하) · 제품수율 : 대멸 30%, 중멸 15%, 소멸 12%, 자멸 26%, 세멸17% -마른새우 제조공정도 → 교재참조 · 원료새우 : 중하, 보리새우, 징거미새우, 벚새우 등 · 자숙 : 3%끓는 식염수에서 새우가 떠오를 때까지(약 20~30초) · 건조 : 천일건조, 열풍, 냉풍건조 · 제품 수율 : 껍데기 붙은 것 20~30%, 껍질 벗긴 것 23~25%
동건품	-조직중의 수분을 빙결시켜 융해시키는 작업을 몇 번 되풀이하여 탈수, 건조한 제품 -대표적인 동건품: 동건 명태(북어), 과메기 및 한천. -북어(황태)제조공정도 → 교재참조 · 수세·흡수 : 내장 제거한 명태를 담수세척 및 물 표백 후 어체에 충분히 물 흡수 · 동결 : 흡수한 수분을 동결 · 수침 : 2~3℃의 민물에 하루 4~5회 물을 바꾸면서 2~5일 담가 둔다. · 동건 : 1~2월이 적기. 80% 정도 건조되면 3~4일 쟁여두었다가 맑은 날에 완전 건조 · 포장 및 제품 : 최종 제품은 sponge상의 다공성이 되어 퍼석퍼석한 제품이 된다.
염건품	-적당히 전 처리 한 원료를 물간법 또는 마른간법으로 절인 후 건조한 제품 -염지하는 이유는 알맞은 짠 맛을 부여하고 수분탈수로 세균에 의한 육질 변질을 막는다. -저염 선호 경향으로 염건방법 변화 -대표적인 염건 제품: 굴비, 간 대구포, 염건 전갱어 -굴비의 제조공정도 · 선별: 크기별, 선도별 · 염지 : 물간은 포화식염수에 7~10일 침지, 마른간은 원료의 15~30% 식염을 뿌려 7일 염장, 개량염장은 식염을 뿌려 2~3일 두면 침출수로 물간과 같이 된다. 큰 어체는 7일 이상, 작은 어체 는 7일 이내. 이 때 사용하는 식염은 [재제염]이 좋다.

<표 계속>

염건품	・재선별 : 공정작업 중 손상품 등은 따로 분리 ・두름: 건조를 위하여 소어 20마리, 대어 10마리씩 두름을 한다. ・수세/ 탈수: 다시 수세 및 가압 탈수를 한다. ・건조: 탈수 되면 건조대에서 건조 ・포장/ 제품: 근래 에는 저염 화 경향으로 저온보관 및 유통한다.
배건품/ 쩌군마 른치(節類)	-원료어육을 자숙/배건하여나 무막대처럼 딱딱한 상태로 만든 건제품(煮焙乾品)으로 ushi류(節類)라고 함. 주로 일본에서 제조됨. -대표적인 배건품: 가쓰오 부시(일본 명칭으로 자배건 가다랑어, katsuo-bushi) -시판품의 수분함량은 13~15% 정도 -우량곰팡이 부착처리에 의하여 ① 수분 및 지질이 감소한다. ② 특유의 향기가 생성된다. ③ 불량곰팡이의 번식이 억제된다. ④ 가쓰오 부시로 조제한 맛국물 액즙이 투명하게 된다. ・가쓰오부시 제조공정 원료구입→두부절단 및 내장제거→필레처리→자숙 및 냉각→잔뼈제거→배건 및 방냉→손질→배건 및 일건→곰팡이 붙이기 및 일건→포장→제품 ・우량곰팡이의 종류 : *Aspergillus glaucus, Aspergillus repens, Aspergillus ruber*

4.건제품의 수율

・수분활성도(Water activity : Aw)

식품과 같은 온도인 순수한 물의 수증기압, 즉 포화수증기압(Ps)에 대한 공기와 평형상태를 이루고 있는 식품의 수증기압(PF)의 비를 수분활성도라 한다. 이 수분활성도는 식품 내 수분들의 증발경향을 나타내는 값으로 0에서 1사이의 값을 갖는다. 이 값은 평형상대습도를 100으로 나눈 값과 같다.

$$\text{수분활성도}(Aw) = \frac{P_F}{P_S} = \frac{ERH}{100}$$

P_F : 식품의 수증기압
P_S : 식품과 같은 온도의 순수한 물의 포화수증기압
ERH : 평형상대습도(Equilibrium relative humidity)

이 수분활성도는 식품품질에 중요한 의미를 지니는데 식품의 수분활성도에 따라 미생물의 생육한계가 존재하기 때문이다. 일반적으로 미생물의 생육한계가 되는 수분활성도는 세균의 경우 0.9, 효모 0.8, 그리고 곰팡이는 0.7부근인 것으로 알려져 있다.

7장. 수산훈제품
(Smoked Fish products)

1. 일반 개요

(1) 정의

어(魚), 패(貝), 조(鳥), 수육(獸肉) 등을 적당한 훈연재(材)(활엽수(떡갈나무)의 목재, 톱밥, 대패 밥, 왕겨)를 불완전연소 시켜 얻은 연기를 쐬어 저장성(건조, 살균), 기호성 (색, 조직, 맛)을 향상 시킨 제품

(2) 훈제원리

① 저장성 향상(건조, 가열, 살균, 피막, 항균성/항산화성/항생제 성분)

② 기호성 부여(착색, 훈연취, 맛)

・ 안전성 미 구명 : 발암성분인 3,4-Benzopyrene 같은 polycyclo aromatic compound에 대한 성분조성, 동물시험, 1인 섭취량 등 미결정

2. 제조기술

(1) 훈연법

① 기본공정 : 원료-전처리(조리, 염지, 세척, 수절, 풍건)-훈연-손질-훈제품

ⓐ 냉훈법(cold smoking) : 15~30℃, 1~3 주간, 수분 40%, 장기저장가능(1개월↑)

ⓑ 온훈법(hot smoking) : 50~70℃, 2~12시간, 수분 45~60%, 조미목적, 저장성무(냉장)

ⓒ 열훈법(roasting smoking) : 100~120℃, 3시간, 즉석용 고온 배소, 목초액희석 사용

ⓓ 액/속훈법(quick smoking) : 훈액, 목초액에 10~20 시간침지처리

ⓔ 전훈법(electric smoking) : Corona방전, 30Kv(직류), 1~2mA(교류)<연기는 +극, 식품은 -극>

② 훈연향료(Smoking Flavor) : fish sausage and ham for smoking

ⓐ Acids : carbonic, formic, propionic, capric, butyric

ⓑ Alchols : methanol, ethanol, propyl alohol

ⓒ Aldehydes : form, acet, methyl,

ⓓ Ketones : acetone, methyl, ethyl, propyl, diethyl

ⓔ Esters : formic methyl-, acetic ethyl-, propionic methyl-

ⓕ Hydrocarbon : Xyloll, thymol

ⓖ Others : dimethyl amine, pyridine

· 조미훈제품 : 대구, 문어, 청어, 연어(round, headless, USSR식, USA식, kippered), 상어, 뱀장어, 고등어, 꽁치, 정어리, 방어, 훈제어묵(120℃, 25분), 임연수어

· 효과 : 성분증가(염용 단백질, 지방, 무기질, 유리아미노산-N), 어유산화방지(크레오소트, 페놀, 구아콜)

· 저장법 : 저온, 건조, 냉동, 통조림, 훈증, 백착유 도포, 기밀포장, 탈습, 탈 산소제

9강

훈제품의 가공

1. 훈제의 원리

훈제품은 원료를 염지(curing)한 다음 음건 및 목재를 불완전 연소시켜 발생하는 연기(smoke)를 쬐이고, 어느 정도 건조시켜 독특한 풍미와 보존성을 가지도록 한 제품이다.

연기는 독특한 냄새와 신맛, 쓴맛 등을 지닌 성분들을 함유하고 있어 이들 성분이 훈제품에 부착되어 원료자체의 비린내와 같은 풍미를 감소시키고, 새로운 풍미를 가지게 하는 것이다. 또한 식품보존성의 경우 훈연 중에 건조에 의한 수분의 감소, 첨가하는 식염, 훈연성분 중의 항균성 물질 등에 의해 보존성이 주어진다고 할 수 있다.

2. 가공

공 정		
냉훈품	연어냉훈품	연어를 전처리 후 염지 및 냉훈하여 제조한 대표적 수산훈제품으로 고급품에 속한다.

공정	처 리 내 용
원료	우리나라의 경우 주로 노르웨이산 양식연어를 사용하며, 러시아산 자연산 연어는 주로 통조림 원료로 사용.
전처리	• 머리를 제거하지 않은 유두냉훈품 • 머리를 제거한 무두 냉훈품 • 필레 냉훈품
수세 및 탈수	수세로 이물질 제거후 탈수
염지	어체크기나 선도에 따라 포화식염수에 1-10일간 염장하거나 원료량의 20%의 식염을 뿌려(살염:撒鹽) 염장한다. ※근래에는 기간단축을 위하여 염수주사법으로 염지를 하기도 한다.
수침 및 탈수	잉여식염을 제거하기 위하여 3-24시간 수침하여 약한 염미가 느껴질 정도로 조절되면 탈수한다.
풍건	신속한 훈연을 위하여 어체표면을 송풍기로 건조
냉훈	1주간 : 18~20℃, 다음 2~3주간 : 20~22℃, 마무리단계 : 25℃
포장 및 제품	우리나라에서도 서울의 경우 인기가 있어 앞으로도 성장이 예상됨

<표 계속>

<table>
<tr><th colspan="3">공 정</th></tr>
<tr><td>냉훈품</td><td>청어냉훈품</td><td>청어를 전처리 후 염지 및 냉훈하여 제조한 수산훈제품이다.
공정은 연어훈제품의 경우와 유사하다.</td></tr>
<tr><td>온훈품</td><td>오징어조미온훈품</td><td>
<table>
<tr><td>공정</td><td>처리내용</td></tr>
<tr><td>원료</td><td>신선한 원료 구입</td></tr>
<tr><td>어체처리</td><td>살지느러미, 내장, 먹물주머니, 연골 등을 제거한 몸통부분만 훈제품원료. 제거된 두부 및 살지느러미 등은 다른 가공원료로 이용.</td></tr>
<tr><td>수세/탈피</td><td>수세한 몸통은 온탕(50-55℃)에서 교반기를 사용하여 교반(mixing). 선도가 좋으면 30분, 선도불량이면 10분 정도 소요되며, 이때 색소 용출</td></tr>
<tr><td>수세/자숙/탈수</td><td>탈피후 수세를 통하여 탈피이물질 제거하여 80℃정도에서 2-3분 자숙한 다음 발에 널어 탈수.</td></tr>
<tr><td>1차조미</td><td>배합비(recipe)에 따라 조미료를 투입하여 조미배합기에서 배합한 후 용기에 담은 다음 가볍게 눌러 하룻밤 동안 조미.</td></tr>
<tr><td>훈건</td><td>20~25℃에서 1~2시간, 이후에는 서서히 온도를 올려 60~70℃가 되게 하여 모두 7~9시간 동안 훈연. (IMF)</td></tr>
<tr><td>절단</td><td>체축의 직각방향으로 1~2mm두께로 절단(건조가 심한 양끝은 제거)</td></tr>
<tr><td>2차조미</td><td>recipe에 의한 조미료를 농축시럽으로 만들어 훈건한 육편에 뿌리고 혼합하여 용기에 담아 재운다.(숙성)
recipe는 교재 참조</td></tr>
<tr><td>건조</td><td>숯불 또는 자외선 등으로 적당히 건조</td></tr>
<tr><td>포장/제품</td><td>PEfilm으로 진공포장. 일반적인 수율은 15-16%정도</td></tr>
</table>
오징어를 내장 등을 제거하고, 박피(剝皮:껍질벗기기)한 다음 조미 및 훈건하여 제조한 수산훈제품.</td></tr>
</table>

3. 훈제품의 가공 및 저장중 변화

<table>
<tr><th></th><th>변화의 종류</th><th>내 용</th></tr>
<tr><td rowspan="2">훈연 중 변화</td><td>단백질변성</td><td>훈연에 의하여 건조가 진행되며, 건조정도에 따라 단백질의 변성으로 인해 육단백질의 불용화가 진행되는데 이때 불용성으로 되는 것은 대부분 myosin구 단백질이다. 이들 단백질 변성은 훈연방법과 조건에 따라 차이가 크다.</td></tr>
<tr><td>지질변화</td><td>어체의 지방은 건조시에 수분과 함께 표면으로 이동하여 공기나 빛의 영향을 받아 산화되어 산패냄새 및 갈변된다. 그러나 훈제품의 특징으로서, 훈연성분 중에는 페놀을 포함한 여러 가지 항산화성분이 함유되어 있어서 지방의 산패나 갈변을 억제하는 효과가 있다는 것이다.</td></tr>
</table>

<표 계속>

	변화의 종류	내 용
훈연 중 변화	색소퇴색	훈연성분 중에 함유되어 있는 항산화 성분에 의하여 색소의 산화를 억제하는 것이 특징 중의 하나다. 불포화 결합을 하고 있는 색소는 산소나 광선에 의하여 쉽게 산화, 분해되어 퇴색한다. 특히 carotenoid계 색소는 이중 결합이 많아 산화에 의해 쉽게 산화되는데 새우의 적색색소의 경우 carotenoid계 색소가 astaxanthin 으로 산화되어 적색이 소실되면 상품가치소실.
	소화율 저하	어육을 훈연하여 염산이나 pepsin으로 분해시킨 결과 훈연온도가 높을 수록 소화율이 떨어진다. 이와 같이 어육을 훈연할 때 온도가 지나치게 높아지지 않도록 해야 한다.
저장중 변화	흡습 및 건조	훈제품은 수분함량이 상당히 낮아 주위의 환경습도가 높은 경우 흡습될 수 있다. 최근 pvc film으로 포장한 제품이 많이 유통되고 있는데 대부분의 pvc 포장은 공기투과성이 있어서 주변공기의 상대습도에 따라 내용물의 건조나 흡습에 주의해야 한다.
	갈 변 (browning reac tion)	당의 carboxyl group과 아미노산의 amino gropup으로부터 갈색색소가 생성되는 반응을 당-아미노반응 또는 Maillard반응이라고 한다. 어육은 단백질이 많은 식품이라 amino group을 충분히 함유하고 있다. 또한 glycogen의 분해에 의해 생성한 glucose 유래 carboxyl group이 함유되어 있어 비효소적 갈변을 일으키기 쉽다. 훈제품의 경우에는 제품 그 자체가 갈색 또는 흑색을 띠고 있어 이에 의한 제품의 품질저하는 거의 없다.

8장. 수산염(신)장품

(Salted/Fermented Fish products)

1. 일반 개요

(1) 염장원리

식품 + 식염 → 탈수 → 삼투압증가 → 미생물세포 원형질분리 → 생명정지(살균)

(2) 염장법

① 마른간법(乾鹽法) : 20~30% 소금살포, 고염법

② 물간법(염수침지) : 품질우수, 저장성 약

③ 개량 건염법 : 물 간후(가 염지) 마른소금 살포, 초기부패가 적고 균일한 소금삼투, 외관 수율 좋고 유소방지

④ 특수염장 : ⓐ 변압(진공, 가압), ⓑ염수주사(근육, 맥관)대형어, ⓒ 압착(개량건염후)

⑤ 냉각염장 : 0~5℃, 대형 · 다 지방어, 고온지대 실시, 냉동염장법(동결어 염지 → 해동과 동시 염분침투)

- 소금 : 제조별(증발염, 천일염, 암염), 용도별(식탁염, 정제염, 염장염, 각염)
- 불순물 : $MgCl_2$, $CaCl_2$, 황산염, 탄산염, Mg, Ca성분-제품경화, 쓴맛부여
- 염지액 조성 : NaCl,$NaNO_3$, $NaNO_2$, Sugar, 산화방지제(BHA, BHT), 향신료,인산염, 쌀겨, 점토

(3) 염장어류

굴비(17~25%가염, 4~7일), 간(자반)고등어, 간대구, 간멸치, 간미역(수율45%), 간연어, 간송어

2. 젓갈 · 어간장 – 천연조미료

· 정의 : 젓갈 – 어패류의 살, 내장, 생식소(巢)등을 염장하여 자가소화효소와 미생물효소에 의해 소화 숙성 시킨 것(새우젓, 명란젓, 굴젓, 날(이긴)성게 젓, 조개 젓, 창란젓, 해삼창자 젓)

– 어(魚) 간장(액젓) : 젓갈을 착즙 여과한 액이 어간장임(가나리 액젓, 멸치 액젓) AnchovySauce(유럽), nampla(태국), nuc-mum(월남), nagpi(미안마), trassikan(인니), patis, bagoong(생산된장)(필립핀)

· 성분 : 아미노산, 단백질, 당질, 지질, 유기산, 기타(펩톤, 펩타이드, 유기염기, 젖산)

3. 염장품의 변질과 보존

① 품질변화 : 중량감소, 근육수축, 단백, 지질분해, 지질산패, 단백변성, 성분용/석출, 자가소화 – 청어내장액즙(단백분해효소)첨가 시 염농도 차가 심함. 적변

② 보존 : 냉장, 용기소독, 완전세척, 알코올처리 냉장, 소금첨가(30%), 알코올 처리(12.5%)

10강

염장(신)품의 가공

1. 염장품의 정의

염장품은 원료어를 식염에 절이든가, 식염수에 침지하여 어체중에 식염을 침투시킨 것이다. 건제품과 마찬가지로 특별한 설비가 없어도 제조할 수 있으므로 예로부터 비교적 생산량이 많았으나 최근에는 식염함량이 낮은 제품을 선호하는 경향이 있어 저염제품의 생산이 보편화.

2. 염장품의 가공원리

염장품은 식염이 가지는 높은 삼투압에 의한 탈수와 식염침투에 따른 수분활성도의 저하에 의해 저장성을 갖도록 하는 것

3. 식염의 방부효과

식염의 방부효과, 위생적인 안전성, 제품의 풍미, 사용상의 간편성, 가격 등으로 미루어 보아, 다른 식품방부제와는 비교할 수 없을 정도로 많은 장점을 가지고 있다. 그러나 식염의 방부효과는 식염 그 자체의 살균력에 의해서라기보다는 다음과 같은 복합적 효과 때문.

효 과	내 용
1) 탈수작용	식염의 방부작용은 식염용액의 고삼투압에 의하여 세균세포는 탈수 되고, 이어서 원형질 분리를 일으켜 사멸하고, 또 식품의 탈수작용 으로 수분활성이 저하하여 미생물이 이용할 수 있는 자유수의 감소로 미생물이 작용하기 어렵게 되기 때문이다.
2) 단백질 분해효소작용의 억제	효소가 분해하여 결합하여야 할 peptide결합위치에 식염의 구성원소가 먼저 이 위치에 결합하여 효소의 결합을 원천적으로 봉쇄.

<표 계속>

효 과	내 용
3) 식염용액에 대한 산소의 용해도감소	식염용액의 농도가 증가할수록 산소의 용해도는 감소, 호기성 세균의 발육이 억제.
4) 염소이온의 직접적 방부작용	소금의 해리에 의하여 생성되는 Cl이온이 세균세포에 대하여 직접적으로 작용.

4. 염장방법

<table>
<tr><th colspan="3">방법구분</th><th>방법내용</th></tr>
<tr><td rowspan="4">일반법</td><td colspan="2">건염법(마른간법)</td><td>식염을 식품에 직접 뿌려서 염장하는 방법.
일반적으로 저장성향상, 풍미향상이 목적임.
일반적으로 식품무게의 20~35% 식염사용</td></tr>
<tr><td colspan="2">습염법(물간법)</td><td>농후한 식염수에 식품을 침지하여 염장하는 방법</td></tr>
<tr><td rowspan="2">개량법</td><td>개량건염법
(개량 마른간법)</td><td>마른간을 한 후 누름돌로 눌러 식품으로부터 침출된 수분이 포화식염수가 되어 결과적으로 물간이 되게 하는 방법
- 염장초기부패가 적고 소금 침투가 균일하여 외관, 수율 등이 좋고 기름변색을 억제하는 장점</td></tr>
<tr><td>개량습염법
(개량물간법)</td><td>물간을 하여 식품에 부착한 세균이나 점질물을 제거한 후 마른간을 하여 염장효과를 높이는 방법
- 기온이 높은 계절이나 선도가 나쁜 원료의 염장에 사용</td></tr>
<tr><td rowspan="5">특수법</td><td colspan="2">변압염장법</td><td>감압하여 식품조직내의 기체를 제거하고, 염수를 주입하여 물간한 다음 가압하여 식염의 침투를 용이하게 하는 염장법.
염장시간을 단축할 수 있으나 다량의 경비가 소요.</td></tr>
<tr><td colspan="2">염수주사법</td><td>염수를 대형 주사기로 축육 또는 대형 어육에 주사한 후 일반 염장법으로 염장하는 방법. 염장시간을 단축하고 경비가 거의 들지 않는 장점있음.</td></tr>
<tr><td colspan="2">압착염장법</td><td>마른 간을 한 다음 물간을 하여 식염의 침투를 완료시키고 염수에서 건져내어 적당히 가압하여 과잉의 염분을 수분과 함께 압출시키는 염장방법
염미조절로 풍미개선에 유효하나 대량생산에는 부적절</td></tr>
<tr><td colspan="2">가온염지법</td><td>염지액의 농도를 50℃가 되도록 하여 염지하는 방법.
염지액을 염지탱크와 보조탱크 사이를 환류 시키면서 보조탱크에서 가온하여 염지액 온도를 항상 50℃가 되도록 유지한다.
이 방법은 축육의 자가소화를 촉진하여 풍미, 연도 등이 개선되는 장점이 있으나 관리에 실패하면 대량을 변패시킬 수 있다.</td></tr>
<tr><td colspan="2">맛사지법</td><td>맛사지 법은 최근 큰 공장에서 많이 이용하는 방법으로 비교적 대형의 고기 원료를 massage 또는 tumbler에서 교반함으로써 염지액의 침투, 염용성 단백질의 추출 및 원료 표면의 조직파괴를 촉진하여 염지기간단축과 결착성을 향상.</td></tr>
</table>

5. 염장품의 제조(예)

제 품 명	공 정
염장고등어	원료구입-어체처리-수세 및 탈수-염지- 수침 및 탈수-포장- 제품
염장멸치	원료구입-머리 및 내장제거-개량물간-액즙제거-물간-본염지-포장-제품
염장대구	원료구입-머리 및 내장제거-수세 및 탈수-염지- 포장-제품
염장해파리	원료구입-점액 및 오물제거-수세 및 탈수-염지-재수세 및 탈수-재염지-포장-제품
염장연어알	원료구입-수세및 탈수-염장-포장-제품
염장청어알	원료구입-수세 및 탈수-염지-포장-제품

6. 염장품의 가공 및 저장중의 품질변화

변화의 종류		내 용
염장중의 변화	1) 식염의 침투	식염침투로 탈수현상이 일어나는데 어체중의 염분과 외부식염수의 농도가 평형이 될 때까지 계속된다.
	2) 수분함량의변화	마른간의 경우 사용한 식염량이 많을수록 탈수량이 증가한다. 일반적인 마른간 제품의 수분함량은 55~60% 정도이나 충분한 량의 식염 사용시 수분 30~40%인 염장품을 얻을 수 있다. 물간의 경우 10% 이상의 식염수로 물간을 하면 농도가 높을수록 탈수속도가 빠르고 탈수량도 많으나 10% 이하의 식염수로 물간한 경우 어육의 수분이 오히려 증가한다.
	3) 무게의 변화	물간에 있어서는 10% 이상의 식염수에서는 무게가 감소하지만 10% 이하인 경우는 염장전보다 오히려 제품의 무게가 증가한다.
저장중의 변화	1) 지방산화	어육중의 지질에는 산화되기 쉬운 고도불포화지방산이 많아 염건품이나 염장품은 유지산화에 의하여 저장 중에 불쾌한 자극성 냄새, 떫은 맛, 복부의 황갈색화 반응 등 의 변화가 발생한다. 식염이 유지산화를 촉진시키기 때문에 기 쉽다. - 방지방법 : 항산화제를 사용하여 이를 방지할 수 있다.
	2) 자가소화	자가소화는 저온에서는 서서히 진행되지만 온도가 오르면 속도가 빨라져 15~17℃ 이상에서는 육성분은 급격히 분해되기 때문이다. - 방지방법 : 15℃ 이하 온도에서 저장한다. 또 여러 가지 효소를 함유하고 있는 내장부위를 제거하는 것이 자가소화를 억제시키는 효과가 있다.

<표 계속>

변화의 종류		내 용
저장중의 변화	3) 부패	염장품이라도 식염의 농도가 낮고 저장온도가 높으면 부패된다. 일반적으로 어육 중 식염농도 20%이상이면 유통 중에 부패의 염려가 없으며 동일한 식염농도라도 염장품의 수분함량이 적을수록 저장성이 좋다. - 방지방법 : 높은 용염량으로서 탈수량을 높이고 식염을 어육 중에 잘 침투시켜 저온에서 저장하면 부패를 방지할 수 있다.
	4) 곰팡이에의한 변질	염장품은 낮은 수분활성도 때문에 일반부패세균은 발육할 수 없어도 곰팡이가 발생하는 경우가 있다. 곰팡이는 호기성미생물로서 육표면이 공기 중에 접촉되고 있는 경우 발생할 수 있다. 변색반점이 생길 수 있고 냄새가 나서 상품가치가 떨어진다. - 방지방법 : 저온저장으로 방지할 수 있다.
	5) 염장어의 적변	고온 다습한 여름철에 식염 속에 존재하는 호염성 색소 형성세균(*Salcina*속, *Pseudomonas*속)에 의하여 적색으로 변하는 수가 있다. 연어, 송어, 대구 등 염장품에 흔하다. - 방지방법 : 염수에 잠긴 상태로 저장하거나 진공포장, 저온저장 등.
	6) 염장어의 저장성	식염농도15%이상이면 거의 부패되지 않으나 그렇지 않은 경우는 저온에서 저장해야 한다. 일반적 경우, 저장온도 15℃이면 유통기한은 식염량이 10%는 약 7일, 15%는 약15일, 7.20%는 약 20일 정도다. 아가미나 내장을 제거하지 않은 경우 부패가 쉬우므로 식염량을 많이 하여 저온저장하는 것이 안전하다.

7. 염장품의 규격

구분	항 목	합 격
관능검사	원료	충전이 양호하며 이종품의 혼입이 없는 것
	형태	형태가 바르고 균일한 것
	색택	고유의 색택으로서 균일하며 지질산화가 거의 없는 것
	협잡물	토사 및 기타 협잡물이 없는 것
	처리	염도가 적당하고 배열이 양호한 것
정밀검사	첨가물 및 보존료	식품위생법에 규정된 기준과 규격에 적합할 것

8. 염장품의 수율

갈치, 조기류, 고등어, 전갱이 및 강달이 등과 같은 염장품의 수율은 80%

11강

발효수산 식품의 가공

1. 가공원리

수산발효식품은 어패류의 육, 내장 및 생식소 등에 식염을 가하여 부패를 억제하면서 자가소화 및 미생물의 작용에 의하여 원료를 적당히 분해 및 숙성시킨 제품이 젓갈(salted-fermented sea foods)이다. 식염에 의하여 부패를 막고 저장성을 부여하는 점에 있어서는 일반 염장품과 같다.

또한 일반 염장품의 경우 염장 중에 가능한 한 육질의 분해를 억제하려고 하나 발효식품의 경우 육질을 분해시켜 독특한 풍미를 갖게 하려는 것이 다르다.

[염장품]

염장품은 식염이 가지는 높은 삼투압에 의한 탈수와 식염침투에 따른 수분활성도의 저하에 의해 저장성을 갖도록 하는 제품.

2. 젓갈의 종류

원 료		종 류
어육	어류	고등어젓, 갈치젓, 까나리액젓, 매가리젓, 멸치젓, 밴댕이젓, 볼락젓, 자리젓, 정어리젓, 준치젓, 황 강달이젓 등
	갑각류	게젓, 곤쟁이젓, 새우젓(동백하젓, 봄젓, 오젓. 육젓, 자젓, 추젓) 등
	연체류	꼴뚜기젓, 오징어젓 등
	패류	굴젓, 바지락젓, 대합젓, 피조개젓, 소라젓, 오분자기젓, 어리굴젓 등
내장, 아가미	어패류	갈치속젓, 대구아가미젓, 전복내장젓, 전어밤젓, 조기속젓, 조기속젓, 창란젓, 해삼창자젓 등
생식소	어패류	게알젓, 대구알젓, 명란젓, 성게알젓, 숭어알젓, 연어알젓 등

3. 젓갈의 제조

경향 : 저 염화-저온저장(숙성)

공정	1) 멸치젓	2) 새우젓
원료	선도가 양호한 멸치가 기본 주산지 : 남해안 지방	주로 서해산의 선도 좋은 새우사용
수세 및 탈수	구입즉시 수세탈수, 선도 때문에 대체로 생략	해수 또는 3~4%식염수로 수세후 탈수
가염	멸치와 소금을 번갈아 혼합(고순도의 재제염 사용) 소금량은 원료중량의 20~25%(낮은 선도, 다지방, 고기온 일 때 증가)	갑각의 영향, 머리와 내장에 있는 강력효소 때문에 소금량 더 많음.(여름 35~45%, 가을 30%정도 사용). 소금이 적거나 선도가 불량하면 색깔이 검고, 단맛이 떨어지고 액즙이 탁하며 악취발생
숙성	가염 후 초기 수일간은 1일1회 저어 준 후 시원한 곳에서 숙성(보통 6개월 이상) 숙성 부족시 비린 내 표면에 형성된 기름제거(산화되면 쓴 맛, 떫은 맛 등 이미) 상등액-생젓국(조미료용) 잔량은 물과 소금을 가하여 끓여 여과후 멸간장으로 만들어 조미료용으로 사용	일반적으로는 12~20℃의 지하저장고, 저온숙성실 또는 토굴 등에서 4~5개월 소요 품질이 좋은 새우젓은 토실토실한 육질, 액즙이 유백색 청징하며 악취가 없음 .
포장 및 제품	다양한 규격으로 포장 봄에 생산-춘젓, 가을에 생산-추젓	동백하젓(11~1월), 춘젓(2~4월), 오젓(4~6월, 육젓(6~8월), 추젓(9~11월)

1) 오징어젓

일반적인 전통오징어 젓의 종류

① 오징어 육을 절단하여 오징어장기인 간장과 식염을 가하여 숙성시킨 것.

② 껍질 벗긴 오징어 몸통육만을 원료로 식염을 가하여 숙성시킨 것.

③ 껍질 벗긴 오징어 몸통 육을 절단하여 여기에 먹물 주머니의 먹즙과, 소량의 오징어장기인 간장과 식염을 가하여 숙성시킨 것 등이 있다.

④ 근년에 시판되고 있는 오징어젓의 일반적인 제조방법은 다음 표와 같다.

공 정		내 용
1	원료 및 해동	대개 동결오징어 사용. 연안산 또는 수입산 오징어(포클랜드산 등)를 사용하기도 함. 동절기 경우 2~3일전 출고하며 사용 하루 전에 해수에 수침해동
2	할복(몸통절개)	오징어의 몸통을 세로로 절개하여 다리, 내장, 눈, 입, 힘줄 등 비 가식부위 제거
3	탈피 및 연골제거	색소층이 있는 껍질을 탈피기로 제거하고 복부중앙에 있는 연골은 손으로 제거
4	4절 및 세절	몸통을 횡으로 4절 후 세절기에서 근육의 세로 방향 4~5mm로 세절
5	수세 및 탈수	물(수도수)을 흘리면서 세척하여 물을 뺀다.
7	가염혼합	천일염(오징어 중량의 35% 정도)를 혼합기로 10분 혼합, 20~24시간(1夜) 염지.
8	탈수	과량의 식염에 의한 침출염수를 세척하여 제거.
9	1차 조미(당장)	혼합기에서 물엿 40% 혼합 후 3시간 방치
10	탈수	자연탈수 2시간
11	2차 조미(양념배합)	배합기에서 양념을 넣고 약 10분간 배합
12	숙성	10℃ 정도의 저온실에서 1달 이상 숙성
13	1차 포장	컵실러로 일정용기에 충전하여 밀봉포장(예 : 1개당 500g)
14	금속검출	금속검출기를 통과시켜 검사
15	저온보관및 출하	0~10℃에 냉장보관한 후 출하하며 저온운반 한다.

2) 조개젓

공정		내 용
1	원료	서해안과 남해안에서 생산되는 신선한 바지락, 새조개, 대합 등
2	토사처리 및 탈각	산 조개를 해수 담은 통에 넣어 모래, 뻘 등을 토하게 한 후 탈각
3	수세 및 탈수	탈각한 조갯살을 수세 및 탈수하여 이물질을 제거.
4	가염 및 숙성	적당한 용기에 20~25%의 식염을 잘 혼합하여 숙성.
5	포장	

3) 창란젓

공정		내 용
1	원료	신선한 명태의 내장을 확보하는 것이 가장 중요
2	창자분리, 수세 및 탈수	명태로부터 창자를 분리한 다음 3% 정도의 묽은 식염수에 12~20시간(1夜) 담구어 두었다가 창자내의 이물질을 제거 수세.

<표 계속>

공정		내 용
3	선별	창자내의 이물질과 부실한 창자와 이물질 등을 선별 제거.
4	수세 및 탈수	3% 정도의 식염수에서 다시 한 번 수세.
5	절단 및 탈수	절단기로 약 2cm 정도로 절단, 바구니에 담아 과잉의 수분을 자연 탈수.
6	1차 조미 및 숙성	원료 100에 대하여 약 10%의 식염, MSG 1%를 첨가하여 혼합하고 식염이 20~30%가 되도록 추가 가염하여 숙성.
7	2차 조미	숙성이 끝난 제품 100에 대하여 고춧가루 3, 마늘 2-3, 솔비톨1.5~2.0, 설탕 1, MSG 1, 기타 0.3 정도를 혼합하여 조미.
8	포장 및 제품	2차 조미가 끝난 제품은 자동포장기로 충전하여 포장하고 5℃ 정도에서 저온저장 유통.

4) 명란젓

※젓갈류로 분류되고 있으나 실제로는 염장품에 가깝다.

공정		내 용
1	원료	신선한 것이어야 한다. 난막이 얇고 탄력이 없는 것, 광택이 없고 불투명한 것으로는 좋은 명란젓을 얻을 수 없다. 명태에서 직접 채란하는 경우도 있지만 근년에는 수입냉동명란 block (bulk)원료를 많이 쓴다. 해동은 저온해동을 요함.
2	채란	컨베어상에서 머리를 제거한 후 드럼형 압착기에서 명란과 내장이 밀려나온다. 명란을 수작업으로 분리한다. 정상상태의 채란율은 보통 10~16% 정도, 난막이 찢겨지지 않아야 함
3	수세 및 탈수	맑은 물이나 3~4% 식염수에 담구어 점액, 오물 등을 잘 수세한 후 탈수한다.
4	선별	알주머니크기, 색택, 명란입경, 성숙도, 경도, 투명도 등에 따라 품질등급을 정하여 균일성있는 것 끼리 선별한다.
5	염지	15-20%정도의 정제염으로 마른간을 한다. 알주머니파손에 주의한다. 염지조건은 10℃에서 7~8일 정도 염장알주머니는 염의 침투로 단단해지고 수분이 많이 유출되므로 대나무발 등으로 표면물기를 잘 제거한다.
6	조미 및 혼합	향신료 및 조미료를 적당량 혼합하여 조미한다.
7	숙성	15~20℃ 조건에서 2~3주 숙성
8	포장 및 제품	적당 규격으로 낱개 포장하여 저온 보관 유통한다.

5) 멸치액젓

멸치액젓은 일종의 어장유(액상조미료)이다.

한국, 일본 등 동남아 제국이 여러 어패류로부터 독특한 어장유가 만들어 지고 있다.

베트남, 라오스, 캄보디아 등의 nuoc-man, 필리핀의 patis, 태국의 nampla, 일본의 shott-suru, 구미의 anchovy sauce 등이 유명

6) 해삼창자젓(Salted-fermented Sea-Cucumber Viscere, Konowata)

끊어지지 않게 뽑아낸 창자는 3%염수 중에서 세척하면서 창자 내 토사를 잘 제거한 후 바구니에 담아 절수한 후 20~30%의 소금을 뿌려 용기에 담는다. 겨울철 1주일 숙성되고 그 이상 되면 창자가 붕괴되고 암흙 색이 되나 보존에는 지장이 없다. 가랑어 내장젓은 위, 장, 유문수(幽門垂) 등을 적당히 절단 20~30% 소금을 첨가 교반하여 2개월 숙성한다.

9장. 수산연제품
(Fish Meat Paste Products)

1. 일반 개요

(1) 정의

어육에 소금을 첨가하고 갈아서 찌거나(蒸), 굽거나(燒), 튀겨서(油湯)가열한 제품의 총칭. 1496년 일본 창안제품

(2) 종류

① 어묵류 (판붙이, 부들, 마, 포장, 튀김)
② 어육햄
③ 어육소시지
④ 맛 살류

(3) 제품특징

① 광범위한 어종사용(종류, 크기, 선도)
② 원료와 판이한 제품(형상, 맛)
③ 즉석식품

(4) 원료이용특성

① 선어 이외의 용도로 불가한 것(小魚, 雜魚, 奇形魚, 低鮮魚, 加工副産物)
② 선상연육(船上鍊肉)이용

③ 부가가치 향상(조미료, 비타민, 무기질 혼합개선으로 영양가, 식미성, 외관)

2. 제조 원리

염용성단백질을 추출하여 가열응고(Gel 형성)

- 어육 + 가염 3%(0.3~1몰, 75%수분이면 0.7몰) → 고기갈이(Actomyosin추출) → 가열(가교(架橋)결합시켜 망상(網狀)구조형성-水 封入) → 어묵(Gel)제조
- 고기풀(煉肉) 응고 : 가열로 액토미오신 분자의 상호엉김과 분자표면 반응기 간의 가교결합에 의한 망상구조로 단백질의 열변성에 의한 열 응고(sol→gel) 열 비가역적 반응
  - 자연건조(상온방치) → gel, 엉겨 앉음(setting, suwari)
- 고기풀 되풀림(Returning, Modori) : 연약한 gel의 교상(膠狀)침전현상.<언두부같이 부스러지는 현상>
  - 생성원인 : 저온장시간가열, 선도불량한 어육 사용시, 가교결합 없이 엉겨 가압시 붕괴
  - Actomyosin 용출에 미치는 요인

① 가염(加鹽) : 2~3% , 수화(水和)증가

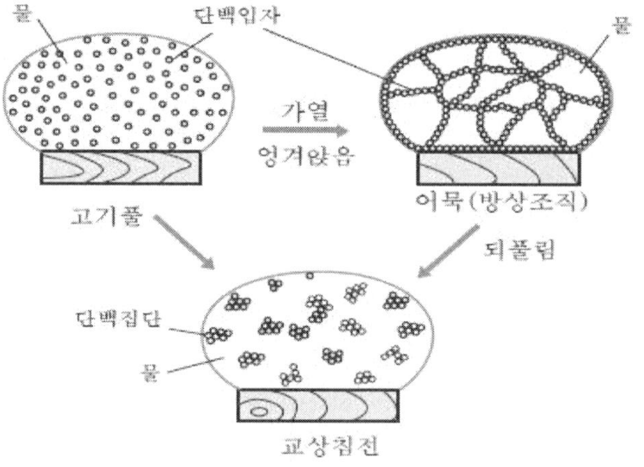

【그림 9-1】 고기풀의 엉겨앉음과 되풀림

② pH 6.5~7.0(5.6 완전용해, 7↑불량 gel)

- 고기풀(煉肉)의 겔화 조건

  온도처리 : 저온에서 서서히 고온 후 급속가열

50℃ 구조형성단계, 60℃붕괴(온도)후 경화

- 겔 붕괴 기구(機構) : 미구명

① 근육단백효소의 적온(60℃)이 액토미요신분해 고기풀의 엉겨앉음과 되풀림 온도와 일치

② 수용단백질과 염용단백질과 상호작용설(수세불충분시 수용단백질 잔존으로)

- 2단 가열법 : 어묵형성의 마(魔)의 온도인 60℃ 대를 피하기 위한 수단으로 자연응고 온도인 50℃ 까지 예열 가열하여 자연응고(1단)시키고 신속급가열로 70℃ 까지 고온 가열(2단)로 강한 겔 형성시키는 방법(연육 → 서서히 50℃ → 급가열 70℃)

3. 어육 연제품의 종류 및 냉동연육

(1) 어육연제품의 종류

① 어묵류 : 찐것(판), 군것(부들), 삶은것(마), 튀김(어단), 세공품제조(연육 → 조미 → 성형 → 가열 → 어묵)

② 어육 햄. 소시지 : 소시지, 햄, 휘시 비거

③ 냉동 고기풀 : 무염연육<당5%(설탕, 포도당, 솔비톨), 인산염 0.2%>, 가당연육<당10%, 소금 2~3%>, 선상, 육상

(2) 냉동고기풀/연육<Frozen fish meat paste>

① 공정 : 어체 처리 → 세척 → 채육 → 정육(精肉) → 수세 → 고기갈이(만육) → 팬 담기 → 동결 → 냉동 고기풀

② 장점 : ⓐ 연제품 원료난 해결, ⓑ 원료처리 분업화, ⓒ 냉동장기저장, ⓓ 연제품 제조오 폐수 해결

[저장냉동어로 만든 연육이 어묵형성이 않되는 이유(냉동연육을 사용되는 이유)]

① 어류를 냉동하면 어체중의 금속이온이 염용성단백질 이온과 결합되어 단백질변성이 일어나 불활성이 되기 때문에 gel형성능 상실

② 방지기술 : 활어상태에서 채육·수세하여 금속이온을 제거한 고기풀에 변성방지제(소금, 당류(설탕, 포도당솔비톨), 인산염)첨가 제조한 연육을 심온(-80℃)급속동결시켜 -45℃ 에서 냉동저장 - 해동 연제품제조(겔 형성능/단백활성 유지)

[어육소시지가 축육 소시지 보다 저장성이 강한이유]

① retort살균(고온, 고압)

② 저지방, 고전분

③ 인공 케싱(PVDC)

④ 적색외 포장지

- 냉동연육은 반 해동상태로 하여 냉동육 절단기로 큰조각으로 파쇄후 사이런트 카터에 넣고 각종 원부자재를 혼합하여 제품 제조.

4. 수산연제품의 품질관리

① 어묵류

㈀ 검사

ⓐ 외관 : 크기, 굵기, 중량, 주름, 기포, 결속, 색, 액즙발생유무

ⓑ 내용물 : 절단면 기공유무, 육질, 탄력, 이물, 광택, 식미, 색상

㈁ 변패현상 : 수분증발, 부패(표면 slime, 내부변질), 변색, 향미저하, 탄력저하

㈂ 변패방지 : 저온유통, 건조방지, 포장, H_2O_2, 도포, 자외선, 방부제, 배합조정(덱스트란 생성방지)

② 어육·햄소시지

㈀ 변패 : 세균성(결속부, 냉각수, clostridium 팽창), 비세균성(전분노화), 반점, 油-水분리

㈁ 변패방지 : retort고온살균(120℃, 4분), 솔빈산, 소독, 적색셀로판 외포장(지방산화방지 우수)

12강

수산 연제품 I(어묵, 게향 맛살, 어육소시지)

1. 연제품의 개론

연제품은 어육에 소량 식염을 가하여 고기갈이 하여 얻은 연육(meat paste)을 가열하여 겔(Gel)化한 제품. 연제품은

① 어종이나 어체의 크기에 관계없이 원료의 사용범위가 넓고,

② 맛의 조절이 자유롭고,

③ 어떤 소재라도 배합이 가능하고,

④ 외관, 향미 및 물성이 어육과는 다르고,

⑤ 바로 섭취할 수 있어 일반 수산가공식품과는 다른 특징을 가짐.

최근 다양한 식생활과 가공기술 발달로 게맛어묵 등 신제품이 등장, 연제품의 수요가 많이 증가하고 있다.

그러나 세계 각국의 200해리 경제수역의 선포, 어업규제의 강화, 입어료의 상승 등으로 해서 원료사정의 악화 특히 명태 냉동연육이 주원료로 되고 있는 연제품 업계에서는 안정적인 원료확보의 어려움과 냉동연육단가의 상승으로 잠재적인 성장가능성에도 불구하고 많은 어려움 초래.

타개책으로 원료의 안정적 확보가 시급하여 새로운 원료어(적색육어류, 심해어, 남극새우 등) 및 효과적인 부재료의 개발하여 우리의 기호에 맞는 새로운 제품의 개발이 중요.

2. 제조원리

어육을 그대로 또는 단순히 고기갈이하여 가열하면 다량의 드립(drip)이 발생되고 육이 응고될 뿐 탄력 있는 겔(gel)로는 되지 않는데 어육에 2~3%의 가염, 고기갈이 한 후 가열하게 되면 드립의 발생 없이 탄력이 있는 겔이 형성.

연제품은 이 근육단백질(특히 myosin)과 수분의 중요한 역할로 겔화를 이용한 것.

1) 연제품의 겔 형성 기구

① 식염첨가 고기갈이에 의한 근원섬유의 붕괴와 actomyosin의 용출

어육중의 근원섬유단백질은 0.3M의 식염(수분 80%인 어육의 경우 1.4%)에서 용해하기 시작하고 0.5~0.8M(수분 80%인 어육인 경우 2.3~3.7%)에서 완전히 용해되어 점성이 강한 연육을 형성하는데 식염농도 3% 이상이 되면 짠맛이 나므로 제품의 맛과 actomyosin과 용출성을 고려하여 대체로 2~3%의 식염을 가하여 고기갈이를 한다.

actomyosin을 포함하여 용출된 myosin류는 변성이 일어나지 않도록 저온을 유지하여야 하므로 고기갈이 공정에서는 엄격한 온도관리가 필요.

② 단백질 분자 간 가교결합(cross linkage)에 의한 망상구조의 형성

고기갈이 공정에서 어육으로부터 형성된 actomyosin sol은 가열을 받으면 바로 수분의 이탈 없이 탄력 있는 겔로 된다. 여기에는 actomyosin분자중의 myosin의 역할이 크다. 즉 myosin에는 head부분과 rod부분이 있는데 겔화에는 이 rod부분이 소수결합에 의하여 분자간의 가교결합 형성으로 분자구조가 helix상에서 coil상으로 변화하여 3차원의 망상구조를 형성하기 때문.

actin이나 tropomyosin 등의 저분자 성분도 가교형성에 관여하는데 특히 myosin단독보다도 myosin과 actin의 비가 15:1일때 탄력이 강하게 나타나는 것으로 보아, actin의 탄력 보강효과도 크다.

③ 연육의 겔화

단백질 분자간의 망상구조의 형성에는 myosin rod 부분에서의 소수결합이 주로 관여하고 있으므로 망상구조 내부의 단백질 분자 표면에는 친수성기가 많이 노출되어 물분자와 수소결합을 형성하고 있다. 이를 가열하면 망상구조가 가열변성을 받아 고정되고 내부에 물분자를 함유하게 되므로 수분의 이탈 없이 겔화하여 탄력이 강한 제품으로 된다.

겔화의 완결온도는 50~60℃이지만 이 온도대에 도달할 때까지의 가열시간에 따라 겔의 강도는 다르다. 또한 겔화의 속도는 가열온도가 높을수록 빠르지만 겔의 강도는 저온(30~50℃)에서 장시간 방치할수록 강하게 된다.

2) 되풀림(returning, modori)

한편, 고기 갈이 한 연육을 가열할 때, 겔화온도에서 형성된 탄력있는 겔이 50~70℃의 온도영역을 통과할 때 탄력이 떨어지고, 심지어는 겔이 붕괴되는 경우가 있다. 이를 겔의 열화(劣化) 또는 되풀림(returning, modori)이라고 한다.

이 현상은 어종에 따른 특이성의 차이가 많고, 대체로 60~65℃온도대의 통과시간이 길때 일어나기 쉬우며, 50℃ 이하에서도 가열시간이 길어지면 일어나게 된다.

이 현상의 주원인은 근육중에 존재하는 serine protease가 myosin heavy chain을 분해하기 때문으로 알려지고 있다.

되풀림 현상을 막으려면 이 효소의 활성이 큰 60℃부근의 온도대의 통과시간을 짧게 하여야 한다.

이와 같이 연제품은 특히 가열조건에 따라 제품의 탄력 즉 겔강도에 차이가 많으므로 원료어종의 특성을 고려하여 적정 가열조건을 설정하여야 한다.

3. 원료어와 가공적성

연제품은 원료어종에 구애받지 않고 제조가 가능하다고 하지만은 Gel형성력, 육색, 맛, 냄새등 육질의 조건을 고려하면 실제로 적합한 어종은 그렇게 많다고 볼 수 없다. 경우에 따라서는 몇 가지 어육을 배합하여 각 원료의 장단점을 보완하는 수도 있다.

[표 1] 수산연제품에 사용되는 주요 원료 어종

널리 사용되는 어종	명태, 보구치, 참조기, 매퉁이
비교적 널리 사용되는 어종	동갈민어, 갯장어, 양태, 달강어, 눈동미리갈치, 쥐치, 가자미, 도미, 대구, 뱅어, 꼬치고기
사용범위가 좁은 어종	날치, 도다리, 넙치, 벤자리, 청새치, 만새기, 고등어, 정어리, 꽁치, 전갱이, 게르치, 노랑촉수, 상어

1) Gel형성력의 어종 특이성과 강도 및 속도

Gel형성력(어묵형성력)은 원료어의 가공적성을 결정하는 중요한 특성의 하나로서, Gel형성력의 강약은 Gel강도로서 나타내는 경우가 많다. Gel형성력은 어종에 따라 차이가 많은데 현재까지 알려진 자료를 정리하면 표 12강-1과 같다.

Gel형성력은 ① 적색육어류에서는 대체로 약하고, ② 적색육 어류와 백색육 어류의 중간어종인 청새치와 전갱이 등은 강한 것이 많고, ③ 가지미류와 언어, 송어류는 약하며, ④ 담수어는 대부분 약하고, ⑤ 새우류도 약하며, ⑥ 백색육 어류와 연골어는 강한 것도 있는 반면 약한 것도 있다고 할 수 있다.

2) Gel의 열화정도(되풀림 정도)

겔의 되풀림 정도도 어종특이성이 강하다. 60℃에서 20분 가열만으로 겔의 붕괴가 일어나는 것이 있는가 하면 2시간 가열하여도 붕괴가 거의 일어나지 않는 경우도 있다. 겔의 되풀림 정도를 나타내는 지표(되풀림 지수)로는 60℃, 20분 가열할 겔(되풀림이 일어나기 쉬운 어종은 50℃, 20분 가열)의 겔강도에 대한 60℃. 2시간 가열한 Gel의 겔 강도의 비율로서 나타낸다. 즉 이는 겔화 온도대에서 형성된 Gel구조가 60℃, 2시간 가열로 Gel강도가 어느 정도 저하하는가를 의미한다. 어종에 따른 겔의 되풀림 되기 쉬운 정도를 정리하면 다음과 같다.

① 백색육 어류는 되풀림이 일어나기 쉬운 것과 되풀림이 일어나기 어려운 것이 있다.

② 적색육 어류는 대부분 되풀림이 일어나기 쉽다.

③ 중간색어류는 되풀림이 일어나기 어려운 것이 많다.

④ 상어류와 청새치류는 되풀림이 일어나지 않는다.(참고로 축육인 토끼, 돼지, 닭고기도 되풀림이 일어나지 않는다).

또한 각 어종사이에는 겔화정도와 되풀림 정도에 일정한 상관관계가 없다.

① 겔화가 극히 어렵고 되풀림도 어려운 어종 : 상어류 등

② 겔화하기 쉽고 되풀림도 쉬운 어종 : 명태, 대구류 등

③ 겔화하기 어렵고 되풀림도 쉬운 어종 : 적색육 어류의 대부분(고등어, 뭉치다래, 참다랑어, 점다랑어, 가다랑어, 황다랑어, 꼬치, 만새기, 삼치 등)

④ 극히 겔화하기 쉽고 되풀림이 어려운 어종 : 정어리 등

⑤ 겔화되기 쉽고 되풀림이 어려운 어종 : 전갱이, 꼬치고기, 날치 등

⑥ 겔화하기 어렵고 되풀림이 어려운 어종 : 청새치 등

3) 겔 형성력의 저장 중의 변화

대체로 어류는 선도저하와 더불어 겔 형성력도 저하하지만, 겔 형성력이 저하하기 쉬운 어종 (정어리, 명태, 매퉁이 등)과 저하하기 어려운 어종(조기, 상어 등)이 있다. 이들의 원인은

① 근원섬유의 안정성의 차이, ② 사후 근육의 산성화의 정도 차이, ③ 근육 protease의 활성 차이 등이라고 알려지고 있다.

동결저장중의 겔 형성력의 안정성도 어종에 따라 차이가 있다. 예를 들면 청새치, 방어, 전갱이, 상어, 옥돔 등은 안정하지만, 명태, 매퉁이, 가자미 등은 동결 저장 중에 안정성이 약하다. 이때 주의해야 할 점은 단백질의 동결변성은 동결 시에 수분의 빙결로 일어나는 변성과 동결 후 저장 중에 서서히 진행되는 변성의 2단계로 진행된다는 점이다.

매퉁이와 고등어는 동결내성(동결 저장 중에 일어나는 변성에 대한 내성)은 약하다. 잉어는 동결내성은 약하지만 저장내성은 강하다. 전갱이, 상어, 옥돔은 동결내성과 저장내성이 모두 강한데 비하여 명태는 두 성질이 모두 약하다.

4. 냉동고기풀/연육(frozen fish meat paste, frozen surimi)

냉동연육은 1960년에 일본 북해도 수산시험장의 Nishitami 등이 동결내성이 약한 북양명태자원의 고도이용을 위한 연구결과 개발한 것으로, 수세한 어육에 당류 등의 단백질변성방지제를 가하여 동결내성을 부여하여 고기갈이한 후 동결한 것으로서 연제품의 원료로 많이 사용되고 있다. 여기에는 식염을 첨가하지 않고 만드는 무염연육과 식염을 2.5% 정도 가하여 만드는 가염연육의 2종류가 있다.

냉동연육제조 기술의 개발은 어육의 냉동변성방지기술이 실용화되었다는 측면에서 어육의 가공에 있어서 획기적인 업적으로 알려지고 있고, 또한 이 기술의 개발로 동결내성이 약한 어종(명태 등)도 고도 이용화 할 수 있는 길이 열리게 된 것이다. 명태를 이용하여 만든 냉동연육이 주종을 이루고 있다.

1) 연제품 원료로서 냉동연육의 잇점

① 어육에 동결내성을 부여하여 장기저장이 가능한 점

어육을 장기간 동결저장하면 근원섬유단백질의 변성으로 겔 형성력이 저하하여 연제품원료로서의 적성이 떨어지는데 특히 동결내성이 약한 어종의 경우는 그 정도가 심하다. 따라서 어육에 동결내성을 부여한 냉동연육은 명태와 같은 동결내성이 약한 어종도 장기간 동결저장이 가능하게 되어 연제품원료로서의 이용 폭이 넓어지게 되었다.

② 비 가식부의 일괄처리가 가능한 점

어체를 직접 처리함으로써 유발되는 폐수처리문제, 인건비문제 등의 제약이 따르므로 냉동연육을 이용하면 이들 문제의 해결은 물론이거니와 연제품의 제조공정을 단순화할 수 있다.

또한 동결연육 제조 시에 나오는 부산물을 집중적으로 처리, 가공할 수 있으며 부산물의 효율적 이용에도 효과적이다.

2) 제조원리

냉동연육제조시의 주안점은 원료어의 선도관리이고, 여기에 수세공정과 당류등 냉동변성방지제를 첨가하므로서 어육에 동결저장안정성을 부여하여 연제품원료로서의 가공적성을 향상시키는데 있다.

① 어육 수세(meet washing)의 의의

냉동연육을 개발할 당시에는 동결에 의한 어육단백질의 변성은 동결에 의하여 농축된 염분에 의하여 일어난다고 하여, 이를 촉진하는 근육중의 철, 구리, 칼슘, 마그네슘 등 무기성분을 제거하면 돌결내성이 커진다고 하는 것이었다. 따라서 그 당시에는 육의 수세공정은 무염연육 제조 시에 필수공정으로 되고 있었지만 그 후의 연구에 의하면 반드시 그런 것은 아니라고 할 수 있다.

즉 겔 형성력의 면에서 보면 어육의 동결내성은 어종에 관계없이 육의 수세처리로 저하한다. 그러나 수세처리에 의하여 동결 후 저장중의 어육단백질의 안정성(저장내성)은 증가하는 경우가 있는데, 명태나 매퉁이는 그 대표적인 예라고 하겠다. 이들 어종에서는 동결저장중에 단백질의 변성촉진인자인 formaldehyde가 근육 중에 생성된다고 알려지고 있고, 그의 지질의 산화생성물도 변성을 촉진한다고 한다.

결국 냉동연육 제조시의 수세처리는 동결내성은 저하되지만, formaldehyde나 지질산화생성물 같은 변성촉진인자의 전구물질과 이들의 생성에 관여하는 효소제를 제거하기 위해서 행한다고 할 수 있다.

② 당의 효과

육의 수세처리로 원료어육의 동결내성이 다소 감소하지만 이는 당류의 첨가로 보상이 된다. 설탕(sucrose), sorbitol, glucose 등은 동결변성 억제효과가 크지만 전분과 같은 다당류는 그

효과가 없다. 당류를 갖는 아미노산 및 malonic acid와 같은 dicarboxylic acid와 malic acid와 같은 oxyacid의 일부에도 동결변성 억제효과를 나타낸다고 알려져 있다.

따라서 이들 혼합물은 단백질 주위의 물 분자를 결합, 속박하여 동결시에 물분자의 교환을 억제함과 동시에 단백질 분자의 표면을 감싸서 단백질 분자의 응집을 막음으로써 단백질의 동결변성 억제효과를 나타낸다고 알려지고 있다. 당류 첨가시에 인산염을 병용하면 동결변성 억제효과가 상승적으로 거치게 된다.

③ 무염고기풀(煉肉)과 가염연육

냉동연육의 제법에는 염을 사용하지 않는 무염법과식염을 첨가하는 가염법이 있다.

무염연육	세절된 어육을 충분히 수세하여 수용성 단백질과 염류를 제거하고 당류와 중합인산염(0.1~0.2%)를 가하여 만든 것. 무염연육은 동결변성을 촉진하는 염류를 제거한다는 관점에서 출발
가염연육	당과 식염(1~2.5%)을 가하여 염분성 단백질의 망상구조를 형성시켜서 동결시킨 것. 가염연육은 2.5% 정도의 식염을 함유하는 연육을 동결하는 것을 전제로 함.

무염연육은 근연섬유형 연육이고 가염연육은 actomyosin형 연육이지만 겔 형성력의 주체가 되는 myosin을 동결변성으로부터 막는 데는 어느 방식이 합리적인지는 분명치 않다. 명태나 정어리와 같이 겔화하기 수운 어종의 경우는 무염연육 쪽이 단백질의 안정성이 크지만, 고등어나 상어 등과 같이 겔화하기 어려운 어종을 단시간 저장하는 경우는 가염연육 쪽이 안정하다.

5. 동결 연육의 제조공정

공 정	내 용
원료어	
어체절단처리	dressed나 fillet로 하는 공정이다. dressing machine이나 fillet machine 등의 자동어제처리장치로 행한다.
세척	어체처리 공정에서 얻어진 드레스나 필레에 부착된 혈액이나 오물등의 협잡물을 제거. 수온은 가능한 한 저온(10℃ 정도)이 좋다.
채육	채육기는 roll식과 stamp식 등이 있는데 냉동연육 제조공정에서는 주로 roll식이 주류다. 채육된 육은 혈액 등이 섞이지 않도록 빨리 수세탱크로 옮긴다.

<표 계속>

<table>
<tr><th colspan="2">공 정</th><th>내 용</th></tr>
<tr><td rowspan="4">수세공정</td><td>수세</td><td rowspan="4">수세공정은 10° C전후의 냉수로 행하는데, 이 공정에서 냄새성분, 혈액, 지방, 수용성단백질, 표피나 복막의 흑피 등이 제거되어 어육의 육색이 희게 되고 탄력형성력도 향상되는 효과가 있으므로 중요한 공정의 하나이다. 수세장치에는 batch식과 연속식이 있고 냉동연육 제조에는 주로 연속식이다. 연속식 수세장치는 수용성물질을 용출시키는 수세탱크와 용출한 수용성물질이나 협잡물을 제거하는 회전체(0.3~0.5mm)를 조합시켜 연속적으로 행한다. 또한 많은 공장에서는 수세(10~15분 정치)와 탈수공정(rotary screen으로 행함)의 반복을 통하여 수세효율의 향상을 꾀하고 있다.</td></tr>
<tr><td>물빼기</td></tr>
<tr><td>수세</td></tr>
<tr><td>물빼기</td></tr>
<tr><td colspan="2">협잡물제거</td><td>탈수공정에 앞서서 대규모 공장에서는 예비탈수한 수세육에 함유된 흑피나 힘줄(건), 잔뼈 혈합육, 비늘 등의 협잡물을 refiner로 제거한다.</td></tr>
<tr><td colspan="2">탈수</td><td>Refiner 정제한 육은 압력을 가하여 탈수 한다. 사용하는 탈수기로는 screw press가 주로 사용되고 있는데 최근에는 연속원심분리기(1500~300G)도 어육의 회수육이 높으므로 사용되고 있다. 탈수의 정도는 어종이나 냉동연육의 등급에 따라 다르지만 탈수후의 표준 수분량은 80% 전후이다.</td></tr>
<tr><td colspan="2">첨가·혼합</td><td>무염연육의 경우, 육상연육에서는 보통 탈수육에 대하여 sucrose 5%, 중합인산염 0.2%를 가하고, 선상연육은 sucrose 4%, sorbitol 4%, 중합인산염 0.2%를 가한다. 가염연육에는 육상 및 선상에 관계없이 sucrose 5%, sorbitol 5%, 중합인산염 2.5%를 가하여 고기갈이 한다.</td></tr>
<tr><td colspan="2">포장</td><td>polyethylene에 10kg씩 충전하고 두께 4.5~5.0cm 냉동 팬에서 성형한다. 충전 후에는 금속검출기를 사용하며 polyethylene의 두께나 재질에 주의할 필요가 있다.</td></tr>
<tr><td colspan="2">동결</td><td>냉동편에 넣어 성형된 연육은 접촉동결장치(contact freezer)(-30℃ 이하) 또는 반송풍동결 장치(semi-air blast)(-30℃ 이하) 동결실에서 동결한다. 일부에서는 송풍동결장치(air blast)(-35℃ 이하)로도 동결한다.</td></tr>
</table>

6. 어묵류의 일반적 제조공정

어묵류의 기본적인 제조공정은 그림과 같이 ① 어체를 처리하여 채육한 후 ② 육을 수세하고 ③ 식염, 조미료 및 부원료를 가하여 고기갈이한 후 ④ 일정한 모양으로 성형하고⑤ 가열하여 겔화 시키고 ⑥ 그 후 냉각하여 포장하는 공정으로 진행된다. 그러나 냉동연육을 이용한 경우는 원료어의 전처리 공정이 필요 없으므로 공정을 보다 단순화 될 수 있다.

공정	내용
어체채육 weperating, flashing	원료어는 먼저, 두부, 냉장을 제거하여 수세한 다음 소형어는 그대로, 대형어는 두 편 뜨기 또는 세 편 뜨기를 하여 채육기에 걸어서 살을 바라낸다.
수세 meat washing & 탈수 dehydrating	최근에는 제품의 색을 희게 하고 탄력증강을 목적으로 어종이나 선도에 관계없이 수세를 많이 하는 경향이 있다. 수세에 의하여 겔 형성력이 좋아지는 것은 근원섬유단백질의 농축과 탄력형성저해물질의 제거에 있다고 할 수 있다. 그러므로 제품의 탄력이 강해지는 점을 고려하면 수세처리는 필수공정이라 할 수 있다.수세는 육의 5~10배량의 냉수에 침지, 교반, 정치, 배수를 보통 3~4회 반복한다. 특별히 색이 희고 탄력이 강한 제품을 만들때는 7~8회 반복하는 수도 있다. 최근에는 screen을 이용한 연속수세장치를 많이 사용하고 있다. 수세를 마친 것은 탈수처리를 하는데, 소형어일 때는 마대에 넣어서 짜나, 대형어일 때는 마쇄기나 원심분리기를 사용한다. 탈수를 용이하게 하기 위하여 수세를 할때 물의 pH를 단백질의 등전점 부근(pH 5.5~6.0)으로 조절하면 효과가 있다. 그러나 이렇게 하면 단백질의 변성이 빠르고, 또 식염과 같이 고기갈이를 하여도 단백질의 용해도가 낮아, 제품의 탄력이 생기기가 어려움으로 고기갈이공정에서 다시 pH를 조절해야 한다.
세절 cutting	수세를 마친 어육은 보통 육세절기(chopper)에 걸어 세절한다. 이 처리에 의하여 결체조직이나 근막, 작은 뼈 등이 세절되고 비늘 등이 제거된다. 육파쇄기는 screen 의 회전으로 육을 밀어내면서 knife와 작은 구멍이 많이 뚫린 plate에 의하여 육을 세절하므로 knife와 plate의 마찰에 의한 발열로 육단백질이 변성되기 쉽다. 그러므로 어육과 세절기를 충분히 냉각하여 처리하는 것이 좋다.
고기갈이 grinding	세절한 어육은 stone grinder 또는 silent cutter에 넣어 고기갈이를 한다. 고기갈이는 연제품의 제조에 있어서 가장 중요한 공정의 하나이다. 즉 고기갈이는 육조직을 파쇄하여 첨가한 식염에 단백질을 용해시켜 충분히 소화시키고, 또 조미료 등의 부원료를 고루 혼합시키는 것이 목적이다. 첨가하는 부 원료로서는 조미료, 탄력보강제, 광택제, 증량제등이 있다. 조미료로는 식염, 설탕, 물엿, 미림, MSG 등이 사용되는데, 식염은 염미를 붙이는 역할도 있으나, 단백질을 용해시켜 탄력있는 겔을 만드는데 큰 역할을 한다. 식염의 사용량은 어떤 제품이라도 원료육에 대하여 2~3% 정도이다.
성형 forming	고기갈이를 마친 연육은 그 점착성을 이용하여 적당한 모양으로 성형한다.성형할 때는 기포가 들어가지 않도록 하여야 하고, 또 연육이 겔화를 일으키기 전에 신속히 해야 한다. 기포가 들어 있으면 가열시에 팽창하여 파열하거나, 제품의 조직을 손상시키며, 또 내부로부터 변패하는 원인이 되는 수도 있다. 성형(성형용 retainer)은 손으로 하는 수도 많으나 여러 가지 자동성형기를 쓰는 수가 많다.

<표 계속>

<table>
<tr><th>공정</th><th>내용</th></tr>
<tr><td>가열
heating</td><td>가열을 하는 목적의 첫 번째는 육단백질을 변성 응고시켜 탄력 있는 겔을 형성시키는데 있다. 일반적으로 연육을 성형하여 자연응고 후 가열하면 탄력이 강한 제품을 얻을 수 있다. 단, 자연응고를 일으키는 동안에 세균의 증식이 뒤따르므로 방치하는 시간은 될 수 있는 데로 짧게 하는 것이 좋다. 이를테면 명태의 고기풀의 경우는 30℃에서는 2~3시간, 10℃에서는 하룻밤 정도의 방치시간이면 좋다.
가열을 하는 목적의 두 번째는 연육에 부착하여 있는 세균이나 곰팡이를 사멸시키는데 있다. 일반적으로 연제품의 경우는 중심온도가 70℃이상, 어육소시지, 햄 등은 80℃이상이 되도록 가열하지 않으면 안 된다. 연육에는 1g당 10^7 정도의 생균이 검출되나 가열온도가 높아감에 따라 급속히 사멸되어 75℃ 이상이 되면 균수가 10^4 이하로 감소된다.

연제품의 종류와 가열방법
<table>
<tr><th>가 열 방 법</th><th>가 열 온 도</th><th>제 품 종 류</th></tr>
<tr><td>찌는 것</td><td>80~100℃</td><td>판붙이어묵</td></tr>
<tr><td>삶는 것</td><td>80~85℃</td><td>마어묵
어육소시지</td></tr>
<tr><td>굽는 것</td><td>100~180℃</td><td>부들어묵</td></tr>
<tr><td>튀기는 것</td><td>170~200℃</td><td>튀김어묵</td></tr>
</table>
</td></tr>
<tr><td>냉각
cooling</td><td>가열이 끝난 것은 될 수 있는 대로 빨리 냉각하여야 한다. 어육소시지와 같은 포장제품은 냉수에 담그어 냉각한다. 그러나 일반연제품에서는 송풍냉각을 하는 수가 많다. 최근에는 저온실에 넣든가, 냉풍을 송풍하는 급속방식이 많아지고 또 filter처리를 한 청정공기를 송풍하는 수도 있다. 냉각이 끝난 제품은 동결하지 않을 정도의 저온(2~5℃)에서 보존한다.</td></tr>
</table>

13강

수산 연제품 II(품질요인, 종류, 변패방지, 각론)

1. 연제품의 탄력에 영향하는 요인

연제품의 품질은 외관, 향미 및 탄력에 의하여 결정된다. 향미는 조미료의 사용을 조절할 수 있으므로, 탄력이 품질을 결정하는 중요한 요건이 된다. 탄력에 영향하는 요인으로는 다음과 같은 것을 들 수 있다.

① 원료 어육의 성상 : 어종, 선도 등

② 연육의 제조조건

- 수세조건 : 염농도, pH, 온도 등
- 고기갈이 조건 : 염농도, pH, 온도 등

③ 망상구조의 형성조건 : 겔화(setting), 가열조건(온도, 시간) 등

④ 부원료

2. 탄력보강 및 증량제

종 류	내 용
중합인산염	중합인산염이 연제품의 탄력증가의 효과를 나타내는 것은 식염 등과 공존하게 되면 단백질의 용해성을 크게 높이는 효과가 있기 때문이다. 즉 중합인산염은 다 염기성 산염이므로 소량이라도 이온강도를 높이는 효과가 크고, 또 가수분해하여 알칼리성이 되므로 pH를 높이는 효과도 커서 단백질의 용해성을 증가시킨다. 또한 단백질의 수화를 방해하는 Ca나 Mg이온을 chelate작용에 의하여 제거하는 것도 용해성을 높이는 작용의 하나이다.
전분	전분은 연제품의 탄력증강 및 증량제로서 가장 많이 사용되고 있는 성분이다. 일부 고급품을 제외하고는 보통 어육에 대하여 5~20%의 전분이 사용된다. 전분을 가하면 전분사용량의 2~3배의 물을 첨가해야 하므로 증량효과가 더욱 커진다. 사용하는 전분은 감자, 옥수수, 밀가루, 고구마전분 등이다.

<표 계속>

종 류	내 용
산화제	어육연제품의 탄력보강제로서 브롬산염($KBrO_3$)이 사용되고 있다. 사용량은 $KBrO_3$ 로써 0.35g/kg 이하이다. $KBrO_3$ 는 산화제로서 단백질의 SH기를 산화하여 -S-S-결합으로 바꾸어 망상구조를 강화한다고 생각되고 있다. 또 연제품을 가열직후에 과산화수소수에 담그면 표백효과가 있는 외에 탄력이 강해진다는 것이 알려져 있다. 이것은 침투한 과산화수소의 항산화작용에 의하여 -S-S-결합이 형성되기 때문이다. 그러나 잔존하는 과산화수소량이 100ppm 이상이 되어서는 안 되고, 또 첨가한 MSG를 분해하는 등의 결점이 있으므로 과도한 사용은 피하여야 한다.
아미노산	염기성아미노산을 연육에 0.2~0.5%정도 첨가하면 탄력이 증강되는 것이 알려져 있다. 이것은 아미노산의 alkylenediamine 구조와 관계가 있어, 단백질분자의 부전하와 반응하여 염결합을 만들어 망상구조를 강화한다고 생각되고 있다. 그러나 염기성 아미노산은 가열에 의하여 glucose나 미림중의 환원당과 Maillard 반응을 일으켜 제품을 갈변시킬 수가 있다.
염화칼슘	겔화를 촉진하는 염화칼슘도 단백질의 부전하기간(負電荷基間)에 가교결합을 형성하여 망상구조를 강화한다고 생각되고 있다. 염화칼슘은 겔화를 촉진하는 효과가 있으므로 고기갈이 말기에 넣어야 하며, 첨가량은 0.1~0.3%가 적당하다
식물성단백질	콩, 밀 등으로부터 얻어지는 식물성단백질을 연제품의 증량 또는 탄력보강의 목적으로 첨가하는 수가 있다. 영양적으로도 동물성단백질을 배합하는 것이므로 바람직한 일이다. 현재 사용되고 있는 식물성단백질은 탄력보강, 증량효과 면에서 전분보다 못하고, 또 첨가량이 많아지면 맛이 떨어지는 결점이 있다. 대두단백으로는 현재 탈지 대두분을 그대로 또는 물과 같이 가열하여 curd상으로 응고시킨 것을 육에 첨가하고 있다. 그러나 탈지 대두분은 증량제로서는 사용할 수 있으나 탄력보강제로선 별 효과를 기대할 수 없다.

3. 연제품 종류

제 품 명	내 용
판붙이어묵 (kamaboko)	삼나무 등으로 만든 작은 판자(길이 12~17cm, 폭 4.5~6.6cm 정도)에 연육을 반 고체상으로 붙여 가열하여 만든 제품.
부들어묵 (chiguwa)	꼬챙이에 연육을 발라 구운 것인데, 그 모양이 부들의 과수(果穗)와 비슷하다고 하여 부들어묵이라고 한다. 일반적으로 어묵보다 값이 싸므로 원료어도 값이 싼 것을 사용하는 수가 많다. 주로 곱상어, 명태, 임연수어, 매퉁이, 조기, 가재미 등이 이용된다.
튀김어묵 (fried fishmeat paste)	연육을 기름에 튀긴 것으로, 급속한 가열을 받으므로 탄력이 강하고 또 기름에 튀기기 때문에 맛이 있어 그 수요량이 늘어나고 있다. 판붙이 어묵과 달라 색이 희어야 할 필요가 없으므로 하등원료도 사용할 수 있다. 또 초벌 살 발라내기를 하여 판붙이 어묵의 원료로 쓰고, 다음 두벌 살 발라내기를 한 것을 튀김어묵의 원료로 쓰는 수도 있다.

<표 계속>

제 품 명	내 용
마어묵 (hanpen0	원료어로는 주로 상어류 특히 청새치상어 또는 녹새치가 사용되며, 원료육의 약 10% 정도의 마를 첨가하여 고기갈이를 한다. 마를 첨가하여 고기갈이 하면 연육에 기포가 많이 함유되어 그 부피가 약 2배 가까이 불어난다. 성형한 후 80~85℃의 열탕에 넣어 7~10분간 가열한다. 이렇게 하면 다공질의 스폰지 같은 촉감을 가진 독특한 풍미 제품.
게맛 어묵	게의 육 조직을 모방하여 만든 제품으로 3가지 형태. 첫째는 게의 색깔로 착색한 어묵을 절단기로 1㎜×1.7㎜×30~50㎜크기의 섬유상세절기로 잘게 썰어 마치 흐트려 뜨린 게의 육조직처럼 만든 것과, 둘째는 잘게 썰은 어묵에 게의 풍미를 부여한 연육을 섞어서 게의 다리육 모양으로 성형하여 표면을 게 모양으로 착색한 것과, 셋째는 얇은 sheet모양의 어묵에 1.0~0.5㎜폭의 홈집을 넣은 후 다발로 묶어서 표면을 착색하여 일정 크기로 절단한 것 등.
어육 소시지	어육소시지는 어육에 유지와 향신료 등을 가하여 만든 연제품이다. 이는 내열성, 차단성(barrier성)이 큰 케이싱(casing)에 어육을 충전 밀봉하여 고온 살균한 것으로서 상온에서도 장기간 유통보존이 가능하다. 원료는 참다랑어, 황다랑어, 눈다랑어, 전갱이 등의 적색육어류나 고래 등이 사용되었으나 지금은 거의가 명태냉동연육에 의존하고 있다. 부원료로서는 돼지고기, 전분, gluten, 대두단백질, gelatin 등이 사용.
어육 햄	어육햄은 참다랑어나 고래 등의 육편과 돼지고기에 연육(종래에는 녹새치가 많이 사용되었으나 지금은 명태가 주종임)을 가하고 여기에 조미료와 향신료등을 첨가하여 마쇄 혼합후 케이싱에 충전, 가열한 제품이다. 대체어육의 육편 비율이 20% 이상이고, 연육은 50% 미만, 식물성단백질은 20%이하, 전분은 9% 이하로 배합.
어육 햄버거	연육에 편육이나 양파 등의 야채를 가하여 식감을 햄버거와 비슷하게 만든 것이다. 연육은 주로 명태냉동연육이, 육편으로는 고래고기 등이 사용되고, 여기에 돼지고기, 식물성단백질, 야채, 전분 등이 첨가된다. 어육소시지와 같이 고압살균을 하지 않는다. 특히 양파에는 황함유 화합물이 많으므로 이에 의한 변색의 문제점.

4. 연제품의 변패방지

① 가열직후에 생존하고 있는 세균수를 최대한 줄이고,

③ 저온 저장하여 부착세균의 증식을 억제시킨다.

1) 정의

어육가공품이라 함은 어육을 주원료로 하여 식품 또는 식품첨가물을 가하여 제조·가공한 것으로 어묵, 어육소시지, 어육반제품, 어육살, 연육 등을 말한다.

2) 원료 등의 구비요건

① 원료는 선도가 양호한 것이어야 한다.

② 어류는 5℃이하에서 냉동연육은 -18℃이하에서 위생적으로 보관·관리되어야 한다.

③ 어패류는 비가식부분을 제거하여 위생적으로 처리하여야 한다.

3) 제조 · 가공기준

① 원료어육(냉동연육은 제외)은 음용에 적합한 흐르는 물로 충분히 세척하여 혈액, 지방, 수용성단백질 등을 제거하여야 한다.

② 유통·판매하는 제품은 밀봉·포장하여야 한다.

4) 식품유형

① 어묵 : 어묵은 어육 중 염(鹽)에 녹는 단백질을 용출시킨 고기풀에 식품 등을 가하여 제조·가공한 것을 말한다.

② 어육소시지 : 어육이나 어육 및 식육을 염지하여 훈연한 것 또는 어육이나 어육 및 식육 등을 케이싱에 충전하여 열처리한 것을 말한다(다만, 어육의 함량이 식육의 함량보다 많아야 한다).

③ 어육반제품 : 어육의 염(鹽)에 녹는 단백질을 용출시킨 고기풀에 식품 또는 식품첨가물을 가한 것으로서 열처리하지 아니한 것을 말한다.

④ 어육살 : 생선을 채육, 가공한 어육살로서 부형제와 보존료(소르빈산 및 소르빈산칼륨 제외) 등 식품첨가물을 일절 첨가하지 아니한 것을 말한다.

⑤ 연육 : 생선을 채육·가공한 어육살에 염·당류·인산염 등을 가한 것을 말한다.

⑥ 기타 어육가공품 : 식품유형 ①~⑤에 정하여지지 아니한 어육가공품을 말한다.

5) 규격

① 아질산이온(g/kg) : 0.05 이하(어육소시지에 한한다)

② 타르색소 : 검출되어서는 아니된다(어육소시지는 제외한다).

③ 대장균군 : 음성(비가열제품제외)

④ 세균수 : 음성이어야 한다(멸균제품에 한한다).

⑤ 보존료(g/kg) : 다음에서 정하는 것 이외의 보존료가 검출되어서는 아니된다.

소르빈산 소르빈산칼륨 소르빈산칼슘	2.0g/kg 이하(소르빈산으로서)

6) 시험방법

① 아질산이온

11. 식육 또는 알가공 품 6) 시험방법 (1) 아질산이온에 따라 시험한다.

② 타르색소

제10. 일반시험법 2.4 착색료에 따라 시험한다.

③ 대장균군

11. 식육 또는 알가공품 6) 시험방법 (4) 대장균군에 따라 시험한다.

④ 세균수

제10. 일반시험법 3. 미생물시험법 3.5.1 일반세균수에 따라 시험한다.

⑤ 보존료

제10. 일반시험법 2.1 보존료에 따라 시험한다.

10장. 수산통조림
(Canned Fish Products)

1. 일반 개요

(1) 연혁

① 병조림 : 1804. Nicolas Appert (프랑스)-광구병, cork 마개, 연유사용

② 통조림 : 1810. Peter Durand (영국)-Tin Canister 발명, 당시 can현존

③ 보존원리구명 : 1840. Leuis Pasteur (프랑스)-식품부패원인 : 미생물(세균)기인

④ 밀봉기(Seamer) : 1897. Ams형재, Brenzinger(미국) Double seaming 발명

⑤ Retort<고온, 고압살균기> : 1874. A.K.Shriver(미국) 고온살균법 발명

⑥ 한국 Can제조 : 1892. 서방이 따로(일본), 전복통조림 제조(완도)

(2) 4대 원리

① 탈기 - 관내공기제거, 방지(관 부식, 내용물변질, 열팽창)

② 밀봉 (미생물 침입 방지) : Double Seamer, Home Seamer (3요소 : chuck, 1.2.roll, lifter)

③ 살균(관내 세균살멸 변패 방지)

④ 냉각(호열 세균 억제, 고온 피해 방지)

2. 제조 기술

(1) 공정

가권체 권체기

↓ ↓

원료어→전처리(조리)→공관담기→액주입→<탈기→밀봉→살균→냉각>→수산통조림

① 탈기 방법 : 가열 탈기 법, 기계적(진공), 증기분사 탈기 법, 가스치환법

② 냉점(cold point) : 통조림 관 살균 시 가장 늦게 열이 전달되는 지점(고형은 중심점, 액상은 상·하지점)

③ come up time(온도상승시간)은 냉점에 살균목표 온도가 도달하는데 걸리는 시간

(2) 종류

① 원료 : 어류, 갑각류, 연체류, 해양포유류, 해조류

② 처리 : 원어, 반 가공

③ 주입액

ⓐ 물 담근(2% 염수, 후추, 피망, 월계수잎, fish stoc, jelly) : 생선, 게, 새우, 대구간

ⓑ 기름담금(식물유-훈연, 올리부유, 면실유, 대두유) : 고등어, 바지락, 굴, 정어리, 다랑어

ⓒ 토마토(소스, 퓨레)담금 : 꽁치, 고등어, 정어리, 전갱이

ⓓ 야채혼합(튀김, marinade후 채소혼합) : 소어류, 철갑상어의 알, 대구간, 야채

ⓔ fish pastes and pates(세절, 식물유, 토마토, 향신료, 양파) : 생선, 게, 새우

ⓕ 연체동물(molluses, 기름 튀김, 훈제) : 굴, 해삼, 문어, 섭조개

ⓖ 조미통조림(훈제, 튀김, 고유향기) : 오징어조미

ⓗ 식이(버터, 채소, 에센스, 비타민) : 환자식, 유아식, 무자극성 양념사용

(3) 검사

① 타검(打檢) 검사

② 가온(37~55℃, 1~2주) 검사

③ 진공도(38cmHg) 검사

④ 세균 검사

⑤ 관능 검사

⑥ 팽창

⑦ 밀봉

⑧ 내용물 검사

⑨ 외관 검사

- 통조림 제조 중 가열에 의한 변화 : 중량, 수분감소, 열 수축, 경도, 단백변성, 지방산패
- 통조림이 팽창도 검사 : flat-sour, flipper, springer, swell(soft. hard) 등

3. 통조림제품 저장 중 품질변화

① 유화수소 발생과 흑변 : -SH(함 S단백질 분해로), 인산염처가 방지

② 어골의 연화 : (Collagen, Osseo-albuminoide, mucoid), gelatin

③ Struvite : Mg(NH4)PO4.6H2O, 인산염처리로 예방, 게, 오징어, 새우의 통조림이나 동결품

④ Adhesion : 단백응고, 고등어연어, 방지법(수분도포, 표면소금첨가, 식용유나 규소수지 도포)

⑤ Curd : 단백응고, 방지법(50℃↑신속가열, 밀착충진, 희염수로 어육침지)

⑥ Honey Comb : 다랑어육면이 벌집구멍현상, 수용단백응고, 가스소공흔적, 상처방지

⑦ 주석(Sn)이상용출 : 多섭취시(권태감, 구토, 방지법(관내산소제거, 질산근無용수나 원료 사용)

11장. 조미가공품
(Seasoned Dried Fish Products)

1. 일반 개요

(1) 정의

어류, 조개류, 해조류를 조미액(간장, 설탕, 조미료)으로 약염(藥廉)하여 조린것(조림품), 건조한것(조미건품), 염장어, 패를 미강, 누룩, 미림박(味淋粕), 된장, 간장, 식초 등에 담가 절인 것(조미 절임품)

(2) 원리

탈수, Aw저하(소금, 설탕에 의한 삼투압차)로 저장성과 조미료효과(소금, 식초, 설탕 조미료)

(3) 종류

① 조미건품(調味乾品) : 소형어패류의 조미액 침지건조(배소), 꽃 포, 조미쥐포, 맛오징어
② 주박 지품(酒粕漬品) : 도미. 대구. 은어
③ 발효(절임) 조미품 : 식혜, 염장발효(미강,누룩 - 발효, 자가소화),
④ 조미액 침투(간장, 식초, 설탕); 초지품 (醋漬品) - 멸치. 청어. 고등어
⑤ 튀김 류(油煮品); 도미. 대구. 굴. 멸치
⑥ 조미 조림품 : 조미 →자숙 → 장졸임 →냉각 ; 바지락조림, 백합, 오징어, 다시마, 김. 남극새우
⑦ 쯔구다니(佃煮品), 덴부(田麩)
- 사용어류 : 까나리, 빙어, 뱅어, 참치, 망둥어, 바지락, 오징어, 다시마, 새우, 돔, 굴, 꽁

치, 뱀장어, 은어, 정어리, 청어, 가자미, 눈퉁멸, 김, 다시마

- 사용조미료
  - ⓐ 천연조미료(양조간장, 설탕, 아미노산액, 물엿, 포도당, 식염, 미림, 식초)
  - ⓑ 생합성조미료(MSG, IMP, GMP, NA-Fumalate, Succinaye)
  - ⓒ 인공 감미료(사카린)
  - ⓓ 착색료(코치닐, 식용색소)
  - ⓔ 보존료(솔빈산)
  - ⓕ 중합인산염
- 가자미식혜 : 염지어류에 밥, 누룩, 야채 등을 교대로 첨가 담금 발효 젖산발효(식초 첨가 시 2주발효)

2. 조미가공품의 저장

저장성 無 : 조미액효과(식초, 간장, 미림), 건조효과, 가열농축효과, 저온저장, 방습포장

12장. 어란가공품 (Fish Roe Products)

1. 일반 개요

진미(珍味)품 - 곤이 젓(Caviar), 고급 염장품-명란젓, 성게알젓

(1) 원료

어류(명태, 용철갑 상어, 연어, 대구, 송어, 청어, 잉어, 창꼬치농어)의 알(卵巢)

(2) 어란 특성

① 색깔- 연갈색, 흑갈색, 검정색, 황적색, 갈 황색, 녹갈색, 황색, 오랜지 색
② 맛(식미) - 진흙풀 맛
③ 영양소 : 단백질(25~30%), 지방질 풍부

(3) 어란 저장

저온(0℃↓)냉장, 염장, 가열살균, 건조

(4) 염장법

① 건 염장 : 건염 3.5~12.5% 첨가
② 건염가열살균 : 가염(3.5~5.0%)후 가열살균
③ 액 염장(농염수침지-압착품)

④ 염장건조 : 염장후 왁스 코팅

⑤ 방부제 : NaCl, 붕사 : 붕산(3:1), 헥사메틸렌테트라민정제유, 글리세린, KNO_3(0.16%)

- 곤이젓(Caviar) 용철갑상어 알(Sturgeon Roe) : 러시아 일품젓갈로 심해상어 알을 염장(10%가염)가공한 것으로 저온(5℃↓) 저장 필요
- 종류
  - ⓐ 과립형(3~5%염장) 곤이젓
  - ⓑ 통조림형 곤이젓
  - ⓒ 바렐 통 과립형(7~10%염장-나무통사용) 곤이젓
  - ⓓ 가열살균 과립형<살균소금(150~160℃, 2hr), 염지, 포장살균(60℃, 30분)> 곤이젓
  - ⓔ 압착형(어란+가열(40℃, 5분)포화염수 염장, 절수 압착) 곤이젓
  - ⓕ 비 선별어란(미숙란) 곤이젓
- 어류100% = 가식부(edible) 50%-어육, 일부내장 + 비가식부(Inedible)50%, 頭, 꼬리, 내장
- 식품소재 ① 어박(Fish Meal), ② 어유(Fish Oil), ③ 식용어분(Fish Soluble)

13장. 식품소재와 사료의 가공
(Processing of Food Stuff Materials and Feed)

- 어류100% = 가식부(edible) 50% : 어육, 일부내장 +
  비가식부(Inedible) 50%, 頭, 꼬리, 내장
- 식품소재 ① 어박(Fish Meal), ② 어유(Fish Oil), ③ 식용어분(Fish Soluble)

1. 어분(Fish Meal)

1) 건조 어분

(1) 정의

식용 불가능한 어류(소어, 잡어, 기형어, 어류가공 부산물(내장, 머리))를 자숙・압착(어유분리)건조, 분말 화하여 가축사료로 이용하는 것 - 단백질, 비타민B군, Ca, P, 미지 성분효과 우수

(2) 사료가치 영향 요인

착유법, 건조법, 생산지, 어종, 저장법

(3) 용도

정제어분(식품가공용), 조어분 사료(가축, 양어), 비료(농작물)

(4) 종류

① 원료육질 별(백색어분, 갈색어분)

② 지방유무(전지어분, 탈지어분)
③ 지방함량(다지어분, 소지 어분)
④ 원료어별(대구, 가자미 어분, 정어리, 청어분)
⑤ 제조국(영국산, 노루웨이 청어 어분)
⑥ 제조법(천일건조어분, 기계건조어분)

(5) 제조공정

증자 → 압착 → 건조 → 분쇄 → 포장

① 원(북)양어선 어분 : 명태, 가자미, 냉동연육의 부산물 - 양어장 사료
- 연안 어분(고등어, 정어리-배합사료 원료)
- 수입어분(멸치, 밴댕이-칠레, 페루, 남아공)식용 어분

(6) 어분의 품질(규격)

① 단백질 55~70%(60~75)
② 지방 5~10%(8↓)
③ 회분 12~33%(10~20)
④ 수분 6~10%(10↓) 8%적당. 12%↑ 곰팡이 발생(다지방 어류는 5%↓)
⑤ 조섬유 1%

(7) 어분의 이용

① 사료 : 가축용 10%, 양어용 25%, 새우박단백46%↑
② 식용 : 선육을 알코올, 유기용매로 추출한 고형물(무색, 무미, 무취의 단백분) - 제빵 제조, 발효간장, 조미료
- Taint 현상 : 어분사료로 장기 사육한 고기, 계란, 젓 등에서 특유한 어취가 나는 현상 방지법(3~4 주간 어분사육중단, 백색어분사용), 불쾌 취 원인(염기, 유지 산화물)
- Casing 현상 : 어분저장 중 흡습으로 덩어리(固結)가 되어 회색으로 변함(방습포장 필요)

2) 어류단백농축물(Fish Protein Concentrate, FPC)

- 1961. FAO 생산권장(빈국영양원)

세계빈국민의 단백질결핍증 해결책으로 FAO에서 제안한 방안으로 선육을 탈지(용매추출)한 Cake를 정제백색 분말화한 고단백 식품소재로 제빵, 제과, 제면, 가공식 등 다양하게 이용

(1) 공정

생선 → 세절 → 추출 → 여과 → 건조 → 수세 → 여과 → 건조 → 분쇄 → FPC

(2) 영양가

라이신, 메티오닌 고(高)함유, 우유와 유사한 효과

(3) 성분규격(FDA)

대구FPC-단백 75%↑, 지방 0.5↓, 수분 10↓, 이소푸로파놀 250ppm↓세균수, 만/g↓, Ethylenedichroride 5ppm↓, 불소(F) 100ppm↓

(4) 사용상 문제점

거친촉감(혀에 까칠 까칠한 섬유단백기인), 가수복원성 無. 식미불량

- 용도(빵, 비스켓, 소시지, 스프, 청량음료수에 사용시도) 콩단백대체
- 단백효율 : 대구106%(칠레), 정어리117%(인도), 크릴103(호주), 청어 110(카)

(5) FPC의 저장

① 방습포장(아스팔트재질)

② 고건조

③ 탈지최대한 제거,

④ 저온거조보관

⑤ 산화방지

3) 식용어분(Fish Soluble)

어즙, 내장류, 전체어(폐기잡어)

(1) 정의

자숙액, 폐기물, stick water 등을 소화시킨 다음 액화물을 농축시킨 것

(2) 공정

원료 → 자가소화 → 원심분리 → 단백액층 → 진공농축 → 액상어분(수분40~50%, 단백 30%) → 흡착건조 → 분쇄 → 분말어분(단백60%)

(3) Krill Protein Paste(KPC), 1970. 소련개발

남극새우 → 압착・원심분리 → 액즙(60%) → 가열(97℃) → 침전・응고(수율 55%, 수분 67.6%, 지질 4.6, 단백질 24.5, 회분 3.0)

(4) 용도

조미료, 스프원료, 분홍색치즈모양, 새우풍미 아스타 키산틴 풍부(사료)

2. 어유(Fish Oil)

(1) 정의

수산동물의 어육, 내장,뼈 등에서 채취한 유지의 총칭.

(2) 분류

① 어유(fish oils) : 정어리, 꽁치, 청어, 다랑어방어 등의 체지방에서 착유한 것
② 해수유(blubber oils) : 고래, 물개, 바다표범, 물치 등의 체지방에서 분리한 것
③ 간유(liver oils) : 대구, 상어, 명태, 오징어, 복어, 개복치 등의 간에서 추출한 기름

(3) 성분

① 지방산(fatty acids)
② 알코올류

③ 탄화수소(인, 당, 황) - Squalene $C_{30}H_{50}$ = 6개

- 고도의 불포화 지방산 : ω3 FA

  EPA(EicosaPentaenoic Acid, C_{20},= 5개), DHA(DocosaHexaenoicAcid, C_{22},= 6개)

(4) 채유법

- 착유방법 선택요소 : 원료의 유함량, 원료량, 유지성질에 좌우
- 착유원리 : 동물조직→유지유리→유지분리 →정제(협잡물 제거)

① 압착법(press) : 온압법(수율우수, 참, 들기름) 냉압법(품질우수)-식물성기름 채유

- 원료 → 선별 → 세척 → 탈각 → 분쇄 → 열처리 → 채유
- 온압유가 우수한 이유- 단백응고, 기름점도↓

② 용출법(Melting out process) : 전취법(건식, 직화, 간접증기), 자취법(습식, 물과직접증기)

- 자취(煮取)법 : 저온법과 고온법, 고래유, 어유, 솥에 물을 넣고 어육과 끓여 세포 파괴하여 부상(浮上)유 채취 → 물제거 → 압착 → 원심분리 → 채유

③ 침출법(Infusion) : 용매추출, 수율우수

- 용매 : 석유벤젠,벤젠, 알코올, 사염화탄소,아세톤, 트리클로로에탄,Hexane
- 용매구비조건 : ⓐ 無독·염가, ⓑ 인화폭팔성無, ⓒ 유지 無취, ⓓ 고비점, ⓔ 유지만 용해, ⓕ 용기부식 無

(5) 채취유지의 정제

① 정치법(standing) : 침전탱크, 1주야방치, 고형분(섬유)침전 위층유분리, 2% 수분제거(소금, 염화칼슘, 망초(무수황산나토륨) 처리), 60℃까지 가온 협잡불순물 침전 조장.

② 알카리(탈산)정제법 : 유리지방산을 비누로 제거, 처리농도 12~270Be', 탈색 효과

③ 탈색정제법 : 색소(카로티노이드, 엽록소)을 흡착제(활성/산성-백토)산화환원, 활성탄 1~2%처리

④ 탈납(Winterization)공정 : Salad oil 제조시만, 기름을 4~6℃저온에서 석출시킨 고체지방인 용융점 높은 stearine결정형을 제거하는 dewaxing 공정

⑤ 탈취공정(Deoderation) : 감압하에서 가열수증기를 취입시켜 어유취(NH3, FA산화물, 불검화물)증류 제거

⑥ 여과·원심분리법 : 불순물 제거

(6) 어유의 일반성상

① 물리적 : ⓐ 색(담황, 녹), ⓑ 냄새(어육취), ⓒ 맛, ⓓ 조도, ⓔ 건성, ⓕ 비중(0.92), ⓖ 굴절율(1.472)

② 화학적 : ⓐ 검화가(190), ⓑ IV(100↑), ⓒ다취(多臭)화합물(F), ⓓ 산화산(고형막), ⓔ 불검화물(콜레스테롤, Vitamin A.D 함유)

[각종어유]

- 간유채취 : 어간(30%油) → 쵸핑 → 10% 대구, 명태간유 + 2 배물 → 분해조 + NaOH(30~40%) 2~4% → 가열(90℃, 2hr) → 2배 희석(80~90℃) → 원심분리 → 조간유

① 정어리(Sardine)유 : 원료 12~17%유, 수율10%,Av 1.3~8.2, IV 180~7, 경화유, 인쇄잉크

② 청어유(Herring oil) : 자취법, 정어리유와 성분, 용도 유사

③ 명태간유(A.Pollack liver oil) : AV 2.1~8.8, SV 179.6~185.8, IV 143.3~155.2

④ 대구간유(Cod liver oil) : Vit. A(약용), 피혁제조용

⑤ 상어간유 : 전취법, Squalene($C_{30}H_{50}$)-OxygenBox<+ $6H_2O$ → $6O_2$+ $6H_2$>, 경화유용, 피혁용

⑥ 오징어간유(Squid liver oil):간 11~35%, 수율 3.5~31.9%, Vit. A 0.6~40 C·L·O·U(간유단위)

⑦ 고래유(Whale oil) : 고래지육, 뼈, 내장등을 자(전)취법, 요도가(IV) 121~147, 비누화가(SV)1 88~94, 응고 -2℃, 경화유, 비누제조, 피혁제조, 윤활유, 등유 등에 사용

- 가공 : 경화(인조버터), 중합(와세린, 페인트), Sulfone화(피혁공업), 건성화(페인트), 가황(윤활유, 냉각유)

(7) 어유의 이용

① 식용 : 통조림용(연어), 마가린, 쇼팅

② 의약용 : Vit. A, D 급원(대구, 넙치간유)

③ 공업용 : 유성도료용, 윤활유, 잉크, 니스, 화장품, 고무공업, 금속처리용, 피혁가공, 살충제

14장. 해조가공품
(Processed Seaweed Products)

한국산 해조류 400종 - 식용(주, 부, 기능식), 호료, 약용, 사료, 비료
- 한천 원조 : 홍조류: 우뭇가사리목. 돌가사리목, 지누아리목, 비단풀목, 로디메니아 목)
- 이용 : ① 일반 해조 가공품 : 마른김, 건미역, 건 다시마
  ② 해조 공업제품: Agar, Alginic acid, Carrageenan, 풀가사리

1. 일반가공품

(1) 미역(dulse)(15천톤/년)

① 영양특성 : ⓐ 무기질. Vit. 급원, ⓑ 정장작용(섬유질), ⓒ 알카리 식품, ⓓ 유해금속치환, ⓔ 항 콜레스테롤 효과(fucogalactan 황산 ester)
② 염장(간) 미역 장점 : ① 건조장 불필요, ② 단시간복원, ③ 위생적, ④ 소비자 포장
③ 이용 : ⓐ 건미역95%, ⓑ 양식산70%, ⓒ 염장 미역 90% 수출품

(2) 김(海苔, Laver)(3억장/년)

① 품종 : ⓐ 방사무늬 김, ⓑ 참 김, ⓒ 둥근 김, ⓓ 둥근 돌김, ⓔ 모무늬 김
② 규격 : 21×19cm/매, 240-290g/100매, 10매(1첩), 10첩(2톳)
③ 마른 김(수분10%↓) : 엽록소(흑자색)+ 수분흡습 → phycobilin(적갈) 향미악변

④ 채취기 1~2월, 초제건조 후 60℃열풍건조기(2hr)/탄 열로 4~6일 건조 후 양철상자로 포장

(3) 다시마(sea tangle)(북방계 해조, 160톤/년)

특유 맛 : glutamic acid 4000mg%, mannitol(당 알코올) 5~28%(마른백분성분) 아스파틱산, 호박산

(4) 풀가사리(glue plant)(직물호료용(곰팡이 방지), 135톤/년)

주성분 : Funoran(점질다당류), 다량의 황산기 함유, 광택우수, 풀빼기용이-견직물호료

2. 추출제품

(1) 공업한천(寒天, Agar-Agar)(638톤(한국)/년, 6000톤(세계))

① 정의 : 홍조류(우뭇가사리, 꼬시래기)를 열수로 추출해 낸 점질 성 복합다당류, 300년전(일)

② 구분 : 천연한천-동건품(동결-해동탈수 반복), 공업한천(인공 탈수건조)

③ 주성분 : Agarose(중성다당류) 70%, Agaropectin(불용성 산성다당류) 30%

④ 원조(原藻) : Agarophytes<한천 제조 해조류 총징>, 홍조류(진정), ⓐ 우뭇가사리, ⓑ 꼬시래기, ⓒ 비단풀, ⓓ 금초, ⓔ 새발, ⓕ 석묵

⑤ 성질 : Agarose는수불용, 열수가용 → Sol형성 → 냉각(제리 상) → 재 가열 → 융해 응고온도(35~36℃), 융해온도(80~90℃)

⑥ 가공 : 제조원리 ⓐ 추출, ⓑ응고, ⓒ 건조탈수

- 제조장소 : ⓐ 기상(-5~-10℃, 눈이 적은 곳)
  ⓑ 지형(오전 햇볕좋고 오후 빠른 일몰>
  ⓒ 수질(연수)
  ⓓ 비가 적은 곳(색, 광택, 수율자우)

⑦ 공정

- 원조 → 전처리→ 자숙추출 → 여과→ 응고우무→ 탈수→ 건조→ Agar(공업한천)
- 수율 35~40%

- 소요시간 : 천연한천(60~70일/12, 하순-2, 하순), 인공(각/모 한천 18~19일, 실한천 15~16일)

⑧ 용도 : 식품(요리, 양갱, 양조, 통조림), 공업용(호료, 도료, 인쇄잉크), 의약(소갈 완화, 정장, 오브레트, 치과재료), 학술연구(미생물 고체배지, 입자측정, 카타라 제 활성 억제제)

(2) 가라기난(Carrageenan)(Irish mass 추출물)

① 정의 : 홍조류(돌가사리과)를 열수추출로 얻은 점성의 산성다당류

② 구성분 : D-Galactose(3.6 anhydrous D-Galactose)의 고분자 다당황산ester

③ 종류 : k형(kcl로 gel상 응고침전) 40%, 황산기 25%

- 형(Kcl로 불응고 용존) 65%. 황산기 35%
- 형(So3 32%)
- 형(k형 전구체)

④ 성질 : ⓐ 무미, 무취, 무(황)색 분말, ⓑ 온수(60℃)가용, ⓒ Gel화(30~40℃), ⓓ 단백질과 반응성(이장방지, 보수안정제), ⓔ 가열안정성(90℃, 40분↓)

⑤ 공 정 : 원조 → 가수(20배) → 가열(80℃, 2hr) → 열탕가수(3배) → 여과 → 원심분리 → 용매 2.5배 첨가 → 침전 → 탈수 → 제품.

- 사용용매(isopropanol, methanol)

⑥ 용도 : ⓐ 낙농품(Ice크림 0.05%), ⓑ 제과(양갱0.2%), ⓒ 육가공품(0.2%), ⓓ 수산연제품(0.1%), ⓔ 소스, 케첩(0.5%), ⓕ 기타(빙의용, 화장품, 치약)

(3) Alginic acid(Algin, polyuronide)

① 1883 발견, 산성다당류(Hetero polysaccharide)

② 원조 : 갈조류(감태, 모자반, 미역) 3월경 채취

③ 구성분 : D-Mannuronic acid, L-guluroic acid

④ 성질

ⓐ 수・유기용제불용, 알카리가용(점조액 형성)

ⓑ 유기고분자 전해질(-OH, -COOH)

ⓒ Na,K, Li, Hg, NH3염(수용성), 기타염(불용성)

ⓓ 방사선 Sr흡수억제

⑤ 공정 : 원조 → 염산(0.5%)처리 → 추출(양잿물1.5%, 60℃, 4hr) → 용해희석(100배) → 청징(침강부유) → 여과(원심분리, 규조토 여과) → 표백(NaClO, CaCl2) → 탈수·중화 → 정제 → 건조 → 분쇄

⑥ 용도 : 직물용호료, 식품가공(아이스크림 안정제), 의약, 공업용, 물정수 처리

(4) PGA(Propylene Glycol Alginate)(식품안정제)

① Alginic acid의 -COOH 기에 PropyleneOxide를 반응시켜 PGA radical을 만든 것

② 성질 : ⓐ 강한내산성(겔화, 점도저하 방지), ⓑ단백질안정화(산성), ⓒ 유화안정성(친유기), ⓓ포말안정화

③ 용도 : ⓐ 산성음료 안정제, ⓑ 식용향료유화제, ⓒ 면류개량제, ⓓ 포말 안정제

(5) 풀가사리

직물 호료(곰팡이 방지, 광택우수), 벽칠 풀, 도자기 풀, 세발용 호료

15장. 수산가공공정 HACCP운영

(1) 정의

HACCP(Hazard Analysis Critical Control Point: 위해요소 중점관리제도)로써 육가공 제품을 생산함에 있어 식품의 안전성에 악영향을 줄 수 있는 사람, 기계설비, 시설은 물론 각 공정별 원료에서 최종제품에 이르기까지 생물학적, 화학적 혹은 물리적 위해 요소를 발굴하여 이를 예방하기 위한 방안을 구축하고 전임직원이 총체적으로 관리하는 체계를 말한다.

(2) HACCP의 운영방법

- 제조시설의 위생관리 : 식품제조에 사용되는 시설설비의 보수점검
- 원재료와 포장재의 보관
- 종업원의 위생관리
- 효율적인 교육훈련

(3) HACCP 운영방법

-전문가팀 구성 : 제품에 대한 전문적인 지식 및 기술을 보유한 전문가로 구성
-제품설명 : 제품의 특성, 유통조건, 사용방법 등 기재
-제품의 사용용도 확인
-제조공정도 및 lay out 작성
-위해분석 : 각 공정별 사람, 시설, 재료를 중심으로 위해요인을 분석
-중요 관리점 확정 : 결정된 위해 및 그 예방책을 우선적으로 확정

(4) HACCP 관리기준의 구성요소

우리나라 식품위생법 제32조의 제1항의 규정에 따라 제조위생, 시설, 설비관리기준서 등 작성 및 관리(HACCP 관리, 제조위생관리, 보관관리, 검사관리 등), 시설점검, 개선조치, 기록관리, 교육훈련, 우대조치 및 사후관리 사항으로 기준한다.

- 평가기준 : 작업장관리, 제조관리(제조일반, 제조시설, 제조기준, 제조공정, 제조위생), 보관관리(보관일반, 보관기준, 반출입), 포장관리, 검사관리(검사기준, 검사일반, 검사시설, 개선조치), 운반관리, HACCP관리기준 운영(위해분석, 중요관리기준, HACCP팀조직 등)

(5) 수산 냉동 식품 HACCP 시설기준 및 표준모델

(가) 일반 현황

- 식품안전관리체계구축의 사회적 요구 증가 - 부정, 불량, 유해식품의 범람
- HACCP체제연차적 의무적용(06.9 -'12.9)-냉동(어류,연체류,조미가공품), 어묵류
- 식품업소의 영세성-17천가공제조업소의 15천(89.5%)/50인↓;식품매출액 28% 차지
- 업체의 영세성으로 HACCP의무적용 곤란 - 적은 비용의 시설기준 및 표준모델 <software 개발> 미 정립
- 영세한 중소기업 및 신규식품사업에 저비용시설과 software 개발에 선택적 활용자료 필요.

(나) 국내・외 HACCP 적용현황

① 한국의 HACCP 적용현황

ⓐ HACCP의 도입 및 진행

㉠ 보건복지부 - K.FDA

- '95.12.29, 식품위생법 32조 2항에 "식품위해요소 중점관리기준" 최초 신설,
- 식품위해요소 중점관리기준(HACCP) 고시 '02. 6.25<식약청공고 '02-33호> 다소비 식품중 *危害 多*발생식품<어묵류, 냉동수산물(어류, 연체류, 패류, 갑각류, 조미가공품) 냉동식품(빵, 떡류, 면류), 빙과류, 비가열음료, 레트로트식품>의 세부사항규정

- 의무 적용 6개 품목류의 단계별 확대방안

구분	시행시기	적 용 기 준
1 단계	2006년 9월	연매출액 20억↑, 종업원 51인↑ 업소
2 단계	2008년 9월	연매출액 5억↑, 종업원 21인↑ 업소
3 단계	2010년 9월	연매출액 1억↑, 종업원 6인↑ 업소
4 단계	2012년 9월	연매출액 1억↓, 종업원 5인↓ 업소

㉡ 농림부

- 1997,축산물가공처리법 제9조: "축산물위해요소중점관리기준"
- 동법 시행규칙 : "축산물위해요소중점관리기준 및 적용대상 등" 고시
- 도축, 도계장 : 도축두수에 따라 점진적으로 강제 적용

㉢ 해양수산부

- 2001 ,수산물품질관리법 제23조: "위해요소중점관리기준"
- 수출수산가공식품 등록기관- 국립수산물검사소 가 유럽연합 EU 지정

ⓑ HACCP 지정적용현황

운영 주체	업 종		적용등록 업체수 ( )지정취소 업체수	기 준
보건복지부<K-FDA>	식품제조가공		74(5)	2004.9.15
	단체급식		45(13)	
농림부 <국립수의과학검역원>	식육가공장		138	2004.11.1
	유 가공장		32	
해양수산부 <국립수산물품질검사원>	수산물 가공	미국 수출	7	2004.11.11
		EU 수출	43	

② 외국의 HACCP 적용 현황

ⓐ 미국

㉠ USA-FDA<미 식품의약품청>

- 1974, "저 산성식품통조림규칙"강제법 공포
- 1977.12.18 : "어류 및 어패류의 위생안전가공 및 수입절차"를 제정 국내·외 수산식품에 의무적용개시
- 1998, "신선 가공 주스" HACCP 규제 개시
- 2000, "자주적 판매업"에 HACCP 규제 개시

ⓛ USA -USDA<농무부>

- 1998. 1 미농무성식품안전검사국(USDA/ FSIS); 식육 및 가금육의 병원균감소, 대책 방안, 500인↑ 도축장 HACCP 적용개시
- 2001 모든 식육 및 가금육 공장에 HACCP 적용

ⓑ 일본

-1995. 5. 24 후생노동성 식품위생법 ;“ 총합위생관리제조과정” 승인제도 승인

-1996. 5. 23 유・육제품 및 식육제품

-1997. 3. 24 어육연제품

-1997. 11. 14 retort pouch 식품(용기포장 가압가열 살균식품)

-1998. 7 식품제조과정 관리고도화에 관한 임시조치법(HACCP지원법)

-1999.7 청량음료수 적용기준, 식품종류별 HACCP 일반모델개발

ⓒ 캐나다

-1991 농무성의 식품안전강화계획(FSEP)으로 HACCP 도입,

-1992. 2 수산해양청- 수산식품에 QMP(HACCP의 품질관리프로그람)

- 1997. 농무부산하 CFIA(식품감시청)창설-HACCP도입보조금지원<교육, 컨설팅>

ⓓ 유럽연합(EU)

- 1993 식품위생에 관한 지침제정
- 1995. 12 회원국에 법제화-수출입수산식품, 유・유제품, 식육제품 등 개별규제제시

ⓔ CODEX(FAO/WHO 국제식품규격위원회)

- 1993. 7 식품위생원칙을 HACCP시스템으로 각국에 시행권고(20차 총회)

(6) 냉동수산식품 HACCP 공장설계 포인트

① 제품종류 : 어류 절단· 필렛 가공품

② 생산 capacity : 1,200 톤/년(절단가공 : 600톤, 필렛 가공 : 600톤)

③ 매출액 : 약 60억/년

④ 종업원 : 43명(직접생산에 투입된 인원 및 유틸리티 운전인원만 고려함)

- 직접생산인원 : 37명
- 유틸리티 : 5명<보일러, 공기압축기(1명), 폐수처리(1명), 수리(2명)용수, 냉동기, 공조(1명)>
- 주변청소, 쓰레기 처리 : 1명

⑤ 공장의 구조

ⓐ 공장은 제조구역, 기타구역 모두 1층 구조이고 높이는 4m이며, 지붕은 콘크리트 슬라브 구조임

ⓑ 유틸리티 설비(수전설비, 냉동기 실, 에어콤프레셔실, 공조기실, 물저장소, 정수실) 는 옥상에 설치함. 단, 보일러실은 1층에 설치

ⓒ 폐수처리장과 고체폐기물 처리장은 작업장 뒤편에 충분한 거리를 확보하여 설치

⑥ 공장의 구역구분

ⓐ 작업구역

㉠ 작업구역의 범위 : 원료창고 전실, 세척실, 원료파포실, 해동실, 절단실, 내장 적출실, 폐기물 보관소, 반제품저장소, 필렛가공실, 접촉동결기, 내포재창고, 내포재 파포실, 포장실, 박스포장실, 박스창고 전실, 박스창고, 제품창고전실, 제품창고

㉡ 작업구역의 구조

- 작업구역은 청결구역(포장실, 접촉동결기),준청결구역(필렛가공실, 내장적출실, 절단실),일반구역으로 구분
- 작업구역은 1층 구조이며 천장까지의 높이는 4m 임

ⓑ 위생시설

㉠ 위생시설의 종류 : 화장실, 탈의실, 손 세정/소독실, 에어샤워, 전신소독기

㉡ 위생시설의 운영

- 작업장으로 입장 시 위생 절차
  - ･작업장 입구 탈의실에서 위생복으로 갈아 입음.
  - ･작업장 입구에서 위생화로 교환
  - ･몸에 붙은 이물제거 (접착롤러)
  - ･손 세정(손 세척대)
  - ･손 건조 (제트 타월)
  - ･손 소독 (알코올 분무기)
  - ･에어 샤워 (에어 샤워기)
- 화장실 사용 후 작업장으로 입장할 때는 반드시 위생 절차를 거쳐서 입장
- 일반구역에서 청결구역(포장실, 접촉동결기) 및 준청결구역(필렛가공실, 내장적출실, 절단실)로 입장할 때는 전신소독기를 통하여 소독 후 입장
- 작업장에서 기타구역으로 퇴장할 때 사용하는 문은 나가는 방향으로만 열리도록 설치됨

ⓒ 기타구역

㉠ 기타구역의 종류 ; 사무실, 회의실, 휴게실, 강당, 식당, 실험실, 견학로 등 시설로 구분함

㉡ 공장에 출입하는 모든 사람은 현관에서 실내화로 신발을 바꿔 신고 출입함

㉢ 견학자 대응

- 견학자 방문시 1층의 견학자 전용통로를 통하여 견학토록 함(작업자와의 교차 오염 방지)
- 견학통로는 1층의 작업자통로와 평행으로 설치되어 있으며, 이중창을 통하여 작업자 통로 너머로 작업장을 들여다 볼 수 있도록 설계함.

[작업장별 설계 포인트]

1) 전실(前室)

① 관리 포인트

- Dock-shelter Overhead Door 설치로 입출고중 출입문 밀폐구조 가능
- 외부에서 보이지 않는 곳에 포충 등(捕虫燈) 설치
- 외부 출입구 및 내부에 접착식 구서(驅鼠)트랩 설치
- 전실 내 전등 옐로우램프(황색형광등)설치
- 고강도(高强度) 재질의 바닥 시공(뉴크리트)

② 시설 대책

- 외부로부터 해충 및 설치류 침입가능(직접 및 팔레트)
- 지게차 운행으로 인한 바닥 파손 우려

2) 원재료 창고(냉동창고)

① 관리 포인트

- 출입 시 외부공기 유입으로 인한 온도상승
- 보관 중 출입문 단열 능력 확보
- 원재료 창고 내 온도 -20℃ 이하 관리
- 지게차 운행으로 인한 바닥 파손

② 시설 대책

- 출입문 Air-curtain 설치

· 방열(放熱)door 설치

· 전용 냉동기 설치

· 고강도 재질의 바닥 시공

3) 원료/내포재 파포(破包)실

① 관리 포인트

· 종이 외박스 파포 및 파레트 wrap 제거시 얼음조각으로 인한 작업장 오염

② 시설 대책

· Grating이 없는 좁은 개방형 배수로(排水路) 설치

4) 박스창고

① 관리 포인트

· 전실로부터 해충 및 설치류(齧齒類) 침입가능(직접 및 팔레트)

· 지게차 운행으로 인한 바닥 파손종이 외박스 파포 및 파레트 wrap 제거 시 얼음조각으로 인한 작업장 오염

② 시설 대책

· 전실의 안 보이는곳에 포충등(捕虫燈)설치

· 출입구(지게차 통행문)시트셔터고속개폐

· 출입구 및 내부에 접착식 구서(驅鼠)트랩 설치

· 고강도 재질의 바닥 시공 Grating이 없는 좁은 개방형 배수로(排水路) 설치

5) 해동실

① 관리 포인트

· 작업장온도 15℃ 이하 관리

② 시설대책

· 온도조절용 공조기로 저온공기

6) 절단실, 내장 적출실

① 관리 포인트

· 청결구역 관리

· 작업장 온도 15℃ 이하 관리

· 작업종료 후 CIP 작업 시 다량의 물 사용으로 인한 수분발생(미생물 증식 우려)
· 작업 후 발생하는 생물 폐기물의 작업장 방치로 인한 해충발생 및 서식 가능성

② 시설대책
· 전신 소독기 설치
· Grating이 없는 좁은 개방형 배수로 설치
· 냉장 폐기물 보관 실 작업장 인접 설치
· 온도조절용 공조기로 저온공기 공급

7) 필렛가공실

① 관리 포인트
· 청결구역 관리
· 작업장 온도 15℃ 이하 관리
· 작업 후 발생하는 생물 폐기물의 작업장 방치로 인한 해충발생 및 서식 가능성

② 시설대책
· 전신소독기 설치
· 온도조절용 공조기로 저온공기 공급
· 냉장폐기물 보관실 내장적출실 인접설치

8) 접촉 동결기실

① 관리 포인트
· 전신 소독기 설치
· 온도조절용 공조기로 저온공기 공급
· 출입문 Air-curtain 설치
· 방열도어 설치

② 시설대책
· 청결구역 관리
· 작업장 온도 - 40℃ 이하 관리
· 출입 시 외부공기 유입으로 인한 온도 상승

9) 폐기물 보관실

① 관리 포인트

· 생물 폐기물 부패로 인한 악취발생 가능성
· 해충침입 및 서식 가능성

② 시설대책
· 냉장 폐기물 보관시설 설치
· 폐기물보관실과 작업장 사이에 방열문 설치
· 폐기물 보관실내에 자동 살충제 분무장치 설치

10) 포장실

① 관리 포인트
· 청결구역 관리
· 작업장 온도 15℃ 이하 관리
· 일반구역으로부터 물건 입고 시 오염 가능성

② 시설대책
· 전신소독기 설치
· 온도조절용 공조기로 저온공기 공급
· Pass Box를 통하여 오염물질 제거 후 입고

11) 제품 창고

① 관리 포인트
· 제품창고내 온도 -20℃ 이하 관리
· 지게차 운행으로 인한 바닥 파손

② 시설대책
· 전용 냉동기 설치
· 출입문 Air-curtain 설치
· 방열도어 설치
· 고강도 재질의 바닥 시공 (바닥 재질별 비교 참고)

제조 공정도

(7) 냉동식품공장의 자주 위생관리 체제 MODEL(일본사례)

① 제조부분부터 완전히 독립된 품질(위생)관리부분을 만들고, 권한과 책임의 명확화

② 원재료의 입고, 저장 중의 위생기준 제조공정 중의 작업표준, 위생관리기준, 제품의 위생기준, 직접생산에 관한 기계기구, 작업장의 시설환경의 위생기준, 작업원 위생관리기준을 정하여, 제조에 관한 원재료, 중간제품, 사용기구, 종업원, 작업장 등을 정기적으로 체크하여, 여기서 정해진 위생기준대로 관리되고 있는 지 제조 로트별로 확인.

- 최종제품에 있어서 세균검사 기준에 합격하는 것을 확인한 후 출하하는 시스템
- 생산 중심은 사람으로 작업원 전원의 위생의식을 어떻게 높이는지가 그 기반이 됨

[위생관리체제의 확립]

① 위생관리를 적절히 행하기 위해서는,

- 제조, 영업부분부터 독립적인 품질(위생)관리부분을 만들어, 필요한 인력, 검사시험 설비를 정비함과 함께 책임과 권한을 명확히하고, 최종적으로 제품이 불합격판정되는 경우 제품출하를 정지하는 권한을 주어야 함

- 공정 검사에 있어서는, 원료입고 보관, 전처리, 혼합, 성형, 가열조리, 동결, 포장, 제품 보관의 각 부분에서 위생관리 책임자를 선임하여 관리를 행하고, 그 결과를 기록하고 품질관리 부분에 보고하는 것과 함께 문제가 발생한 경우, 적절한 처치와 개선 대책이 따르는 체제를 확립하는 것이 중요, 시설, 기계설비의 위생관리체제

② 위생적인 냉동식품의 제조 상, 식품에 직접 접촉하는 기계, 기구를 청결히 보존

③ 작업장 등 시설의 환경위생을 정비하여 세균 이차오염을 방지하는 것은 위생관리상 중요

④ 냉동식품공장의 시설기준으로서는-일본냉동식품협회의 인정공장 기준-조리냉동식품 JAS 인정공장 기준-냉동식품 자주적 취급기준-기본적으로는 식품위생법 별표 제7 등 이것을 근기로 각 공정의 실정에 맞게 시설 및 기계기구의 위생기준을 정해 관리

ⓐ 시설의 위생관리항목으로서는

- 공장 주변 환경, 폐기물 처리설비의 위생, 작업장의 방충/방서설비, 수세/세족 설비의 정비 상황, 바닥, 벽, 천정의 청결상태, 환기/채광조명, 실온의 적부, 음용적인 용수의 공급 상황, 원료처리실과 가열공정 이후의 청결구역과의 구분상황(위생지역 구분을 색으로 나누고 낙하 세균 측정) 등에 대한 점검 표를 작성하여 정기적으로 체크, 기록

ⓑ 직접 식품에 접촉하는 기계기구에 있어서는 기구의 재질은 불 침투성의 것으로 분해 세정이 용이한 것이 요구되며, 사용기구는 항상 청결히 보존하여 세균 오염으로부터 완 전히 방지하는 것으로 기계장치, 기구 등의 세정, 살균방법, 빈도를 정하여 관리하는 것 이 필요 ,작업원의 위생관리

④ 작업원의 위생관리기준

- 청결한 작업복과 모자를 착용(모발혼입방지를 위해 모발을 완전히 쌀 수 있는 헤어네트 모자를 착용)
- 건강진단(년 2회)과 검변(檢便)(월 1회)을 정기적으로 수행
- 손을 더럽힌 사람이나 질병에 관련되어 있는 사람의 관리
- 작업 중에 반지, 목걸이 등 기타 이물혼입의 원인이 되는 것을 몸에 부착하지 말 것
- 식사, 흡연은 지정 장소에서 이행
- 작업 전후의 세수, 세족의 이행 등을 규정하고, 점검표를 작성하여 관리
- 모발은 공장에 들어오기 전에 항상 체크하고 롤러점착테이프로 제거
- 또한, 수세의 이행에 있어서는 순의 세균배양결과의 현물을 표시하여 필요성을 인식
- 기계, 기구 등의 세정, 살균에 세균시험결과를 제조공정도에 검토와 함께 종업원의 위

생교육도 중요

(8) 냉장수산물(생굴)의 위생 체크 포인트

- 굴의 연간 양식생산량 : 세계 470만톤(중국 367만톤 (78%).한국 30만톤, 일본 26만톤)
- 육질은 글리코겐이 풍부하고, 철, 칼슘 등의 미네랄류와 B_1, B_2, C 등의 비타민류의 함량 높음
- 품질변화가 쉬워, 생식용 굴은 식품위생법에 의해 성분규격, 가공기준, 보존기준이 해져 있음.
- 일본시도는 행정지도를 위해, 여기에 식품위생지도기준을 독자적으로 설계

① 식품위생상의 문제점

- 굴 양식장의 해수의 문제
- 일반적으로 연근해역에서 양식 : 육지로부터의 배출수에 의해 세균오염을 받기 쉬운 상태
- 일본 암수현의 굴 양식의 해수에 대한 세균시험의 결과 : 6~9월은 해수 100ml 당 대장균군 최확수(MPN)의 평균치는 540~1800에 도달(식품위생법기준 : 생식용굴로서는 70 이하/100ml 해수)
- 양식장의 해수의 세균오염이 현저해짐에 따라 그 수역에서의 양식 굴의 세균오염도 현저해짐

② 굴의 세균오염 문제

- 신선한 굴의 세균오염상황의 한 예 : 일반생균수는<300~14,000/g, 대장균군 최확수는 <18~9.200/g(평균 750/100g)으로 생식해역의 세균오염의 정도에 따라서 변동
- 굴 양식장의 위치 : 상당수는 연근해역에 위치. 주변의 배수사정에 따라 현저한 해수의 오염 발생
- 생식용 굴의 식품위생상의 문제점으로서 해수뿐만 아니라 굴 자체에 있어서도 주의 필요
- 식품위생법에 생식용 굴의 원료조개에 있어서도 성분규격을 설정, 규제
- 식중독세균 검출보고 사례 : 생식용굴(웰시 균),가공용굴(웰시 균, 비브리오 프레비아리스균) 웰시 균의 검출 율이 높아서 20검체 중 9검체에서 발견(검출율 45%)

③ 굴의 독화(毒禍) 문제

- 미소조류의 편모이끼를 먹이로 함 : 조류들 중에 Protogonyaulax 및 Gymnodinium

등은 유독 생물

- Protogonyaulax속은 마비성 조개독, Gymnodinium속은 설사성 조개독 생산, [제조, 조리가공 공정에서의 체크포인트]

ⓐ 생식용 굴의 원료조개 : 대장균군 MPN이 해수 100ml 당 70 이하의 해수에서 양식/채취(식품위생법)

- 생식용 굴의 성분규격 : 조갯살에 있어서는 1g당, 껍데기는 그 조갯살과 패 즙을 균질하게 혼합한 것 - 1g 당 각각 세균수가 50,000 이하
  - 각 시료 100g 당 대장균 MPN이 230 이하

ⓑ 원료용굴 - 가공기준에 적합한 해수 또는 염화나트륨 농도 3%의 인공염수중에서 환수

- 또는 살균하고 정화해서 상기 ⓐ와 같은 성분규격에 적합한 것을 이용(그림 2) 원료용 굴의 수중 저장(蓄養) : 상기 ⓑ에 준하는 처리를 할 것

ⓒ 생식용 굴의 제조, 조리가공 : 위생적인 장소에서 행할 것

ⓓ 차아염소산나트륨 이외의 화학적 합성첨가물을 사용하지 말 것

ⓔ 생식용 굴의 조갯살 조제 : 살균 시는 세정이 용이하고 깨끗한 기구기개를 이용하여 행 할 것, 조갯살은 위생적인 물로 충분히 세정, 껍데기는 청정한 용기에 수납, 10℃ 이하에서 보존, 생식용 냉동 굴은 -15℃ 이하에서 보존

ⓕ 가공용 굴 중 생식용 굴의 성분규격에 부적합 품이 많으면, 식용 굴로 해서 식용에 제공 하지 말 것

16장. 식품 공전(수산가공식품관련 2013)

[식품별 기준 및 규격]

식품공전은「식품위생법 제7조1항에 따라 식품의 제조·가공·사용·조리·보존 방법에 관한 기준과 성분에 관한 규격을 실은 책자이며 또한 「식품공전」의 개별 식품유형은 식품의 주원료, 제조공정, 용도, 섭취방법, 성상 등 식품의 특성에 따라 분류되고 있으며, 개별식품유형 의 특성에 따라 기준 및 규격이 적용되고 있습니다.

12. 어육가공품

1) 정의

어육가공품이라 함은 어육을 주원료로 하여 식품 또는 식품첨가물을 가하여 제조 가공한 것으로 어묵, 어육소시지, 어육반제품, 어육살, 연육 등을 말한다.

2) 원료 등의 구비요건

① 원료는 선도가 양호한 것이어야 한다.

② 어류는 5℃ 이하에서 냉동연육은 -18℃ 이하에서 위생적으로 보관관리되어야 한다.

③ 어패류는 비가식부분을 제거하여 위생적으로 처리하여야 한다.

3) 제조·가공기준

① 원료어육(냉동연육은 제외)은 음용에 적합한 흐르는 물로 충분히 세척하여 혈액, 지방, 수용성단백질 등을 제거하여야 한다.

② 유통·판매하는 제품은 밀봉포장하여야 한다.

4) 식품유형

① 어육살 : 생선을 채육, 가공한 어육살로서 부형제 ①과 보존료(소르빈산 및 소르빈산칼륨 제외) 등 식품첨가물을 일절 첨가하지 아니한 것을 말한다.

② 연육 : 생선을 채육·가공한 어육살에 염·당류·인산염 등을 가한 것을 말한다.

③ 어육반제품 : 어육의 염(鹽)에 녹는 단백질을 용출시킨 고기풀 ②에 식품 또는 식품첨가물을 가한 것으로서 열처리하지 아니한 것을 말한다.

④ 어묵 : 어묵은 어육 중 염(鹽)에 녹는 단백질을 용출시킨 고기풀에 식품 등을 가하여 제조·가공한 것을 말한다.

⑤ 어육소시지 : 어육이나 어육 및 식육을 염지하여 훈연한 것 또는 어육이나 어육 및 식육 등을 케이싱에 충전하여 열처리한 것을 말한다(다만, 어육의 함량이 식육의 함량보다 많아야 한다).

⑥ 기타 어육가공품 : 식품유형 ①~⑤에 정하여지지 아니한 어육가공품을 말한다.

5) 규격

① 아질산이온(g/kg) : 0.05 이하(어육소시지에 한한다)

② 타르색소 : 검출되어서는 아니된다(어육소시지는 제외한다).

③ 대장균군 : 음성(비가열제품제 외)

④ 세균수 : 음성이어야 한다(멸균제품에 한한다).

⑤보존료(g/kg) : 다음에서 정하는 것 이외의 보존료가 검출되어서는 아니된다.

소르빈산 소르빈산칼륨 소르빈산칼슘	2.0 이하(소르빈산으로서)

24. 젓갈류

1) 정의

젓갈류라 함은 어류, 갑각류, 연체동물류, 극피동물류 등의 전체 또는 일부분을 주원료로 하여 이에 식염을 가하여 발효 숙성한 것 또는 이를 분리한 여액에 다른 식품 또는 식품첨가물을 가하여 가공한 젓갈, 양념젓갈, 액젓, 조미액젓, 식해류를 말한다.

2) 원료 등의 구비요건

3) 제조·가공기준

① 젓갈류에는 증량을 목적으로 물(식염수 포함)을 가하여서는 아니된다(다만, 조미액젓은

제외한다).

② 창란젓 제조 시에는 훑기, 세척, 빛을 이용한 이물검사 공정을 반드시 거쳐야 한다.

③ 용구류는 위생적으로 처리되어 녹이 슬지 않도록 하여야하며, 가능한 한 부식에 강한 소재이어야 한다.

4) 식품유형

① 젓갈 : 어류, 갑각류, 연체동물류, 극피동물류 등의 전체 또는 일부분을 주원료(생물로 기준할 때 60% 이상이어야 한다)로 하여 식염을 가하여 발효 숙성시킨 것을 말한다.

② 양념젓갈 : 젓갈에 고춧가루, 조미료 등 양념을 첨가한 것을 말한다.

③ 액젓 : 젓갈을 여과하거나 분리한 액 또는 이에 젓갈을 여과하거나 분리하고 남은 것을 재발효 또는 숙성시킨 후 여과하거나 분리한 액을 혼합한 것을 말한다.

(4) 조미액젓 : 액젓에 염수 또는 조미료 등을 첨가한 것을 말한다.

(5) 식해류 : 어류, 갑각류, 연체동물류, 극피동물류 등의 전체 또는 일부분을 주원료(생물로 기준할 때 60% 이상)로 하여 이에 식염 및 곡류 등을 가하여 발효·숙성시킨 것을 말한다.

5) 규격

① 총질소(%) : 액젓 1.0 이상(다만, 곤쟁이액젓은 0.8 이상), 조미액젓 0.5 이상

② 대장균군 : 음성이어야 한다(다만, 액젓, 조미액젓에 한한다)

③ 타르색소 : 검출되어서는 아니된다.

④ 보존료(g/kg) : 다음에서 정하는 것 이외의 보존료가 검출되어서는 아니된다(다만, 식염 함량이 8% 이하의 제품에 한한다).

소르빈산 소르빈산칼륨 소르빈산칼슘	1.0 이하(소르빈산으로서)

⑤ 대장균 : 음성이어야 한다(다만, 액젓, 조미액젓은 제외한다)

25. 절임식품

1) 정의

절임식품이란 함은 채소류, 과일류, 향신료, 야생식물류, 수산물 등을 주원료로 하여 식염, 식초, 당류 또는 장류 등에 절인 후 그대로 또는 이에 다른 식품을 가하여 가공한 절임류, 당절임을 말한다. 다만, 다른 식품유형이 정하여져 있는 식품은 제외한다.

2) 원료 등의 구비요건

3) 제조·가공기준

4) 식품유형

① 절임류 : 주원료를 식염, 장류, 식초 등에 절이거나 이를 혼합하여 조미·가공한 식염절임, 장류절임, 식초절임 등을 말한다.

② 당절임 : 주원료를 꿀, 설탕 등 당류에 절이거나 이에 식품 또는 식품첨가물을 가하여 가공한 것을 말한다. 수분함량이 10% 이하인 것은 건조당절임이라고 말한다.

5) 규격

① 세균수 : 음성이어야 한다(멸균제품에 한한다).

② 대장균군1) : 음성이어야 한다(살균 또는 멸균제품에 한한다).

③ 타르색소 : 검출되어서는 아니된다(다만, 밀봉 및 가열 살균 또는 멸균 처리한 오이절임, 생강절임, 매실절임식품 등은 제외한다).

④ 이산화황(g/kg) : 0.030 미만(건조당절임에 한한다)

⑤ 보존료(g/kg) : 다음에서 정하는 것 이외의 보존료가 검출되어서는 아니된다.

소르빈산 소르빈산칼륨 소르빈산칼슘	1.0 이하(소르빈산으로서, 다만, 당절임, 식초절임제외)
	0.5 이하[소르빈산으로서, 당절임(건조당절임 제외)에 한함]
	0.5 이하(식초절임에 한함, 안식향산, 안식향산나트륨,안식향산칼륨 및 안식향산칼슘과 병용할 때에는 소르빈산으로서 사용량과 안식향산으로서 사용량의 합계가1.5g/kg 이하이어야 하며, 그 중 소르빈산으로서의 사용량은 0.5g/kg 이하)
안식향산 안식향산나트륨 안식향산칼륨 안식향산칼슘	1.0 이하(식초절임에 한함. 소르빈산, 소르빈산칼륨 및 소르빈산칼슘과 병용할 때에는 안식향산으로서 사용량과 소르빈산으로서 사용량의 합계가 1.5g/kg 이하이어야 하며, 그 중 소르빈산으로서의 사용량은 0.5 g/kg 이하))

26. 조림식품

1) 정의

조림류라 함은 동 식물성원료를 주원료로 하여 식염, 장류, 당류 등을 첨가하고 가열하여 조리거나 볶은 것 또는 이를 조미 가공한 것을 말한다.

2) 원료 등의 구비요건

3) 제조·가공기준

4) 식품유형

① 농산물조림 : 농산물에 식염, 장류, 당류 등을 첨가하고 가열하여 조리거나 볶은 것을 말한다.

② 수산물조림 : 수산물에 식염, 장류, 당류 등을 첨가하고 가열하여 조리거나 볶은 것을 말한다.

③ 축산물조림 : 축산물에 식염, 장류, 당류 등을 첨가하고 가열하여 조리거나 볶은 것을 말한다.

5) 규격

① 세균수 : 음성이어야 한다(멸균제품에 한한다).

② 대장균군 : 음성이어야 한다(살균 또는 멸균제품에 한한다).

③ 타르색소 : 검출되어서는 아니된다.

④ 보존료(g/kg) : 다음에서 정하는 것 이외의 보존료가 검출되어서는 아니된다.

소르빈산 소르빈산칼륨 소르빈산칼슘	1.0 이하(소르빈산으로서 다만, 팥 등 앙금류에 한한다)

28. 건포류

1) 정의

건포류라 함은 어·패류 등의 수산물을 건조한 것이거나 이를 조미 등으로 가공한 조미건어포류, 건어포류, 기타 건포류에 적용한다.

2) 원료 등의 구비요건

① 원료 어패류는 5℃이하에서 보존하여야 한다.

② 원료 어패류는 인체에 해로운 수준의 자연독이 함유된 것을 사용해서는 아니된다.

3) 제조 · 가공기준

① 필요시 적절히 살균 또는 멸균처리 하여야 하고 제품을 깨끗하고 위생적인 포장용기 또는 포장재로 포장하여야 한다.

4) 식품유형

① 조미건어포류 : 어육 또는 패육 등을 조미·건조 등으로 가공한 것을 말한다.

② 건어포류 : 어육 또는 패육 등을 건조한 것이거나 이를 절단한 것을 말한다.

③ 기타 건포류 : 식품유형 ①~②에 정하여지지 아니한 것을 말한다.

5) 규격

① 이산화황(g/kg) : 0.0~3.0 미만

② 대장균 : 음성이어야 한다(다만, 조미건어포류에 한한다).

③ 황색포도상구균 : 1g 당 100 이하(다만, 조미건어포류에 한한다.)

④ 보존료(g/kg) : 다음에서 정하는 것 이외의 보존료가 검출되어서는 아니 된다.

소르빈산 소르빈산칼륨 소르빈산칼슘	1.0 이하(소르빈산으로서)

29. 기타 식품류

29-5. 조미김

1) 정의

조미김이라 함은 마른김(얼구운김 포함)을 유처리하거나 하지 않고 조미료, 식염 등으로 조미 가공한 것을 말한다.

2) 원료 등의 구비요건

3) 제조・가공기준

4) 식품유형

5) 규격

① 산가 : 4.0 이하(유처리한 김에 한한다)

② 과산화물가 : 60.0 이하(유처리한 김에 한한다)

③ 타르색소 : 검출되어서는 아니된다

29-12. 식염

1) 정의

식염이란 해수(해양심층수 포함)나 암염, 호수염 등으로부터 얻은 염화나트륨이 주성분인 결정체를 재처리하거나 가공한 것 또는 해수를 결정화하거나 정제・결정화한 것을 말한다.

2) 원료 등의 구비요건

① 식용으로 수입하는 천일염과 기타소금은 생산국가에서 식염으로 분류인증된 것으로서 각 식염 유형의 정의에 적합하게 위생적으로 생산된 것이어야 한다.

② 천일염은 식품첨가물 등 다른 물질을 사용하지 않은 것이어야 한다.

3) 제조·가공기준

4) 식품유형

① 천일염 : 염전에서 해수를 자연 증발시켜 얻은 염화나트륨이 주성분인 결정체와 이를 분쇄, 세척, 탈수 또는 건조한 염을 말한다.

② 재제소금(재제조소금) : 원료 소금(100%)을 정제수, 해수 또는 해수농축액 등으로 용해, 여과, 침전, 재결정, 탈수, 염도조정 등의 과정을 거쳐 제조한 소금을 말한다.

③ 태움·용융소금 : 원료 소금(100%)을 태움·용융 등의 방법으로 그 원형을 변형한 소금을 말한다. 다만, 원료 소금을 세척, 분쇄, 압축의 방법으로 가공한 것은 제외한다.

④ 정제소금 : 해수(해양심층수 포함)를 이온교환막 등의 방법으로 정제한 농축함수 또는 원료소금(100%)을 용해한 물을 진공증발관 등에 넣어 제조한 소금을 말한다.

⑤ 기타소금 : 식염 중 위 식품유형 ①~④ 이외의 소금으로 암염이나 호수염 등을 식용에 적합하도록 가공하여 분말, 결정형 등으로 제조한 소금을 말한다.

⑥ 가공소금 : 천일염, 재제소금, 태움·용융소금, 정제소금, 기타소금을 50% 이상 사용하여 식품 또는 식품첨가물을 가하여 가공한 소금을 말한다.

5) 규격

항목＼유형	천일염	재제소금	태움·용융 소금	정제소금	기타소금	가공소금
염화나트륨(%)	70.0 이상	88.0 이상	88.0 이상	95.0이상 (해양심층수 염은 70.0이상)	88.0 이상	35.0 이상
(총염소(%)	40.0 이상	54.0 이상	50.0 이상	58.0 이상 (해양심층수 염은40.0이상)	54.0 이상	20.0 이상
수분(%)	15.0 이하	9.0 이하	4.0 이하	4.0 이하 (해양심층수염은 10.0이하)	9.0 이하	5.5 이하
불용분(%)	0.15 이하 (토판염은 0.3이하)	0.02 이하	3.0 이하	0.02 이하	0.15 이하	-
황산이온(%)	5.0 이하	5.0 이하	5.0 이하	0.4 이하 (해양심층수 염은 5.0 이하)	5.0 이하	5.0 이하
사분(%)	0.2이하	-	0.1 이하	-	-	-

<표 계속>

항목＼유형	천일염	재제소금	태움・용융 소금	정제소금	기타소금	가공소금
비소(mg/kg)	0.5 이하	0.5 이하	0.5 이하	0.5 이하	0.5 이하	0.5 이하
납(mg/kg)	2.0 이하	2.0 이하	2.0 이하	2.0 이하	2.0 이하	2.0 이하
카드뮴(mg/kg)	0.5 이하	0.5 이하	0.5 이하	0.5 이하	0.5 이하	0.5 이하
수은(mg/kg)	0.1 이하	0.1 이하	0.1 이하	0.1 이하	0.1 이하	0.1 이하
페로시안화이온(g/kg)	불검출	0.010 이하	0.010 이하	0.010 이하	0.010 이하	0.010 이하

17장. 수산가공공장의 위생관리

1. 공장 위생

1) 공장의 시설, 설비의 식품위생법 규제

안전한 식품을 가공하는 기본적 조건으로 시설설비는 중요한 의미를 가진다. 우리나라에서도 음식점 영업, 기타 공중위생에 영향을 많이 미치는 영업에 대해서는 식품위생법에 따리 관계 기관의 허가를 받도록 되어 있다

시설기준의 준칙에는 검물의 구조, 식품 취급 설비, 급수 및 오수처리로 나누어 최저 기준이 요구되고 있는 것은 다음과 같은 점들이다 .

① 식품공장은 불결한 장소에 위치하지 않을 것. 단지 적당한 처치가 있을 때는 예외

② 처리장는 주거장소와 일정한 구획을 설정할 것

③ 저리장은 계획된 가공량에 따라 알맞은 넓이가 있고, 충분한 내구력이 있는 원료창고 가공실, 기계 기구, 조제실, 냉장설비, 제품창고 등을 설치하여 일정한 구획을 설정할 것. 고정된기계 기구 및 이동하기 어려운 기구는 세정하기 쉬운 위치에 배열할 것

④종업원 수에 따른 청결한 갱의 실 또는 갱의 상자를 설치할 것

⑤ 가공공장의 천장은 청소하기 쉬운 구조로 할 것

⑥ 가공공장의 내벽은 불침투성 재료로 만들어져 있는 경우를 제외하고는 테이블면에서 적어도 1m 까지는 불침투성 재료로 바르고, 또한 청소하기 수운 구조라야 할 것

⑦ 가공공장의 테이블은 불침투성 재료로 만들고 적당한 경사와 배수 홈을 만들고 또한 청소하기 쉬운 구조라야 한다.

⑧ 환기팬을 붙인 배기 장치 ,기타 수증기 등을 적당한 높이로 옥외에 방산하는 것 등의 설비를 설치할 것

⑨ 가공공장은 자연광선이 충분히 들어올 수 있는 구조라야 하고, 그렇지 못할 경우나 야간에는 50Lux 이상의 밝기라야 한다.

⑩ 가공공장의 문은 자동 개폐식으로 하고 창이나 출입구, 기타 개방하는 장소는 철망과 같은 것으로 쥐나 곤충의 침입을 막는 설비가 있어야 하고 배수구에는 쥐가 출입하지 못하도록 하는 설비가 필요하다.

⑪ 가공공장의 주위 지면은 배수가 좋고, 또한 청소하기 쉬운 재료로 덮여 있어야 하고,적당한 경사가 있어야 한다.

⑫ 가공공장에는 원재료 및 기계,기구를 세정하는 데 편리한 유수식 세정설비 및 종업원 전용의 수세식 변소를 설치하여야 한다.

이상 12항목이 식품공장의 시설 기준의 준칙으로 나타난 것으로 소위공통의 최저기준이라고 할 수 있다. 위에서 기술한 것 외에 당연한 것이지만 각각의 제조 품목에 따른 식품의 조리, 가공 또는 제품의 보존 설비나 기계가 첨가되게 된다.

수산식품의 가공공장은 극히 소규모 공장이 많았다. 그러나 최근에는 근대적인 기계설비를 갖춘 대량생산 방식의 식품공장도 증가하고 있다. 대규모 공장 또는 대량생산 방식만이 위생적으로 바람직하다고 할수없지만, 소규모 영세기업과 달라 일반적으로 기술자도 많고 또한 품질이나 위생관리 체제가 잘 확립되어 있는 것도 사실이다 .실제문제로 중소기업의 수산가공공장 실정을 보면 위생관리 이전의 상태에 있다고 해도 과언이 아니다.

2) 위생관리대장

위생적인 시설, 설비는 안전한 식품을제조하는 기본 조건이지만. 더욱 중요한 것은 식품공장의 평소 위생관리이다. 위생관리 대상은 다음과 같이 나눌 수 있다. ① 시설, 설비 ② 원재료 ③ 가공 공정 ④ 제품 ⑤ 폐기물, 폐수 등 ⑥ 종업원의 건강관리 및 개인위생 ⑦ 사용주, 그런데 수산가공공장에서는 특히 미생물이 문제가 되는 수가 많기 때문에 위에서 기술한 ① 에서④ 까지의 관리대상에 있어서도 미생물 억제가 중요한 관리사항이 되고 있다.

3) 세척

식품공장의 위생관리에 있어서는 기계, 기구, 용기, 조리기구 등의 세정과살균, 소독은 기본적인 중요사항이다. 그러나 실제로는 세제의 선택을 잘못하거나 불확실한 살균, 소독하고 있는 것을 종종 볼 수 있다

① 세제 의 종류와 성질

세제라고 하는 것은 무기세정제와 계면활성력을 이용한 세정제로 크게 나눌 수 있다.무기세정제에는 가성 소다,탄산소다 인산소다 등과 같은 알칼리류 및 인산염류, 황산, 질산, 차아염소산수 등의 종류가 있다. 이들은 용기나 기구의 세정뿐만 아니고 그 일부는 식품의 세저에도 쓰이는 경우가 있다. 무기세정제는 계면활성력(거품생성)이 없다. 이들은 다음과 같은 계면활성력이 있는 세정제와 병용하여 사용하는 수도 있다. 계면활성제라고 하는 것은 물 또는 용매에 미량 녹였을 때, 그 계면장력을 현저하게 저하시키는 물질로 보통 비누, 세제, 유화제라고 부르는 것을 총칭한 것이다. 비누나 중성세제는 물에 녹으면 그 활성부가 음이온을 나타내므로 음이온 계면활성제라고 부른다. 비누가 예부터 널리 쓰여졌지만, 용수에 소량이라도 금속이온이 있으면(소위 센물)이들 이온과불용성 비누가 생겨 세정 후에도 남아 씻어지지 않게 된다. 비이온활성제는 수용액 중에서는 해리하지 않기 때문에 이런 이름이 붙었지만, 이것은 수중에 다른 전해질이 존재하여도 활성에 영향을 받지 않는다.

세제를 선택할 때 세제의 성질, 특히 장단점을 알아두어야 한다. 세제는 강알칼리성, 약알칼리성, 중성, 약산성, 강산성 등 5종류로 나누어진다. 한편 세제가 구비해야 할 조건으로는 습윤성, 유화성, 용해성, 분산성, 센물인화성, 세탁성, 금속 부식성 등을 들 수 있다 .실제문제로 이들 성질을 모두 만족시킬만한 성질을 가진 세제는 적다. 오물의 종류에 따라 목적에 가까운 성질을 가진 세제를 선택 한다.

② 오물의 종류와 세제의 선택

세제를 선택할 때에는 다음 네 가지 점에 유의하여야한다. ⓐ 오물의 성질 ⓑ 세정면과 세제의 접촉시간 ⓒ 세정하여야 할 표면의 성질 ⓓ 수질 등이다.

첫째, 오물의 성질에 대하여 살펴보면 식품의 오물(잔류물)은 당분, 전분, 유지, 단백질, 유석(milk stone) 등이다. 이들은 물로 씻거나 미온탕으로 씻어 대부분 제거한다. 다시 오물에 알맞은 세제와 때로는 데치기(blanching) 등을 병용하여 제거한다. 대부분의 식품공장에서는 중성세제를 사용하고 있다. 중성세제는 유지성 오물을 제거하는 데는 탁월한 효과가 있지만, 단백질성 오물을 제거하는 데는 적합하지 않다. 단백질성 오물을 제거하는데 가장 적합한 것은 알칼리세제이다. 점분성 오물은 가열 팽화하거나 타서 누렀을 때는 수세 또는 세제만으로는 제거하기 곤란하고 brushing, 기타 기계적 제거법을 사용한다. 우유 등을 사용하였을 때 생기는 유석은 산성세제로 제거한다.

둘째, 접촉 시간인데 될 수 있는 대로 습윤, 침투성이 높은 것을 선택하면 단축된다.

셋째, 표면의 성질에 대하여 살펴보면 알루미늄 등의 금속은 부패하기 쉽고 또한 상처가 나기 쉽다.

넷째, 물의 성질에 대하여 말하면 비누는 센물을 사용할 수 없지만 합성세제는 문제가 없다.

근래 식품공장의 기계화나 자동화가 성행하고 있는데, 미생물 오염으로 문제를 야기 시키는 경우가 종종 있다. 이것은 파이프나 복잡한 기계장치의 세정, 소독이 곤란하기 때문에 일어나는 수가 많다. 미생물의 오염방지 또는 미생물을 제거하는 입장에서 보면 식품과의 접촉 면적이 적고 표면이 평활한 것이 좋지만 기계화는 오히려 이를 역행하는 일이 많다. 사용한 기계기구는 미리 잘 씻어서 오물을 제거하고, 될 수 있는 대로 분해하여 알맞은 세제로 잘 씻을 필요가 있다.충분히 세정하지 않으면 다음의 살균이나 소독이 불확실하게 될 위험이 생기기 때문이다.

4) 살균 소독

미생물을 죽이는 일을 총괄하여 살균이라고 부르고 있다. 그러나 이 말은 엄밀한 학문적 용어라기보다는 오히려 일반용어로 쓰이는 경우가 많다. 세균학에서는 살균이라고 하기보다 멸균(sterilization)과 소독(disinfection)이란 용어가 쓰이고 있다. 멸균이란 목표로 하는 물체 중에 포함되어 있는 모든 미생물을 죽여서 완전히 무균상태로 하는 것은 말한다. 그리고 소독이란 멸균과 달리 대상물 중의 병원균(홀씨를 가지지 않는 것)만을 살멸하여 감염될 위험성을 제거하는 것으로 비병원균은 보통 존재하고 있는 상태이다. 한편 식품가공이나 기술 등에서는 보존성을 향상시키기 위한 가열을 살균이라고 부르고 있다 .이를 테면 통조림의 살균이라고 하면 보존성이나 공중위생에 관계가 있는 미생물, 특히 식중독세균 중에서 강대한 내열성이 있는 Clostridium botulinum A형균 홀씨를 완전 살멸시키는 것을 목표로 가열을 행하고 있지만, 이렇게 열처리한 식품은 반드시무균상태라고는 할 수 없고, 또한 실용적으로는 그렇게 할 필요도 없다. 이와 같은 통조림, 병조림의 가열처리를 상업적 살균(commercial strerilization)이라고 한다. 또한 어묵과 같은 연제품의가열도 종종 살균이라는 말을 쓰고 있다. 이것은 주로 홀씨를 가지고 있지 않은 살모넬라균이나 포도상 구균 등과 같은 식중독 세균의 살멸은 행해지지만(중심부의온도 75C이상 가열), 이 경우에는 세균학에서 말하는 소독의개념에 가깝다. 식기나 기구 등에도 살균이나 소독을 수단으로 크게 나누면 물리적인 방법과 화학적인 방법이 있다. 또 실제에는 이들을 병용하는 경우도 있다 물리적인 방법으로 예로부터 사용되어온 것은 열이고, 열에는 건열과 습열이 있고 ,식품공장 등에서는 증기나 자숙 등 습열에 의한 가열을 사용하고 있다. 그 외에 여과, 자외선, 초음파, 고주파 등이 있고, 최근에는 방사선 에 의한 살균제 등을 사용하는 것으로 약물에 의한 살균수단이라고 할 수 있을 것이다. 소독약에는 크레졸 비누액, 석탄산, 할로겐화합물, 승홍 등의 수은화합물, 알코올, 역성비누 등의 계면활성제 등 많은 종류가 있다. 그러나 식품공장에서는 냄새나 독성 등으로 보아 사용할 수 있는 약제는 한정되어 있어 보통 소독에 쓰이는 약제라고 하면 차아염소산나트륨, 역성비누 및 알코올이라고 해도 좋다. 차아염소산염은 사용수, 용기 기구, 행주 등의 소독에는 우수한 살균력을 나타내지만, 식품의 찌꺼기와 같은 유기물이 있으면 살균력이 격감 한다. 역성비누는 손가락의 소독에 사용할 때에는 미리 비누액으로 손가락을 잘 씻은 다음 비누 분을 물로 충분히 제거하고, 여기에 한두 방울의 액성비누액을 떨어뜨려 손은 잘 문질러서 펴도록 한다. 70~75% 알코올도 손가락의 소독에 쓰는 수가 있다. 조리식품의 분배나 포장 등 직접 식품에 손을 대는 종업원의소가락 소독에 활용할만한 것이다.

식품에 직접 사용할 수 있는 살균제로는 과산화수소수가 허가되고 있지만, 최근 발암성이 있다는 것이 판명되어 문제가 되었다. 그래서 최종식품이 완성되기 전에 분해 또는 제거하지 않으면 안된다는 새로운 기준이 생겨 현 단계 의 기술로는 잔류 량을 0으로 하는 것은 불가능하므로 실제로는 전면 사용금지된 것과 마찬가지다.

2. 위생관리 실시요령

1) 일상 위생관리

① 공장청소 및 작업관리

ⓐ 일상위생관리는 조업시간 중 공장 내외부 및 창고주위의 청소를 포함, 쓰레기 제거와바닥 및 기계세척 작업을 자주 실시해야 한다.

ⓑ 오물은 위생호스나 삽 또는 비로 즉시 제거해야 한다.

ⓒ 청소작업자나 위생관리 감독자는 항상 근면하고, 계속적인 위생관리 업무수행 의욕이 있어야 한다.

ⓓ 가 분야별 감독자도 자기 공장의 위생 및 안전관리 에 책임을 져야 한다.

ⓔ 공장의 청결을 유지하기 위하여는 모든 노력이 계속되어야 하며, 가공작업이 뜸해질 때는 라인을 일시 중지하는 한이 있어도 청소를 강행하여 시설에 있어 벨트나 휠러 등을 청결하게 닦아내야 한다.

ⓕ 야간 위생관리에 있어서는 임명된 청소원이 계속적으로 염소 처리수로 배수로 및 기계 청소를 하여야 한다.

ⓖ 작업 중 즉시 청소를 실시하여 공장 내의 좋은 위생 상태를 유지할 수 있도록 하여야

한다.

2) 휴식시간 중 위생관리

점심시간 중 공장가동이 멈춰졌을 때 청소작업을 실시하면 많은 일을 할수 있다. 청소원의 반은 점심시간을 11시~12시에 주고 나머지 반은 1시에서 2시 사이에 주고 청소를 실시하도록 하면 위생관리에 좋은 효과를 얻을 수 있다.

3) 가공 전 청소 작업

ⓗ 벽, 천장, 배수구, 바닥을 소독제를 사용하여 청소하고 재차 닦아내야 한다.

ⓘ 고압세척제로 청정제를 사용함이 좋다.

ⓙ 자숙 솥, 세척장지 및 살균 솥 등은 뜨거운 물과 청정제를 사용 세척하여야 한다.

ⓚ 자숙 솥 내의 낀 녹은 황산화합물을 이용하여 제거하고 살균솥의 청소는 염상을 사용하여 씻는다.

ⓛ 배수구를 모래자루나 철판으로 막고 뜨거운 청정제를 흡수 살균시켜야 한다.

ⓜ 기계장치의 세척은 외부와 내부를 모두 포함시켜야 하며 최종 세척은 고압세척기나 steam 세척기를 이용하여 헹군다.

4) 가공 후 청소작업

다음 사항을 제외하고는 가공 전 청소작업과 동일하게 살시한다.

ⓝ 침식되기 쉬운 금속제의 녹 방지를 위하여 특별한 주의가 필요하며 이를 방지하기위하는 산에 alkili세척제를 가하여 산을 중화시켜 사용해야 한다. 산이 중화되면 그 용액은 곧 alkali화하여 닦아내지 않으면 금속을 보호하는 막이 형성된다.

ⓞ 금속표면으로 전기도금 한 홈 부분이나 철제 후램 부분에는 보호용 oil을 발라두어 보호해야 하고 또 녹 방지장치를 해야 한다.

3. 위생지표

① 필요시에는 적절한 청소를 할 수 있도록 즉시 가공을 중지한다.

② 오물이 쌓여 있음은 위생수준을 가리키는 것으로 청소 후에 가공을 실시하여야 한다.

어떤 장소에서는 오물의 발효가 시작되기 쉬우며 후에는 이 오물이 흑변하고 또 악취를 내게 된다(배수구의 배수가 불량할 때).

1) 토사의 제거

① 오물과 토사의 집적은 기기류에 청정제를 사용하여 세척함으로 감소시킬 수 있으며.청정제는 사용 후 약 15분 방치 후에 닦아내지 않으면 효과가 없다. 세척에 있어서는 고압세척기나 steam세척기를 사용하여 오물과 쌓인 토사를 세척한다 .

2) 청정제의 혼합

① 청정제는 가능한 따뜻한 용액으로 사용해야만 효과가 높아진다. 청정제는 먼저 뜨거운 물에 녹인 다음 혼합 사용할 것.

② 청정제를 물에 타야지 물을 청정제나 산에 타서는 안되며 청정제가 물속에 혼합되면서 쉽게 용해되나 천정제를 양동이에 넣은 후 냉수를 부을 경우는 응고현상이 생기기쉽다.

③ 약품 혼합시에는 호신용 의복을 착용해야 한다.

④ 산과 alkali는 담당직원의 지시없이 동시에 혼합하지 말 것.

⑤ 미리 사용법을 습득 후 사용해야한다.

⑥ 약품을 물에 혼합 할 때는 튀어 오를지 모르니 갑자기 쏟아 넣지 말 것

3) 염소처리 관리

① 잔류 염소이온농도를 1일 3회 이상 ortho tolidine flash test 법으로 검사 할 것(특히 제빙수)

② 검사기록을 보존할 것.

③ 매회 측정한 결과를 기록해두면 수일 후에는 잔류량의 상관성을 알 수 있으며 만약 이 차이가 매우 클 때는 어딘가 잘못이 있는 것이다.

④ 매일 같은 시간에 염소 cylinder를 평량하여 소모량을 기록한다.

⑤ Hypochlorinator 조사 에 있어서는 염소용액공급 tank의 용량도 조사하고 전날 시간당 사용한 용액량도 조사한다.

4. 공장 종업원의 위생 준수사항

공장종업원은 아래 사항을 준수토록 교유 및 관리 감독해야 한다.

① 공장관리에 좋은 습관을 기를 것. 공장바닥에 휴지나 쓰레기, 담배꽁초, 음식물 찌꺼기를 버리지 않는 습관을 길러 항상 깨끗이 유지한다.

② 공장 주위에 음식 찌꺼기나 휴지, 빈병, 빈깡통 등을 버리지 말 것
③ 공장 내나 창고 속에서 흡연하지 말 것
④ 열려진 식품용기나 탱크 옆 혹은 위에서 기침, 재재기 및 대화를 하지 말 것
⑤ 사용 후에는 항상 손을 깨끗이 씻을 것. 공장종업원은 살균제가 들어있는 비누로 손을 씻고 작업장에는 손을 담글 수 있는 위생수를 비치하고 위생 수는 옥도 25ppm이나 20~30ppm 정도 함유된 물을 사용할 것. 모든 종업원은 일이 시작되기 전 또는 작업장을 떠날 때는 항상 위생수에 손을 씻도록 한다. 수건은 수시로 삶아서 세탁한다.
⑥ 식품에 손이 닿는 것을 최소한 줄인다. 필요하다면 원료나 가공 중의 식품 작업시 장갑을 낀다.
⑦ 공장 내에서는 모자 또는 스카프를 쓸 것
⑧ 원료나 식품을 바닥에 떨어뜨리지 않도록 하고 만약 흘렸다면 즉각 치울 것
⑨ 자기가 사용하는 모든 장비와 기구는 항상 깨끗이 유지할 것
⑩ 식품에 오염을 일으킬 수 있는 가능성을 최대한 방지할 것
⑪ 열려있는 탱크나 저장 탱크에는 직접 바람이 불어 들어가지 않도록 할 것
⑫ 화장실의 문은 항상 닫아놓고 화장실 옆에 원료나 제품을 놓아두지 말 것
⑬ 바닥에 떨어진 원료나 제[품은 절대로 가공되고 있는 제품에 섞지 말고 버릴 것
⑭ 전염병, 질병 또는 신체의 화농증의 상처, 종기 등이 있는 자는 식품취급에 종사하지 않는다.
⑮ 식품취급기구를 머리, 코, 입 또는 귀에 접촉시키지 말 것
⑯ 종업원은 보건증을 확보하고 정기적으로 신체검사를 받아야 할 것
⑰ 모든 위생에 관계된 권장사항을 준수할 것

5. 위생관리 점검표

1) 위생등급

1일 2회 이상 위생상태를 점검. 별첨양식과 같이 일일 위생관이 점검표를 작성하여 위생등급이 90 이상이 되어야 한다.

2) 위생등급 평가방법

① 위생관리 점검표의 제2란에는 미비사항에 대한 할당배점의 한도를 0~5의 숫자 혹은 불량이라 구분한다.

② 검사원은 이 할당배점의 한도내에서 각각 위생적인 결함을 제3란에 숫자로 기입한다. 검사가 끝나면 검사원이 검사한 각각의 전부를 합하여 총점으로 계산한다.

③ 위 숫자로 적용될 수 없는 경우에는 제2란의 숫자를 지우고 제3란에 불량이라고 기입한다.

④ 검검표에 그 공장의 사정과 부합되지 않은 항목이 있으면 줄을 그어서 지운다. 그 지운 항목은 제2란의 총점과는 관계가 없다.

⑤ 불량으로 기입한 항목에 대해서는 비고란에 불량 이유를 명확 상세하게 기록 한다 .

⑥ 이점검표의 양식을 변경할 필요가 있을 때는 적절하게 조정할 수 있다.

⑦ 위생등급 산출 방식의 공식은 다음과 같다.

$$\frac{\text{제2란의 합계} - \text{제3란의 합계}}{\text{제2란의 합계}} \times 100 = \text{위생등급}$$

⑧ 품질관리 담당자는 점검표를 2부 작성하여 사업소장에게 일일 보고,비치하고 1부는 본사에 비치한다.

<위생관리 점검표>

위생적 결합사항(1)	배점 (2)	검사원평점 (3)
1. 외곽		
가. 깨끗하지 못함.	3	
나. 배수가 잘 되지 않음.	3	
다. 주위가 불결하여 공장을 오염케 할 우려가 있음	5	
2. 원료		
가. 불결한 잡물로 오염되어 있음.	불량	
나. 불결하거나 변패된 징조가 보임.	5	
다. 제조, 운반의 방법이 비위생적임.	5	
라. 포장용기가 위생적으로 취급되지 않고 있음.	4	
3. 공장건물		
가. 공장 건물의 벽이나 바닥, 천장이 그 구조나 짜임새에 있어 위생적이 못됨	4	
나. 외부로 통하는 창구가 불결할뿐더러 손질이 잘되어 있지 않음.	4	
다. 스크린을 장치할 수 있는 창구에 스크린이 없으며 벌레나 쥐의 구제에 대한 대책이 미약함.	4	

<표 계속>

위생적 결합사항(1)	배점 (2)	검사원평점 (3)
4. 조명 가. 조명이 충분하지 못함. 나. 직업실의 조명등에 방호장치가 없음	 4 5	
5. 환기 가 .불쾌한 냄새가 남 나. 작업실이나 저장실에 곰팡이가 피어 있음. 다. 작업실이나 저장실에 혼탁한 공기가 침체되어 있음	 5 3 5	
6. 급수 가. 급수량이 충분하지 못함 나. 필요한곳에 급수설비가 되어있지 않음 다. 물 검사를 할 수 없을뿐더러 용수가 식용수로서의 가지가 없음 라. 식용수가 비식용수나 액상오물과 섞여질 우려가 있음 마. 비식용수의 수도관에 식용수와의 구별을 위한 표식이 없음	 5 4 불량 불량 불량	
7. 얼음 가. 비식용수로 제조된 얼음인 나. 제조나 취급저장의 방법이 위생적이 못됨	 불량 5	
8. 오물 처리 가. 액상 오물이 위생적으로 처리되지 않음 나. 바닥의 배수시설이 적절하지 모함 다. 고형 오물 수집 통이 적절하지 않으며 공장 내 적당한 위치에 비치되어 있지 않음. 라. 작업 시 생기는 찌꺼기 등의 수집 통이 적당하지 않으며 뚜껑이 열려 있음 마. 오물이 그때그때 위생적인 방법으로 처리되고 있지 않음.	 5 3 3 3 4	
9. 화장실, 탈의실, 세수설비 가. 인원수에 비하여 충분한 설비시설을 갖추고 있지 않음 나. 화장실이 공장 내 적당한 곳에 위치하고 있지 않으며 그 구조가 협소하여 불편함 다. 화장실이 작업실과 마주 위치하고 있음 라. 화장실의 출입문에 자동폐문 장치가 되어있지 않으며 틈이 나 있음 마. 위생관념을 고취하기 위한 표어가 붙어있지 않음 바. 변소가 작업건물과 붙어 있음 사. 변소가 작업건물과 붙어 있음 아. 더운물, 찬물, 비누가 준비되어 있지 않으며. 물기를 말리는 설비가 되어있지 않음 자. 내부 오물이 유해곤충에 개방되어 있음 차. 화장실에 외부로 통하는 환기통이 없음.	 불량 4 3 3 3 불량 5 5 5 5	

위생적 결합사항(1)	배점 (2)	검사원평점 (3)
10. 부속설비에 대한 공작 기구 가. 식품과 접촉하는 기구의 표면이 독성물질로 되어 있음 나. 기구의 구조가 세척이나 소독을 실시하기에 불편함 다. 기구의 손질이 잘되어 있지 않음 라. 식품이 접촉하는 기구의 표면이 세척이나 검사를 실시하기에 불편함	 불량 5 5 5	
11. 세척 및 소독 가. 식품과 접촉하는 기구의 표면을 사용한 후에 잘 닦지 않음 나. 식품제조에 사용되는 기구를 매 작업 시간 전에 소독하지 않음 다. 세척이나 소독에 사용되는 약품에 라벨을 붙이지 않았으며 그 보관 상태가 적절하지 못함	 5 5 4	
12. 작업 방법 가. 작업진행 방법이 제품을 오염시킬 우려가 있음 나. 제품의 변패가 우려 됨	 불량 5	
13. 위생 관리 가. 원료나 완제품에 대한 미생물 검사의 기록이 없음	 5	
14.해충, 조류 및 쥐의 구제 가. 쥐의 소굴 혹은 해충이 산란하기 편한 장소가 있음 나. 해충이나 조류 쥐 등이 공장 안에 보임 다. 살충제나. 쥐. 구제가 식품을 오염케 할 우려가 있음	 4 5 불량	
15. 냉각, 냉장 및 냉동설비 가. 이러한 설비가 그 구조나 기능에 있어 원료나 제품을 효과적으로 수용할 수 없음 나. 구조가 나빠서 식품을 오염시킬 우려가 있음 다. 온도계가 적당한 곳(가장 온도가 높은 곳)에 비치되어 있지 않음	5	
16. 저장설비 가. 저장 방법이 식품에 변패나 오염을 일으키게 할 우려가 있음 나. 저장 설비가 깨끗하지 못하며 손질이 잘 되어 있지 않음 다. 저장설비 내에 선반, 캬비넷,깔판 등이 있어야 할 곳에 비치되어 있지 않아 오염 변패의 우려가 있음	 5 3 5	
17. 차량 및 운반 장비 가. 그 구조나 취급 방법이 완전하지 못하여 오염. 변패의 우려가있음 나. 위생관리가 철저하지 못함	 불량 3	

18. 인력 관리 가. 종업원 중에 전염병 환자가 있음 나. 신체에 찰상 벗겨진데 혹은 외상을 가진 채 종사하고 있음 다. 작업복이나 머리덮개를 착용않고 있음 라. 작업실 안에서 음식물을 먹거나 담배를 피우거나 침을 뱉음 마. 고용 전 신체검사 혹은 정기적 신체검사에 관한 기록이 없음 사. 종업원 중어ㅔ 보건증 미소지자가 있음	 불량 불량 3 3 4 3	

Advanced Food Science

SUMMING-UP FISH TECHNOLOGY

PREFACE

Fish as a food is one of our main sources of protein. And also fish not only gives a wide range of foodstuffs, it is also used as a source of valuable medicinal, feeding and technixcal products. That such full use can be made of fish is explained by the various histological structure and chemical composition of its different parts.

Korea has abundant marine and inland fish resources. We have a costlineof over 8,693 km in length and a continental shelf of over 0.3 miles km$_2$ in area which offers considerable scope for the establishment of fisheries. The Hwanghae,Namhae and the Donghae sea are abound in fishing grounds. : gulfs and bays all along the coast are rich sources of marine food. idal estuarine waters in the mouths of large and perennial rivers, large brackish water lakes, backwaters, lagoons and swamps scattered along the entire coastline afford lucrative estuarine fisheries. Vast stretches of fresh water consisting of rivers, strems, lakes, reservoirs, tanks, ponds and paddy fields offer scope for inland fisheries. The present annual production of fish in korea reached about 3,27 million tonnes in1990 of which above 98.9% were obtained fro the sea.

To be able to use fish properly and process them efficiently it is necessaryto know their properties, i.e. their structure, the size-to-weight ratio of their different parts and organs, their physical properties and chemical composition, and the properties of the proteins, fat, vitamins and other substances they contain. Since fish is a highly perishable product, it is also important to know the nature and causes of the changes that take place in fishes after death.

Further, over 80% of the total fish landings are sun-dried, salted or pickled, freezing, canning, fish meat paste, seasoned products, ham and sausage for future consumption. The scientific exploitation of the fishery resources is not only important for meeting the acute shortage of protein foods in korea but is also necessary for raising the socio-economic status of the fisherman numbering about a half million, who constitute one of the poorest and most backward communities.

The development of these facilities on scientific lines is to be based on studieson the causes of spoilage of fish, effect of different treatments on the nutritive value and consumer acceptance of the product, development of better processes and techniques for preservation, utilization of by-product of processing industries etc.

It is an attempt to write an fish technology. this book is the result of teaching an introductory course in fish technology to juniors and seniors for Graduate School of HanKeyung; HoSeo and Kangwon University. Almost all of the book has been tested in the classroom. we wish to thank Rim, JongChul, President of JinRho Publishing Co. LTD for their cooperation in the development of this book.

January 10, 2014

At near Mt. KwanAck ,Seoul

1. BIOLOGY OF SEA FOODS
(수산식품의 생물학)

Fish Technology includes the study of all items of food obtained from the sea, hence the general term "sea foods", it would be more correct to say "aquatic foods" since fish is obtained from frsh water like rivers, lakes and ponds. Apart from fish, shell fish like shrimps, crabs and lobsters are of great importance. A wide variety of marine animals is consumed as food e. g.

Crustaceans - shrimp, Lobster. Crabs, Prawn.
Molluses - Oysters, Squid, Mussels, Cleans
Reptile - Turtle meat
Mammals - Whale meat

Some plants(sea weeds) are also used as food. e.g. Dulse(Rhodymenia palmate) in Korea. In addition to edible sea weed, Agar and Alginic acid used in food industry are obtained from sea weeds. Sea is a source of several by-products like sponges, corals, pearls etc. A general out line of the systematic classification of animals is very helpful to the fish technologist. Zoologists classify all animals into Phyla, each phylum into classes, each class into orders, each order into family, each, family into genuses and each genus into different species. Order is therefore phylum-class-order-family-genus-species. Subdivisions are also made within these groups.

A general scheme of classification useful to food technologists is detailed below:

Phylum protoza-microscopic-singled celled organisms-e.g. Amoeba

Phylum porifera-have channels or pores opening outside. supporting skeleton of calcium carbonate, silica or spongin. e.g.Sponges.

Phylum Coelenterata-koilos-hollow-sac-like digestive tract-have stinging cells-e.g. jelly fishes, sea anemones, corals(skeleton of lime).

Phylum platyhelminthes-flattened worms-parasitic trematodes(flukes) gestoda(tape worms).

Phylum Nemathelminthes-round segmented worms ex. hookworm

Phylum mollusca-(mollis means soft)-most of them have shell of calcium carbonate: some of them have an eye.

(a) Class pelecypoda : pelecys hatchet, poda-foot. e.g. oysters, clams, muscles, scallops.

(b) Gastropoda : Gaster-stomach -spiralled shell and flattenned oval foot. e.g. Chanks, Abalone(sea snail), Slugs, Winkles Whelks, etc.

(c) Cephalopoda : Cephale-head, Head and foot occur together at the top. e.g. Octopus, Cuttlefish.

Phylum Annelida : Annulis-ring worms with rings. e.g. earthworm, leeches.

Phylum Arthropoda : Arthros-joint, horny shell(exoskeleton) made up of chitin with long jointed appendages(claws)

Class insecta : insects.

Class crustacea(crusta means shell) e.g. shrimps, crabs, lobsters, cay-fish(fresh water).

Phylum echinodermata : echinos-hedgehog,-have spines on the shell.

Class Asteroidea: e.g. star fishes (aster star).

Class Echinodea:e.g. sea urchins

Class Holothuroidea has no shell but plates on body wall. e.g. Sea cucumbers(Beche de yer).

Phylum Chordata: Higher animals, chordos means string, Have some time in their life a dorsal tubular herve and supporting endoskeleton. First indication of endo-skeleton is a gristle, like rod called notochord from head to intestine. In man and higher animals notochord disappears during development and is replaced by backbone consisting of vertebrate(hence and the term vertebrate for higher animals). Shell fish etc. are therefore known as marine invertebrates.

Sub phylum pro-chordate : primitive chordata, e.g. sea squirts, tunicates.

Sub phylum vertebrata : have a jointed vertebrae column or backbone e.g. fishes, frogs, snakes, birds, man.

Among vertebrates the following divisions may be noted.

(a) Class Agnatha : having no lower jaw(agnathos-jaw) e.g, cyclostomes round mouthed primitive fish like Lampreys, hagfish, slime eels-These have no jaws, no scales and no bone.

(b) Class Chondroichthyes(cartilagenous fish)inclusive of elasmobranch fish e.g. sharks, rays, skates, and Holocephalic fish e.g. Chimaera.

(c) Class Osteichthyes : osteon means bone-having a bony skeleton. Also called Teleosts-e.g All the fish other than sharks.

(d) Class Amphibia : e.g. frogs

(e) Class Reptilia : 'repere'means 'to crawl' , e.g. snakes, crocodiles, Turties, Torcoises and Terrapins

(f) Class Aves : -Birds

(g) Class Mamalla : have milk glands(mammae)

  (i) Order Primates: e.g. man

  (ii) Order Cetacea: e.g. whales (Ketos- whale)

2. PHYSICAL CHARACTERISTICS OF FISH
(어류의 물리적 특성)

Fish can be broadly divided into Marine and Fresh water species. As many as 40,000 varieties are recorded in literature but about 1500 of them are them are of commercial importanoce ie occur in suffic large quantities. Marine fish are also made up of pelagic fish (living near the surface or in surface waters) and demersal fish (living at the bottom or in deep waters). Herring, Tuna, Anchovy and Mackerel and oil Sardines are pelagic fish. Cod and Halibut as also flat fish like soles, plaice flounder are demersal fish.

A few varieties are termed Migratory fish since they migrate from the sea into the river or vice versa for spawning purpose. Migrarory fish are either catadromous(Live in fresh water and migrate into the sea for spawning like the eel) or anadromous(live in the sea and go up into rivers and inface the same river like 'Ana' and 'Cata' mean 'Up' 'Down' in Greek. Estuarine fish can be considered semi migratory carp, perch, cat-fish.

Body Structure

Shape of the fish is Torpedo like, Snake like or flat. The fins are intended for locomotion movement of muscle and tail provide the force and fins help in regulation.

Dorsal and Anal fins provide the 'Keel' and Thoracic/Pelagic fins act as rudder(direction fixing). Tail fin prevents drag(weakens the returning wave). Best swimmers have Torpedo form(salmon and mackerel). Speed of fish varies considerably from 10 to 44 mph. For comparision V/L (velocity and length) is employed. This coefficient being 70 for fast swimmers like shark and tuna. Pectiral fins well developed in flying fish which occur of the south coast of Korea.

Growth of Fish

Unlike land animals. fish continue to grow through out their life, although the rate is minimal in later stages. There is a relationship between weight and length which can be shown as W=a×1^n. 'a' is constant for the species and 'n' varies from 2.5 to 4.0 If there is no change in shape it can be taken as 3.0. It is covenient to plot log W against log L when a straight line is obtained and constants are determined. Standard length of fish is not absolute length but distance from tip of snout(mouth) to the commencement of the tail fin. Age of fish is also measured by study of 'growth rings' present on scales and on the otolith (see anatomy of fish under ear bone)

Skeletal Structure

Vertebral column of fish consist of 56 to 200 vertbrae. Ribs are well developed in some(carp) while others have short and thin ribs. (Catfish, cod). Some have an extra pair of short ribs. Small and slender bones traversing the muscles are also present particulariy in carp. salmon and herring. Muscle segments divided by connective tissue there being as many segments as there are vertebrae.

Specific Gravity of Fish

Specific gravity of live fish is close to unity(1.01). For commercial purposes the S.G. of individual parts is of following order.

Gutted fish and flesh 1.05 to 1.08: Skin 1.07 to 1.12

Scales 1.30 to 1.55

Specific gravity of fish is influenced by the fat content and age(decrease) and also regulated by the Air bladder of fish. Freezing also results in lowering S.G.

+15℃	0.987
0℃	0.980
-3.5℃	0.944
-8.0℃	0.922

Bulk weight of fish

Live fish show more bulk weight(can be packed more densely). Bulk weight is less larger the fish. Frozen fish have much less weight. Bulk weight of fish varies from 0.70 to 0.95(tons/ m^3)

Bulk weight(ton/m^3)

	Live	Dead	Frozen
Carp	0.75	0.74	0.46

Angle of repose and Angle of slip

Centre of gravity of fish is generally near the head and in free fall or in sliding down, fish settles head forward in direction of motion. When fish is emptied on a horizontal surface the natural angle of repose(slope of the cone) shows wide variation.

Natural angle of repose in degrees

	Live	Dead	Frozen
Carp	24	34	51
Caspian roach	34	37	51
Bream	15	17	30

Angle of slip is the angle of slope at which fish starts sliding on a given surface under gravity overcoming its friction.

Angle of slip is givcn by $\tan^{-1}$ (coefficient of friction). Large fish have smaller angle of slip and friction coefficients within the same variety.

Angle of slip and friction coefficient for Mackerel

	Angle of slip (Degrees)	Coeff. of friction
Tin plate	10.5	0.186
G.I. Sheet	16.0	0.286
Concrete	28.5	0.545
Wood	59.5	0.695
Rubber	63.0	1.971

It may be noted that both the angle of slip and angle of repose which depend on friction mutual or against any given surface need further study under tropical conditions since fish skin slime dries up fast.

Weight Composition of fish

Study of the weight composition in the case of commercial varieties is necessary not only for calculating the edible portion but also for optimum utilisation of the waste material for the manufacture of byproducts or special chemicals. One can obtain a general idea of the composition of fish from the following table.

Head portion : 10~12 % Herring, 20~22% Cod, 25~28% Perch

Bones : 5~12%

Edible Portion : 45~55% for the most species, 60~65% Tuna, Herring

Liver : 4~7%

Roes : 10~20%(25~30% in some cases)

Viscera excluding liver and gonads : 3~5%

Anatomy of fish

Anaromical and morphological features of fish can be summarised as follows.

① Size : Size and shape of fish is subject to wide variation. Smallest fish known is Phillippine G (1㎝) while columbia Sturgeon is 12 1/2 ft.(3m48㎝) in length. Generally fish is less than 3 ft(91.4㎝) in length. Whale shark measures 50 ft.(15m24㎝) and the Blue Whale has a length of 92 ft.(28m)

② Skin and Scales : Fish like cat fish are smooth without perceptible scales: otherwise scales are of three types (a) Ganoid-enamel like (b) ctenoid-spiny and (C) Cycloid-circular.

Fish skin is surrounded by mucus which has a protective function.

③ Mouth and Teeth : WelI developed teeth is prominent in some species(shark) as also a rudimentary tongue(yellow perch)

④ Nose : Smell scnsitive openings (Nares) present on one side (dorsal) not usually connected with mouth.

⑤ Eyes : Large-no eyelids-great diversity-migration of eyes occurs in flat fish.

⑥ Ear : present-internal and net external- ear stone or otolith serves as hearing and balancing organ.

⑦ Gills : 4 pairs are present.

⑧ Swim bladder : Air bladder of fish from which gelatinlike commercial singlass is obtained is connected to pharynx in some fish and can function as lung. Main function is regulation of density of live fish.

⑨ Heart : Close to the head-consists of a single auricle and a single ventricle-Blood corpuscles present-contain a Nucleus unlike human R.B.C.

⑩ Color : Can change color: deep water fish black shiny appearance also due to guanine crustals on the scales and interference phenomenon.

3. CHEMICAL COMPOSITION OF FISH
(어류의 화학적 조성)

The various factors affecting the chemical composition of fish are : (1) species, (2) individual variations, (3) anatomical differences (4) physiological factors, (5) sex and (6) seasonal changes.

Some general considerations

Fish fall into mainly two categories according to their feeding habits- (i) Demersal or bottom living and (ii) pelagic those which feed near the surface.

Aquatic animals in general fall into two zoological groups (i) vertebrates and (ii) invertebrates. To the former belong all the fishes and aquatic mammals. The latter is comprised of crustacea like lobsters and prawns and mullusks like clams, mussels, squids etc.

Fish mainly fall into two groups-a) teleosts and (b) elasmobranchs/Teleosts are bony fishes. The latter are primitive fishes having cartilage in place of bone.

Body components

From the consumer's point of view, the whole fish when dressed arc separated into (i) head, tail fins and skin etc. (ii) the viscera comprising of liver, intestines and other internal organs (iii) the dressed edible portion with or without bone.

The edible portion consists largely of the skeletal muscle. There are two types of muscles (i) white and ii) red. All the fishes contain both types of muscles in varying proportions. The red muscle is present underneath the skin along the lateral line, its width being greatest along the lateral line, decreasing progressively dorsally and ventrally. The white muscle is nearer the vertebral column.

The chemical constituents

The chief constituents of the muscle are water, fat and nonfat solids, predominantly protein. The latter also consists of a number of nonprotein nitrogenous constituents, traces of sugars, various vitamins, nucleic acid derivatives and minerals.

The variations observed in some chemical constituents among all the species are given below:

(in the edible portion of fish)

	Moisture %	Protein %	Oil %	Ash %
Averages	74.8	19	5	1.2
Range	28-90	6-28	0.2-64	0.4-1.5
Ratio:high/low	3.2	4.7	320	3.8

It is noteworthy that oil is prone to the largest variation. From the commercial point of view, in categorizing fish, the chief components considered are oil and protein.

	Oil %	Protein %	proto type
A. Low oil-high protein	-< 5	15-20	cod
B. Medium oil-high protein	5-15	15-20	Sockeye, salmon
C. High oil-Low pro protein	-> 15	< 15	Lake trout
D. Low oil-very high protein	< 5	> 20	Skipjack tuna
E. Low oil-Low protein	< 5	< 15	clams

Category A is the most common type. To this belong most of the white muscled demersal fishes and the crustacia in general. B comes next, with most of the pelagic oil bearing species included in it. C & D are relatively rare types: Category E includes most of the mullusks.

Species variations

The demersal varieties are usually large fishes, white muscled, low oil(the oil is usually more in the liver in many of such species). The pelagic fishes are usually small moving in shoals, oily and predominantly red muscled with a high metabolic activity. (the chief differences between white and red muscles are that the latter contains more fat and more non-protein nitrogenous constituents). The muscles of elasmobranch fishes (e.g. shark, ray etc)are richer in non-protein nitrogen(about 35 % of the total N). So also is the case with crustacea(about 25 %)

Individual variations

Often variations to a certain degree are observed in the same species. In such cases, there exists an inverse relationship between oil and moisture. In many fishes, the sum of moisture and oil percentage approximates a constant figure of 80% (about there are many exceptions to this rule).

Anatomical differences

The various tissues is very widely in chemical compositions not only in relation to major components like protein, fat and moisture, but also in minor constituents like vitamins. There is also, as mentioned earlier, differences between the red and white muscles. There is a tendency for segments near the head of the fish to have a higher oil content than those near the tail. The viscera of most fishes holds much more oil than the body flesh.

Sex

There is belief that the female fish contains more protein but there is not much data to support this view.

Other causes

Although we customarily relate proximate composition to such other factors as geographical area or season etc., the ultimate cause is probably the feed intake and other related factors such as metabolism efficiency and energy expenditure related to activity. Factors governing feed intake are (i) over stocking (ii) seasonal and environmental influence on availability and (iii) failure during spawning migration etc. Protein nitrogen constituents about 87 % of the total nitrogen in teleosts and 75 % in crustacia and elasmobranchs. With few exceptions the protein content of most of the fishes lie between 18-20% of the muscle.

Non-Protein Nitrogen (N. P. N.)

This fraction includes free amino acids: bases like ammonia and trimethyl amine oxide, creatine) taurine, betaines, hemarine and N-methyl pyridine in invertebrates, uric acid, anserine and carnosine, urea in elasmobranchs etc. The N.P.N. varies from 9~18 % of total N in teleosts, 33`38% in elasmobranchs and 25 % in crustacea. The red muscle (500~800mg%) contains more NPN than white muscles(about 300mg%).

(a) Free amino acids : The free amino acid nitrogen constitutes about 25~50% of the total N.P.N. Histidine and arginine occur in relatively higher proportions in dark muscle.

The dipeptides carnosine(ß-alanyl histidine) and anserine(ß-alanyl methyl histidine) do not/occur in fresh water fish (with the exception of eel) In crustacea, there is a relatively high proportion of amino nitrogen. Glycine is a prominent amino acid in shrimp.

Urea

Usually present in elasmobranchs. Shark muscle contains as high as 1~2% urea (urea is converted to NH_3 during spoilage).

Trimethyl amine oxide (T.M.A.O)

Present in almost all marine fishes. Varies between 40~100mg%.

During spoilage, TMAO is reduced to the corresponding amine TMA by an enzyme of microbial origin. TMAO is either absent or are found only in traces in fresh water species.

Carbohydrates

Glycogen is found in traces(0.3%) (some mollusks such as mussels contain 1~3% glycogen). Traces of ribose are present.

Vitamins

① Vitamin A : Fish fat generally contain more vitamin A than most terrestrial animals. This particularly apply to liver oils. Both diatoms and flagellates present in sea plankton are rich sources of carotene. Via invertebrates, it is converted to vitamin A in fish. Thc flesh of lean fish is a poor source of vitamin A(0~50 I.U/100g). It is higher(about 100 I.U/100g on an average) in fatty fishes. Some fish(e.g. sword fish) contain as high as 1500 I.U/100g. In the same fish, red meat contains much more vitamin A than white meat. In most fishes, almost 90% of their total vitamin A content is concentrated in thc liver. There is wide variation from species to species (from almost nil in fishes like herring to 25000 000 I.U/g of liver oil in sword fish).

② Vitamin D : The distribution of vitamin D follows closely that of A, liver oil being richest. Varies from 500~3,000 I.U/100g of flesh. In the liver oils, tuna liver is richest (upto 250,000 I.U/g oil). Shark liver oil is poor in vit. D content in contrast to its rich vit. A content. Other fat soluble vitamins E, F & K are also present.

③ Thiamine(vit. B_1) : Fish is a poor source. varies from 0.1~1.48ug/g. Red meat is richer. Liver contains much more(about 5ug/g) Some fishes contain enzyme thiaminase which destroy this vitamin.

④ Riboflavin : Almost as rich as beef(0.2~0.3mg/100g). Red flesh is richer.

⑤ Niacin : Fish flesh contains between 1~10mg% in most fishes. Fish also contains panthothenic acid (0.25~0.8mg/100g), pyridoxine(0.1~0.6mg/100g) in moderate to rich amounts. Fish is also a good source of biotin(1~20ug/100g) compared to beef (2.6) and pork(3.8). It is a poor to moderate source of folic acid(0.01~0.1ug/g).

⑥ Vitamin B_{12} : Fish is one of the best sources of active cyanocobalamin. It is particularly rich in certain invertebrates(Fish is 0.3~2ug/100g : upto 50ug/100g in certain mullusks)

⑦ Minerals in fish : The average mineral content of fish flesh are(in mg%) K 300 : Cl 200 : p 200 : 8 200 : Na 63 : Mg 25 : Ca 15 : Mn 1.0 : Zn 1.0 : F 0.5 : As 0.4 : Cu 0.1 : I 0.1.

⑧ Pigments : Xanthophyll pigments present in fish are lutein and astaxanthin and zeaxanthin. Astaxanthin is by far the most predominant pigment especially in crustacia.

4. BIOCHEMISTRY OF FISH AND SHELL FISH
(어패류의 생화학)

Temperature and oxygen requirement

Temperature, oxygen and salinity are the three of the important factors governing the life of the fish. Fish and Marine invertebrates are cold blooded (Poiklo thermal) animal ie their body temperature is same as surroundings. Higher animals have higher body temperatures (homo'thermal). Fish live at temperatures ranging from -20℃ to 52℃ But each species has a specific temperature range and they are sensitive upto 0.3 to 0.7℃ change in temperature. Oxygen requirement also varies from 0.123 mgm(per gm. of fish in 1hr) in case of loach to 0.355 mgm for bull head. Migration of fish and choice of spawning grounds are explained by above factors.

Osmoregulation in Fish

Osmoregulation and kidney functioning differs in fresh water and marine fish since sea water has higher salt content than the internal fluids. (Depression of Freezing point or the Kryoscopic constent T) of fish blood & body fluids; Marine cod 0.8℃, Marine shark 1.9℃, Marine crab 1.9℃, Sea water 1.9℃ Fresh water crab 0.6℃.

In fresh water fish, water invades tissues since internal fluid is concentrated compared to the surrounding environment. So these fish have very active kidney function to remove water and nitrogen excretion is chiefly as free ammonia. In sea water fish, water rends to go out of the tissue since sea water is more concentrated (because of the presence of salt 3.6 % compared to internal fluids). Fish have to conserve water by limiting kidney function. Nitrogen excretion is itself the before, in the form of TMO-A harmless chemical compound.

Excretion of TMO in fish is similar to excretion of uric acid in birds and reptiles. NH_3. itself is toxic above 5mg % in blood. Excretion takes place through gills. TMO forms 1/3 excretion Nitrogen, rest being NH_3, Marine fish have special cells to excrete salt which also enters the system.

In the case of elasmobranchs ammonia is converted into urea which is reabsorbed into the system and helps in maintaining high osmotic pressure equal to that of sea water. In fresh water sharks also urea is higher though not of the same extent as m marine species.

Presence of urea in sharks can be explained by its role in maintaining high osmotic pressure to equalise the high salt content outside.

Comparative Biochemistry of Oxygen Carriers

Animal	Pigment	Color	Site of the pigments	Metal	Prosthetic group
Mammals, Birds,	Amphibia				
Reptiles, Fish	Hb	Red	Corpuscles	Fe	Haem
Some Mollusca	Hb	Red	Plasma	Fe	Haem
Crustacea & Some mollusea (gastro pods & cephalopoda)	Haemocyanin	Blue	Plasma	Cu	Polypeptide
Annelids	Chlorocruorin	Green	Plasma	Fe	Haem
Tunicutes		Green blue /orange	Corpuscles	V	Pyrrol derivative

Arginine Metabolism

Creatine phosphatc is replaced by Arginine phosphate in many invertebrates. This occurs generally below the phylum echinodermata. Thc enzyme Arginase is not present in these cases.

Carotenoids in fish

Aquatic animals including fish accumulate xanthophylls rather than carotenes. The xanthophylls found are Lutein, Taraxanthine and Astaxanthine. Like other animals fish cannot synthesise carotenoids but only alter them. Carotene in fish comes ultimately from phytoplankton.

Fish obtain most of their vitamin A from zoo plankton. They can also convert ß-carotene to Vitamin A.

Fat Metabolism

Fresh water fish differ from Marine fish in fatty acid composition. Fresh water fish contain more of C_{16}, and C_{18}, fatty acids and less of C_{20} and C_{21} fatty acids. Migratory fish are intermediate in composition.

① Carbohydrate Metabolism : Shell fish like oysters and mussels contain quantities of Glycogen in the muscle (up to 5% o.m.b) An interesting phenomenon is the fluctuation in the proximate composition of the organism in relation to the phases of the Moon.

② Nitrogen Extractives : Apart from TMO similar Nitrogen bases occur in marine organisms Glycine/Betaine$(CH_3)_3N^+$ CH_2COO^- and Tetramine $(CH_3)_4$. N^+. CH^-. Tetramine was isolated from a Coelenterate and may be responsible for the painful sting. Taurine $CH_2(NH_2)$. CH_2. SO_3H is a prominent constituent among the free amino acids of marine fish. It does not occur in fresh water fish. A similar difference occurs in the presence of Anserine and Carnosine related dipeptides which do not occur in fresh water fish. The dipeptides contain β-alanine and Histidine (methyl histidine in case of Anserine)

Several rare amines are found in marine invertebrates. Homohricine(in Turtles) and octopine(octopus and other mollusca) occur besides Histamine(crustacea and coelenterates) and tyramine.

③ Bile Salts of fish : Although fish contain cholic acid, elasmobranchs contain scymnol in its place since they cannot synthesise cholic acid. Frogs also show the same phenomenon.

5. CHEMISTRY OF FISH SPOILAGE
(어류 부패화학)

Post-Mortem Changes

Non-Protein Nitrogen forms about 11.0 per cent of the total N and contains among other things the N of Adenosine-TriPhosphate(ATP) which directly supplies the energy for movement, and Creatine Phosphate(CP) from which ATP can be directly or rapidly resynthesized. The other NPN substances are carnosine or β-alanyl-histidine and anserine or β-alanyl-methyl histidine. Their main function is to act as powerful buffers in the physiological range pH from about 7.4 to 6.4.

During rigor, acting filaments lock together with myosin filaments so that the previously freely extensible system seizes up completely into a rigid structure.

The most noticeable changes from life to full rigor are in the nucleotide fraction, containing ATP and ADP and in the CP and glycogen contents, from which comes the energy for resynthesis for ATP. The process of anaerobic glycolysis during rigor, that is the formation of lactic acid from glycogen, with resynthesis of ATP involves at least 15 steps. The main change from the living to the rigor state is the de-phosphorylation and deamination of ATP. The inosine is evidendy the first product of break down of IMP and at a later stage, about rwo days after death, we can detect appearance of hypoxanthine.

$$\text{ATP} \rightarrow \text{AMP 2P} \rightarrow \text{IMP } NH_3 \rightarrow \text{Inosine P} \rightarrow \text{Hypoxanthine} \rightarrow \text{Ribose}$$

Well-oxygenated muscle can utilize and resynthesize these compounds with extreme efficiency. The CP lost during relaxation would then be slowly resynthesized at the expense of glycogen, either via aerobic phosphorylation or anaerobic glycolysis, thereby recharging the system for the next contraction. Bacterial arrack in fish starts after the resolution of rigor mortis.

In the initial stages of spoilage, ammonical compounds are formed. Some of the amino acids are precursors to bad odour and taste forming substances. Lysine can be converted to cadaverine or piperidine. Arginine is converted to α-amino valeric acid. With prolonged storage at room temperature, the fish may go easily putrid giving rise to formation of H_2S, indole skatole etc

Subjective assessment

Freshness of fish can be judged by subjective methods from the appearance of gills, eyes rigidity of body, firmness of flesh etc.

Objective assessment

As bacterial spoilage advances, there is an accumulation of basic end products such as ammonia in case of river fish. In marine fish in addition to formation of ammonia, trimethylamine is formed from the reduction of TriMethyl Amine Oxide originally present in the muscle tissue.

Histamine formation

Fish with darker mear produces more quantity of histamine than white meat. Maximum amount is produced at about 20℃ while little is produced at 35℃. At 0℃, histamine formation is arrested. Amino acid histidine appears to be a pre-requisite for the formation of histamine. The critical level for poisoning through histamine in spoiled fish seems to be about 100mg/100gm muscle.

Spoilage in shrimp

Shrimp undergo rapid spoilage because they contain greater amounts of free amino acids than fish. They also contain powerful proteolytic enzymes which readily break down protein and provide bacteria with additional feed. Melanin(black pigment) formation in shrimp is due to oxidative reaction of tyrosinase on tyrosine. Melanin first appears on the shell and then extends to muscle portion beneath the shell when shrimp is left in uniced condition, for longer periods. This could be prevented by dipping shrimp in 1% sodium bisulphite solution or 1% ascorbic acid-citric acid mixture.

Red pigment in shrimp

Carotenoid pigment astacene is bond to the protein of the shrimps. On heating the protein pigment bond is denatured and this releases the natural red-pigment. Changes in pigment are closely related with the product quality. It must, however, be remembered that species of shrimp vary in degree of astacene content and as such any change in pigment should be correlated with the initial pigment content of the starting raw material.

Spoilage in elasmobranch fish

Fish, like skates, sharks and rays contain appreciable quantity of urea. During the storage of the meat of elasmobranch large amounts of ammonia are formed as a result of decomposition of urea by bacteria action.

Muscle proteins

Myofibrils is the contractile system of actin and myosin which makes up about 52% of the total N. Myofrabil is supposed to contain 55% myosin 25% actin, 4% tropomyosin and 16% extra protein. The sarcoplasm is the fluid and colloidal material bathing surrounding the fibrils, making up about 32% and lastly the stroma which contains the connective tissue proteins, collagen, elasrtin and reticulin and contributes about 5.5per cent.

References ; 1) Tomiyasu, Yetal, Advances in Fish Research, 7, 41, 1957

2) Rcay, G. A. ctal, Ibid 2. 343, 1949

6. FLAVOUR COMPONENTS OF FISH
(어류의 향미성분)

Flavour is the combined effect of odour and taste, i.e. both volatile and non-volatile compounds present in food. Flesh food have distinctly different flavour than non-flesh foods. Flesh food are composed of skeletal muscle which is largely made up of protein. Muscle proteins are actomyosin, myogens, collagen and elastin. The most of the proteins themselves do not contribute directly to flavour, since flesh dialysed against water is usually reported to be flavourless.

Research on flesh foods has so far indicated different classes of compounds as peptides, amino acids, lipids, carbonyl compounds, nucleotides and related compounds, nitrogenous compounds of low molecular weight, carbohydrates (sugar & sugar phosphate), acids and alcohols that are intermediate in intermediary metabolism and possibly glycoproteins.

Post-mortem changes are very important since enzymic degradation may affect flavour

The importance of characterising the chemical components of flavour is

i) in producing more uniform and flavourful products

ii) to preserve flavours during processing and storage

iii) to produce new flavoured products

iv) to improve taste of processed products and to pay more attention to the influence of processed methods on such substances.

Fish is nutritious food. But it is one of the most perishable foods.

The factors that give rise to considerable breadth of flavour spectrum at the table are:

a) the long distance between catch and consumption

b) variation in treatment

c) inherent diffierences in the fish flavours

d) the keeping qualities of different species

FLAVOUROUS SUBSTANCES IN FISH

I. Nitrogenous bases and other nitrogenous compounds

Traditionally the amines are the fishy components of the fish flesh.

TMA in low concentration has the odour of boiled lobster. Secondary and tertiary amines have the fishy smell well developed

The main amine constituent of staling fish is TMA. TMAO is one of the most important base present in fish muscle. It is a precursor of the methyl amine.

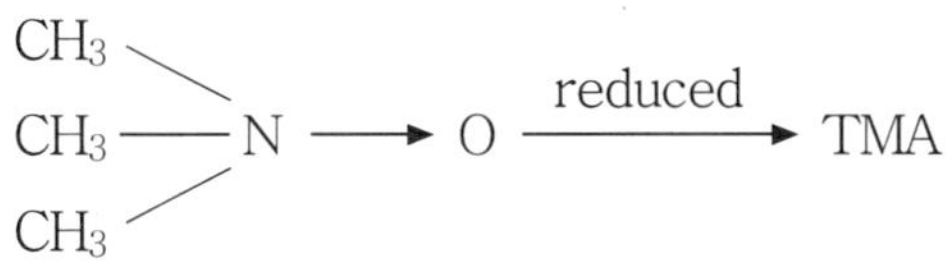

The reduction results due to 1) Bacterial action 2) Heat processing in the presence of metals TMAO $\xrightarrow{\text{tin plate}}$ TMA $\longrightarrow$ HCHO-formed corrodes cans. 3) Cystine and Haemoglobin Rxn at room temperature (IMP. of removal of blood during curing) 4) Choline, lecithin.

TMA has ammoniacal odour 1:1200 threshold in air. NH_3, gives fishy odour 1: 12000 threshold in air. TMA can react with degradation products from fats to form fishy flavoured fat soluble products. Of the other amines, histamine in tuna and mackerel is the most important. It occurs in spoiling fatty fish as the decarboxylation product of histidine. Usually absent from nonfatty fish.

Others identified in frozen and canned salmon and crab are:

Cadaverine(from lysine), Putrescine & Agmatin (from arginine), Isoamyl amine (from leucine).

Besides these volatile amines, nitrogen bases also are present. Pyridine, piperidine, pyrrolidine, ð-aminovalenic acid and aldehyde.

Piperidine + acetaldehyde → condensation product (x) odour of fresh water fish

(x) + TMA → Sea fish odour

(x) + ð- aminovalenic acid → old fish smell(y)

(y) + methyl/mercaptan → fish shop smell, i.c. fish well below fresh.

(TMA + ð- aminovalenic acid → dried fish odour when indole is also present, a putrid fish smell is obtained.

Ⅱ. Sulphur compounds

Hydrogen sulphide, dimetyl sulphide, methyl mercaptans.

Dimethyl sulphide is an important flavour constituent of raw oysters.

Cystine and methionine in fish react with free glucose to produce volatile sulphur compounds. Methionine $\xrightarrow{\text{cooked}}$ Methional $CH_3S\ CH_2CH_2CHO$ if overcooked → Acrolein $CH_3{=}CH.CHO$

Ⅲ. Carbonyl compounds and alcohols

The different compounds established are-

1) Formaldehyde-by heat processing
2) Acetoin-icing (Ph. $CH_2 \cdot COCOCH_2CH_3$)
3) I & O valeric aldehyde-cooking
4) Methyl ethyl ketone-by aging as in cheese
5) ð-aminovaletaldehyde
6) Malonaldehyde-autoxidation of fats
7) Methanol, ethanol etc.

Ⅳ. Fatty acids

Lower fatty acid-flavours are detectable. They occur as volatile, steam volatile, dissociable, ammonium or trimethyl ammonium salts.

Major acid-acetic acid.

Lesser concentrations-formic, propionic, butyric

During spoilage-isovaleric, n-valeric

In dry fish-Iauric

<u>Other carboxylic acids</u> : Succinic acid(increases during storage), lactic acid (flavour doubtful), Pyruvic acid (strongly odoriferous)

FATS

Perfactly fresh pure TG are flavourless in fatty fish. ln non fatty fish, the lipid is mainly phospholipid. The instability of such compounds gives rise to flavourous products rapidly. However, recent work shows some fatty fish have characteristic flavour only in fresh condition. Whether the oil contains bound carbonyl compounds or merely acts as a "carrier" of odorous substances is not known.

V. Sugars and sugar phosphates

Prominently glucose and ribose are present with occasional traces of maltose. Glucose is the main contributor for the sweet taste of fresh fish flesh. Also ribose and G-6-p contribute to sweetness. Sugar phosphates are "sweetish salty"

F-1-p G-1-p R-5-p F-6-p G-6-p R-2-p F-1,6-DP R-L-p

Ribose is absent initially from fresh fish muscle. After a day lt appears and increases so an average concentration of 3.7 mg% at 10 days, in case of cod. Hexose phosphates arise primarily as products of glycolysis. Ribose phosphates and ribose arise primarily by the enzymatic degradation of muscle nucleotides

Sugar phosphates, free sugars, glycolytic, intermediates-their concentration depend on the original glycogen reserves and the extent to which the fish has struggled.

For example, the concentration of free glucose in fresh muscle from trawler cod ranges from 8~32mg %. ln experimental, well fed, rested cod the values are double. So also the hexose phosphate content is higher. Such variation must account for much of the observed range of sweetness.

VI. Free amino acids

Total nitrogen
- Protein nitrogen
- NPN-consists of free amino acid, creative, urea, sarcosina, TMO

Free amino acid pattern is characteristic of the particular organism. The protein structure has nothing to do with free amino acid content. Those that give rise to flavours are glycine, Glu, Ala, Pro, Val, Met, His & Lys. Lysine gives rise to flavourous compounds. Amino acid flavors are “faintly sweetish". In lower animals, free amino acids occupy the greater part of extracts. The characteristic flavours of prawn is believed to be due to its high A.A content and mainly due to glycine 0.2~0.5 %. This amino acid is rapidly lost during ice storage and due to imperfect handling during processing. Tyrosine and phenylalanine detected in all species of prawns in Korea. These are substrates on which the phenol oxidase enzymes act, resulting in blackening (melanosis).

Taurine is one of the most abundant free amino acid in lower animals:but has no over all taste picture of marine products. Besides amino acids, loss of water soluble phosphates in ice-stored prawns leads to Iessening of flavour. The loss is mainly due to the leaching action of ice and related to the type of pack:viz. round, headless, peeled and deveined. Loss is most in P & D and is least in round.

Therefore, this limits the use of raw material held in ice for canning.

Prawns kept in ice for 2~3 days are suitable for canning and those that are kept for 6~7 days although appear to be fresh are not suitable.

Proline present in cuttlefish in high concentration and contributes to sweetness. Anserine imparts meaty taste of whole-meat. Environmental changes are known to modify the free amino acid pool of crustacea.

The free amino acids participate in the maillard reaction, the browning compounds have antioxidant property too. Ribose from ATP degradarion react with amino groups also from deamination reactions to cause off flavors, during canning, dehydration and subsequent storage of fresh fish.

The combined effect of free amino acids and particularly of histidine, aspartic and glutamic acids and proline may be to enhance sweetness.

VII. Quaterinary ammonium bases

Glycine betaines is clearly positive adding sweetness together with "meaty" taste in some invertebrates(abalone).

VIII. Nucleotides

The nucleotides contributing to flavour of fish flesh are ATP, ADP, AMP, IMP etc. The products of ATP degradation merit the attention of food scientist. The break-down products of nucleotides contribute to the taste and aroma of ripened meat. Since 5'-inosinic acid(IMP) is found in fish in large amounts, it is obvious that it must contribute to desirable flavor. ATP is the precursor of IMP. The preparation and use of IMP salt as a condiment has been the subject of Korean & Japanese patents. AMP as such is flavorless. But enhances flavor IMP has (i) flavorous attributes and (ii) also enhances the flavor of other compounds. The estimation of nucleotide catabolites has provided the basis of new indices of fish quality since IMP is further degraded to in-osine which is hydrolysed by a nucleoside hydrolase to yield ribose and hypoxanthine. Hypoxanthine exerts bitter flavor. IMP is responsible for all animal food flavors and some vegetable foods like mushroom. In dried tuna, the flavor is mainly due to IMP.

Almost all of any ATP is converted to IMP within a day of death and this is completely dephosphorelated over a period of about 10 days to form inosine.

Inosine, in turn, converted hydrolytically or phosphorytically to hypoxanthine. Removal of glucose, hexose phosphate and IMP from the flesh that accounts for part of the loss of initial sweet, meaty components of flavors (IMP does not breakdown during cooking). The quality of fish depends upon the decomposition of IMP, i.e. flavor deterioration takes place. The concentration of nucleotides depends on the extent to which the fish has struggled. Also initial content of ATP and enzyme activity are different in different fish.

AMP deamination does not happen in case of some. Deaminase absent in invertebrates like shrimp, prawn, octopus, crab etc. So, the reaction stops at AMP (AMP accumulates). AMP is also food flavor enhancer. IMP present in small concent ration in shell fish.

Combined effect of amino acids and nucleotides

A mixture of amino acids and IMP have been judged to have a distinctly "meaty" taste. The taste reminded of natural fish flesh extracts. The required factors in nucleotides to impart" meaty" taste are-(1) a OH group at 6-position of the purine base (2) a phosphoric ester at the 5' -position of ribose moiety.

The interaction of glutamic acid & IMP or GMP has been established to be responsible for the " meaty" taste. Two differing opinions: (1) IMP accumulation IMP. (2) absence of IMP in shrimp and also flavor in fish when ATP is intact. These two are answered by the combined effect theory, of

glutamic acid and either ATP or AMP. AMP has enhancing effect slightly less than IMP.

In conclusion, in every kind of marine products, the nucleus of "meaty taste" might be composed of a combined effect of glutamic acid and nucleotides-IMP, AMP, ATP or others and vary in composition and concentration, depending on species of storage period. Surrounding the "star actor", i.e. interaction of glutamic acid and nucleotides, a group of "supporting actors" will afford a varied species-Specific taste according to

their combination and composition. Substances eligible for such 'supporting' roles are-glycine, betaines, alanine, proline, valine, succinic acid, methionine and a few others.

7. MICROBIOLOGY OF FISH
(어류의 미생물학)

A. Introduction

The extensive changes brought about in fish are mainly due to(1) bacteria (2) digestive enzymes and (3) oxidation. The relative importance of these factors varies with the species.

Based on these changes, fish is divided into white fish(cod and related species), flat fish and fatty fish(such as Herring, Mackerel, Tuna, Salmon) which contain lot of fish oil in the flesh . Bacterial activity is by far the most important spoilage factor in white fish. It is considered that the bacterial spoilage of the fish does not begin until rigor mortis has been resol · ved, since the pH during rigor mortis is less conducive for bacterial growth. The longer the rigor lasts, the better is the keeping quality. In fatty fish, all the above 3 factors play a part. Enzymatic break down is common with small fish like herring and mackerel which generally are left ungutted due to labour involved. The resolution of rigor and the onset of bacterial attack is delayed by chilling the fish in ice.

B. Microflora

The flesh and body fluids of newly caught healthy fish are generally considered to be sterile, although some workers have recorded the presence of bacteria in the muscle. On the other hand, the slime, gills and the intestines carry bacteria. The flora of newly caught fish will depend upon factors like environment, season, method of catching, species of fish, media used, sampling and incubation temperature.

C. Factors affecting microflora in fish

(a) Normal flora

There is evidence to show that there are marked differences in the % composition of species of fish. There is some evidence to show that the flora of fish is directly related to its aquatic environment. Thus, in the warmer waters of korean coast, a greater percentage of mesophiles(Bacillus species, coryneforms and micrococci) and fewer psychrophiles such as psedomonas and flavo-bacterium should be found, than in colder coasts. Even among the flora observed in fish in areas with similar temperatures, there are considerable differences, partly due to the type of medium and temperature of incubation used.

Comparison between tap water and sea-water media showed that achrombacrer prodominated in the former and pseudomonas in the latter. Shewan(unpublished data) found in the slime of a variety of fish. That luminous bacteria was higher in the spring and summer than at any other season. Seasonal differences in the relative promotion of pseudomonas, Achromobacter and corynebacteria has been reported. Pseudomonas, Achromobacter, Photo bacterium, Flavobacterium, Corynebacteria and Clostridium have been responed on newly caught fish. The strict anaerobes appeared to be absent from the slime of newly caught fish, although present in the intestines.

(b) Food Poisoning

It is interesting to note that members of the Enterobacteriacea like E. Coli which are abundant in warm blooded animals are absent in fish except when caught in polluted waters. The risk is much less in marine fish than in fresh water species where the danger of pollution of rivers and lakes are much. Fish having biotoxins in the live form are relatively abundant in tropical and subtropical waters. Entero-toxin producing micrococci seems to be the most likely cause of poisoning in the dried Indian Bombay duck. These bacteria are absent on the fresh fish but appear due to subsequent contamination. From the limited data available, it is clear that fish and fishery products can be the vegicle for all important types of food poisoning, like salmonella, staphylococci, C. botulinum(type E and other non-specific groups). The incidence of food poisoning from fish is probably much more than that indicated in official statistics.

(c) Pathogens for fish

This includes species of pseudomonas, vibrio, Mycobacteria, corynebacteria,

Streptomyces and viruses. Several of these are known to be pathogens for both fresh water and marine fish.

D. Prevention of Microbial contamination

(a) Handling

It takes several days for the bacteria in the viscera of ungutted iced fish to invade the muscle. However, the main advantage of gutted fish is prevention of autolysis, rather than bacterial decomposition. Washing can reduce the load by 80-90 % but this reduction is usually nullified by using crushed ice carrying heavy bacterial load. During storage in ice even at 0℃, the microorganism increase after a lag phase of 1 to 2 days, reaching maximum value of 10℃ to 10℃ per gram of muscle after 10 days. During storage in ice, there are changes in flora with pseudomonas and Acaromobacter predominating. On report in their studies on the spoilage of fish during storage at 0℃, found that while Bacillus sp. were predominant in the flora of newly caught fish psedomonas and achromobacter predominated during spoilage.

(b) Antibiotics

Neither penicillin nor Streptomycin afforded significant protection against microbial spoilage when incorporated in icing fish or directly in fish flesh.

Auryomycin (CTC) and Terramycin (OTC) in 10ug/g concentration strongly retarded bacterial spoilage. With 5 ppm of CTC or a 10-30 min. dip. in 10 to 20 ppm of CTC, it has been observed that during the first few days of storage (0℃) there is a fall in the bacterial counts after which growth proceeds in the normal way, 90% of flora being pseudomonas. In antibiotic ice(3ppm) up to 8th day, the microbial population is quite heterogenous in character, the predominant group being yeast and vibrios. Subsequently, pseudomonas predominates. Treatment of shrimp with CTC had beneficial effect on keeping quality, but accelerated formation of black spots. Attempts to use antibiotics to mask poor processing or to retard spoilage of poor quality fish should be discouraged.

(c) Preservatives

CO_2 ethylene dichloride, sulfa drug, Benzoate, sulphur compounds like sodium bisulphate, sulfurdioxide, and sorbic acid have varying effects. Quarternaries are comparatively ineffective.

(d) Smoking

Smoking produces phenolic compounds which are bactericidal stages : drying, smoking or heat treatment

(e) Salting

① Pickling. (Curing of fatty fish like mackerel, sardine). The predominant groups of microflora, in brine pickling or halo tolerant and holophilic micrococci followed by yeasts, spore formers and molds. During pickling, the fish ripens as a result of which it acquires a characteristic aroma and flavor While tissue enzymes play a part in ripening, the desired cured flavor is the direct product of microbial activity.

② Dry salting (curing of non-fatty fish). Insufficient salting will allow putrifactive types to predominate. Pink is caused by aerobic halohpiles. Hence pink does not occur in fish deeply immersed in pickling brine. The organisms are non-pathogenic. Since pink organisms do not grow below 5℃, cold storage is an effective way of controlling it. 'Dun' brownish black spots on the surface of fish due to halophilic or halotolerant moulds. Dun does not decompose flesh but reduces the commercial value. It can be controlled by cold storage or by sorbic acid.

(f) Microbial Spoilage

Spoilage appears to be the result of combined autolysis and microbial action. A certain amount of autolytic break down presumably is a prerequisite to a more forceful bacterial attack on fish. The site of attack appears to be from gills and kidneys into flesh via the vascular system and directly through the skin and peritonial lining. Each species of fish has an amino acid pool in the intracellular system of the muscle. In marine fish, the amount of free amino acid drops after the bacteria have invaded the tissue and initiated spoilage. Fresh water fish seems to have higher contents of methionine and cystine. Shell fish contains far greater amount of free amino acids than fish which largely facilitates bacterial growth and rapid spoilage.

Spoilage is related to amino acids like glutamic, lysine, histidine and arginine. Amino acids are precursors of substances producing bad odur and taste (Cadavarine, pucriscine, skatol and indole).

(g) Enzymatic action

Proteanase in the muscle tissue is able to destory the entire protein of muscle tissuse in less than 24 hrs. Fish skin shows signs of spoilage earlier than muscle. One of the most characteristic biochemical change in fish spoilage is the formation of reducing substances. Rigor mortis is important in spoilage of fish. The onset and duration of rigor depend upon a number of factors such as glycogen ATP relationship. The PH reaching acid values after death enhances the hydrolysing activity of some enzymes and the splitting of proteins.

① Fish autolysates : Controlled spoilage of fish, with the addition of particular enzyme or bacteria. These are excellent substrates for culturing bacteria.

② Fish spoilage : A kind of controlled fish spoilage based on the fermentative production of lactic acid by acid producing bacteria.

(h) Test for quality

① Organoleptic or sensory tests : The oldest and still most wide spread means of evaluating the acceptability and edibility of fish are smell, supplemented by taste and touch. It is also the reference criterion against which the use fullness of other methods are judged. The biochemical methods recommended depend mostly on the presence of one of more products of degradation of muscle constituents which in turn is due to bacterial action.

② Physical : Texture change, refractive index, electrical conductivity etc. not very successful and not commonly used.

③ Physicochemical

ⓐ pH : Many are of the opinion that pH has little or no significance as a relative index of freshness due to its fluctuations.

ⓑ Buffering capacity

ⓒ Oxidation reduction potential

ⓓ Freezing point

④ Chemical

ⓐ Volatile basic nitrogen compounds(VBN) : This has been found in general rather an unsatisfactory, indication of spoilage. No conclusive results have been reached regarding the usefulness of ammonia for determining degree of spoilage.

ⓑ TMA : Generally not found in fresh water fish and so cannot be used as a criterian of quality. It is felt that TMA is not a sensitive, reliable or reproducible index of fish spoilage, especially that it is a product of early stage of spoilage and lost indiscriminately subsequently.

⑤ Volatile acids : Different opinions and results have been reported.

⑥ Indole and skadole : The general conclusion to be drawn from the data available is that whenever indole and skatole were present, the fish was organoleptically judged to be definitely spoiled. However, fish that were judged sensorlly to show spoilage were not found to contain any significant amounts of the marerials.

⑦ Hydrogen sulfide : Varying results.

⑧ Carbonyle compounds : Keto acids Ketones and aldehydes.

⑨ Histamine : Until this complicated subject is thoroughly studied, the usefulness of histamine as a spoilage indicator is limited.

⑩ Protein hydrolytic product : (NPN, amino nitrogen and tyrosine)

The consensus of opinion from studies on the above as index of spoilage is that they are not reliable indices of incipient spoilage.

⑪ Biological methods

ⓐ Degredation : M.B.R., Resazurin Tetrazolium derivative (2,3,5tetrozolium chloride)

ⓑ Bacterial counts : 1) Direct 2) total viable count(most commonly used)

ⓒ Enzyme tests: Catalase, Peroxidase, Succinic dehydrogenase

8. FISH HYGIENE AND PUBLIC HEALTII
(어류의 위생과 공중보건)

Ⅰ. Fish borne diseases

1. Bacterial food poisoning
2. Bacterial infections
3. Parasitic diseases
4. Allergies and biotoxins
5. Radiation

Diseases caused by bacterial and parasitic infections have certain general characteristics. Usually they are associated with fish caught from rivers, lakes or coastal sea waters. The reason is that the ultimate source of human pathogens or parasites are man himself or some land animal. They find their way to the above waters through sewage etc.

Marine environments, moreover, are hostile to such organisms. Fish caught from unpolluted sea waters carry no bacteria of public health significance on their external surface.

However, because of their mode of feeding, they concentrate within themselves some of the environmental bacteria, of which pathogens mayor may not be present.

1. Bacterial food poisoning

Intoxications caused by eating aquatic organisms that have been contaminated with bacteria or their toxic metabolites. The causative bacteria must have already grown in food, and toxins produced prior to eating. Typical of this group are botulism and Staphylococcus poisoning. Putrifaction does not necessarily accompany these infections.

(a) Staphylococcus poisoning

Practically most of the infection occur during handling and processing. The enterotoxin is fairly heat stable, and insufficient retorting may result in its retention in canned fish. Particularly dangerous because no blown cans or any change in organoleptic characteristics of contents will be noted to indicate contamination. S. aureus is salt to talerant to a large degree, making salted fish unsafe. Chilling below 4'c throughout handling chain keeps level of infection low.

(b) Botulism

Almost all the outbreaks of type E botulism reported in different countries are traced fish or other aquatic amimal foods. All foodstuffs implicated were uncooked. lightly cooked or canned.

Botulinum type E is said to be specific to the intestinal system of the fish. Marine environment favour its existence. It is reported to grow even below 5°C.

Some common characteristics of the food materials involved in botulism type E poisoning are: (i) the sea foods were kept standing for long periods either to remove blood etc or for fermentation or ripening. (ii) the processed foods were usually acidic, (iii) they were either uncooked or insufficiently cooked.

Some such products are listed below :

① Salmon egg cheese-from salmon roe fermented (Eskimosand red Indians)

② Belinga flippers-The skin and blubber dried and cured in brine

③ Seal flippers-Stored in seal oil

④ Pickled herring-Raw fillet pickled with oil and vinegar and spiced

⑤ "IZUSHT"-A traditional Japanese preparation with raw dressed fish, rice. vegetables, vinegar, salt etc and ripened

⑥ Other products like smoked. canned, pickled or fermented fish.

The endospores are nor heat-resistant. Can be killed ar 80℃ in 20~40 minures. Rarely they survive at 100℃ for more than 5 minutes.

(c) Food poisoning from spoiling fish

Histamine, produced in species like tuna and mackerel, by histidine decarboxylase during bacterial spoilage, seems to be the only major toxin responsible for food poisoning in fish caused solely due to spoilage.

2. Fish-borne infections

Here the food merely serves as a vehicle for the transmission of the disease agent. Salmonella and Shigella species of organisms are typical examples.

The sources are mainly polluted waters from sewage. The chances of contamination are more in fresh water sources. Also contamination from human sources likely during handling and processing. During successive stages of fish processing an increase in the presence of E. coli and fecal streptococci has been observed as evidnece of fecal contamination.

Smoked fish has been particularly incriminated as a vector of salmonella. salmonella from infected fish meal can spread to humans via livestock. Edible mullusks concentrate salmonella in their bodies. Shell fish have in the past caused and still gives rise in some countries to epidemics of typhoid fever. Mullusks should hence be subjected to a systematic and constant inspection and control.

3. Parasitic infections

Certain species of fresh water fish may serve as intermediate hosts in the transmission of certain helminths affectingman. The most feared among them is the tape worm diphyllobothrium la tum. This grows in the intestine to a length of 6~30 feet, comprised of 3000 to 4000 segments each independently capable of reproduction.

The millions of eggs discharged through feces find their way into rivers and lakes. The life cycle is as follows : Adult worm → Eggs → Eaten by fresh water fleas; (in man's intestine) (in water)

The first systic stage "procercoid"-the former consumed by larger fishes:the larva penetrates into muscle:second stage "Plerocercoid" about 1/2 to 1" long → Man → adult stage.

The parasite causes severe anaemia by competing with the host for vitamin B_{12}. Other parasites encountered are clonorchis sinesis, opithorchis felineus heterophyes ete. Infection can be prevented by proper cooking of the fish before eating. Apart form this many fishes suffer from a variety of diseases of virus, bacterial or protozoan origin : tumors, congenital deformations, nutritional diseases ete. Not all of them may be harmful to human beings but their presence often makes the fish unwholesome.

II. Principles of hygiene in handling, processing and marketing of fish

(a) Scientific cleaning in sea food industry

Requirements : Source of good water, proper detergents and disinfectants.

Water : Water from open sea or the town mains. Hardness of water is an important factor in choosing the type of detergents.

Detergents : The attributes of an ideal detergent is ⓐ noncorrosive ⓑ water -softening action ⓒ wetting and penetration ⓓ fat emulsifying power ⓔ quick solubility ⓕ dissolving action on solid dirt ⓖ good rinsing properties ⓗ dispersing and suspending action and ⓘ if possible disinfecting action.

In fish industry, solubilization and removal of slime is a necessary requirement.

Detergents mainly fall into the following groups :

(i) Alkalis and Alkaline salts-soda, meta silicate, soda ash etc. Advantages:-Good dissolving and fat emulsifying action.

Disadvantages : (i) Corrosion. inabiliry to condition hard water. (ii) Polyphosphates: marked water softening action (iii) Neutral synthetic detergents: Good wetting, penetrating, emulsifying, dissolving and dispersing action;non-corrosive. But no water conditioning power.

Disinfection :

① Physical : ⓐ heat: smoke, steam ete.

ⓑ ultraviolet rays: especially to disinfect air

② Chemical, Sterilization - The more important ones are:

ⓐ Phenol and related chemicals strong odors: affect skins: toxic. Not very useful in food industry.

ⓑ Chlorine and hypochlorites most widely used, relatively cheap deodorizer disadvantages: Inactivated by substances like soap.

Handling of fish at sea : Important considerations are:

ⓐ Cleaning and disinfection after each trip

ⓑ Avoidance of contact of "bilge" water with fresh fish

ⓒ proper and timely use of ice.

③ In processing plants :

ⓐ Construction of plant and premises: inclined floors to facilitate drainage: Screened doors and windows: adequate toilet facilities: easily cleanable surfaces: good lighting.

ⓑ The layout of the plant: Physical partition between each unit operation: movement of material from one operation to another with minmum crowding of material and personnel.

ⓒ Arrangement for collection & disposal of offal.

ⓓ Equipments made of materials to facilitate cleaning and sterilizaition

ⓔ Each operation handled by separate workers

ⓕ General cleanliness of workers: immunization against typhoid etc.

(d) Retail distribution

① Cleanliness of containers and selling premises

② minimum handling of raw fish

③ Adequate icing

III. Organised fish hygiene control : This includes :

① Fixing of standards for fish and fish products

② Training of inspectors

③ Legislative measures to control sanitation in handling, processing and marketing practices.

9. HANDLING AND TRANSPORTATION OF FISH
(어류의 취급과 운반)

I. Factors affecting deterioration of fish.

(a) Fishing methods (b) Biological factors (c) Bacterial flora and contaminations during handling (d) Temperature.

II. Steps to prevent spoilage.

(a) Hygienic and quick handling practices (b) low temperature (c) Use of preservatives.

III. Handling at sea.

(a) Prompt removal from water depending on type of gear used (b) washing free of dirt etc. -the effect of washing is still inconclusive (c) Storing according to species and size (d) Removal gills and viscera. This step is determined by (i) distance from shore (ii) size (iii) industry's requirement and (iv) economics

(e) Refrigeration-Icing-refrigerated sea water: Mechanical refrigeration.

Fresh water ice, salt water ice and bactericidal ice used. particle size of ice is important. sub-cooling of ice is often done. Stowing of fish with ice-either bulk stowing or boxing.

<u>Some important considerations</u>

(i) Each fish should be in contact with ice

(ii) gutted fish kept belly down

(iii) Sufficient air-space to prevent anaerobic bacterial growth

(iv) Quantity of ice determined by environmental factors

(v) Minimise bruises: pressure avoided during stowing by the reducing of thickness of piles.

(vi) Avoid direct sunlight

(vii) Keep the fish, especially shell fish, wet.

IV. Handling on Shore.

(a) Inspection and grading

(b) Hygienic in auctioning markets-necessity for quick transaction

(c) Filleting: White fish are usually filleted before despatch Advantages: (i) a kitchen-ready product (ii) saving 50~70 % weight in transport (iii) Collection of offal for reduction.

V. Transportation

The major requirements are (a) Suitable containers (b) refrigeration during transit (c) temperature control during storage

(a) Containers

Important considerations while choosing the containers are:

(i) Size to suit the type of fish (ii) easy handling (iii) whether returnable or non-returnable, should be durable and of hygienic construction in the former case, while it should be cheap in the latter case. (iv) insulation (v) weight (vi) drip water.

(b) Refrigeration

The fish in most cases is iced in boxes. Additional refrigeration is provided to prevent melting of Ice.

(i) Insulated cars: Ice-salt mixtures(-21℃) held in tanks were used to provide refrigeration

(ii) Dry-Ice cars-Solid carbon dioxide(-80℃) was made to cool a secondary liquid. The circulation of the latter around the cargo provided cooling.

(iii) Ammonia expansion system, where expansion and absorption processes takes place in the car, while recovery of ammonia carried out in stationary plants.

(iv) Rail road containers-for relatively short trips, usually refrigerated by 'EUTECTIC INSERTS'. Mechanical refrigeration is widely employed now, making use of the compressor system. A more recent development is a system which makes use of liquid nitrogen(-196℃). Trucks and trailers: The hold over plate system has been in use for refrigeration. Eutectic mixtures held in plates and pre-frozen used as cooling agents.

Mechanical refrigeration-similar to railway cars.

10. HANDLING OF SHELL FISH
(패류의 취급)

Apart from adequate icing and avoidance of delay in the marketing and processing of shell fish, special precautions are necessary depending on the sea food in question, since they are subject to spoilage and loss of quality on several grounds. Moreover, it has to be remembered that shell fish like shrimp are caught by trawling and receive icing only after landing. In sea foods like oyster and mussel which are eaten in raw state, pretreatment is necessary to avoid infection causing typhoid to diarrhoea or vomitting.

<u>Pre-treatment for oysters</u>

1. Wash thoroughly.
2. Keep overnight in sea water.
3. Wash and keep overnight in sea water.
4. Wash and keep for one hour in freshly chlorinated water containing 3 ppm of chlorine.

   Chlorine odour is not percipitable in edible portion by above treatment : warm-water(10~15°C) is used for cleaning of oysters.

<u>Signs of freshness</u>

It would be desirable to look for the following signs of freshness in the case of shell fish, since they indicate the type of spoilage.

1. Oysters and other bivalves : Shell of fresh bivalves is highly closed or will close on touching. Open or gaping shell indicates staleness offodour also being evident.
2. Prawns and shrimps : Appear dry, shinging and crisp to feel with pleasant odour. When stale, moist and clammy: spoiled shrimp smells of ammonia.
3. Lobsters : Limpness of limbs and tails and foul odour indicative of spoilage: loss of elasticity of tail accompanied by discolouration and exudation of

moisture.

4. Crabs: Limpness of claws and tail and bleached appearance.

Precautions m shellfish processing

1. Shrimp: Head region is rich in autolytic enzymes and its removal prolongs keeping quality. During the moment period, the meat is watery. Freeze at -25 to -30°C. Contact freezing gives inferior product. Cooked and frozen shrimp shows toughness in texture on storage. Freeze heated, shell-on shrimp. For cooking, use 3~4% salt solution and cool quickly. Overcooking makes the meat sticky to the shell. Cooking in sea water gives bitterness.
2. Crab: Use only leg meat and internal septa. Leg base and thick(second and third portions from shell) are the main portions (6~10%, 9~10%), while thin (last but one portion) is also used (2~5%). Pincer meat (extreme portion of right pincer) gives 1.5~7.0%. Weight of cooked crab forms 17~28% of the wet weight. In canned crab, it is prescribed for top grade to have at least 2 pieces of thick and not more than 6 pieces of thin meat. Cooked meat from good fresh crab is springy and well shaped not fibrous and shapeless masses. Spoiled crab meat is watery, flabby and yellow. Cooking procedure similar to that of shrimp. In canning, vacuum seaming is favoured. Discoloration common while exhausting and processing at temperature higher than 106~107°C. Trace clements in water used for processing play a great role in crab discoloration.

Blackening in shell fish

Blackening in shell fish is due to formation of melanin pigments by the action of Tyrosinase by the well-known mechanism.

11. ESTIMATING TIIE QUALITY OF RAW FISH AND COOKED FISH (신선 어류와 조리가공품의 품질판정)

KangWon National University

Department of Food and Biotechnology

1. Organoleptic score sheet for raw whole fish.

Species :

Number :

Date :

(Examine each characteristic e.g. eyes, gills etc., separately. Mark(√) that column which gives the nearest description of the sample tested).

	Eyes	Gils	Skin	Odour	Texture
I	Perfectly black, translucent pupil	Bright	Bright, fresh bloom. Slime either absent or transoarent.	Fresh, laky	Firm and elastic or stiff. Scales firm.
II	Slightly sunken: grey or slightly opaque cloudy	Some discoloration with mucus	Some bleaching or dullness: opaque slime	Neutral	Slightly soft
III	Sunken and opaque	Brown or bleached with mucus	Bleached or discoloured; thick slime	Stale or sour	Soft;Scales easily torn; soft abdomen
IV	Sunken and milky white with some bleeding	Dark brown or grey with thick mucus	Marked bleaching or discoloration thick slime;partially dried	Foreign odours of ammonia etc	Very soft: finger impression remains; swollen & soft abdomen: scales loose
V	Fully sunken with milky white pupil; pronounced blecding around	Fully discoloured dark brown or green thick brown mucus	Fully discolored or bleached: thick slime: mostly dried	Putrid	Very soft and flabby. Scales falling.
E	Eyes fully sunken shrunk and dried up.	Fully discolored dark brown or green thick brown mucus	Fully discolored or bleached; thick slime; completely dried	Very putrid	Very soft and flabby: muscle easily torn off from back bone.

Recorded by :

KangWon National University	Department of Food and Biotechnology

2. Organoleptic score sheet for cooked fish

Species : Number :

Date :

(Mark(√) that column which gives the nearest description of the sample tested)

Odour	Flavour	Texture and Colour
Fresh characteristic odour (10)	Rich flavour characteristic (10) of fresh fish	Firm and juicy: white (5)
Some freshness retained (8)	Poor in flaver (8)	Firm but Woolly (4)
Lack of any characteristic odour, but no unpleasant smell (6)	No definite flavours: no off flavour (6)	Soft, wooly: slight discolouration (3)
Presence of foreign odours: not characteristic of fresh fish. (4)	Traces of off flavours (4)	Softer, more discolouration (2)
Slightly putrid odours (2)	Bitter or undesirable flavours (2)	Cheesy with some browning (1)
Very putrid odous (0)	Very Pronounced unpleasant flavours (0)	Sloppy: soapy with masked browing (0)

Recorded by :

12. PRESERVATION OF FISH WI1H ANTIBIOTICS
(항생제를 이용한 어류 보존)

Bacterial strains isolated from fish have been reported to be highly susceptible to ChlorTetracyCyline(CTC, Aureomycin). It retards bacterial growth and consequently it may replace to a certain extent or be a very important adjunct to refrigeration. With CTC, the fish can be refrigerated longer at lower temperatures. The best results with CTC are obtained when the initial bacterial count is low. Highly sanitary techniques are therefore indispensable to the proper use of CTC for its effectiveness.

<u>Precaution</u>

CTC is unstable in hard water. This could be overcome by addition of 200p.p.m of citric acid to the water in the tank containing CTC solution to adjust the pH to about 3.5. In unacidified water(pH 7.2) practically all antibiotic activity of added CTC disappears in one day at 25°C.

<u>Public Health Aspects</u>

Before permission may be granted to add any substance to a food intended for human consumption such a substance must pass rigorous tests to ensure that no harm will come to the eventual consumer.

80~100% CTC that is absorbed by the meat is destroyed when meat is cooked. Since the meat is almost invariably cooked prior to use it is extremely doubtful whether it would ever be possible to detect CTC, in meat so treated. It has been proved that levels as low as 1 to 2 parts per million of CTC in the tissues of meat, fish and poultry arc sufficient to delay considerably any bacterial growth. At these levels about one ton of raw CTC treated food would have to be consumed daily by the consumer to absorb a medicinal dose.

It is very unlikely that residues such as could occur in meat treated with CTC could in any way impair human health. It is interesting to observe, that trace amounts of antibiotics in the daily ration of farm animals and poultry have resulted in their significant improvement in weight gain and general performance.

Presently the use of CTC for fish preservation has been sanctioned in a number of countries. The present regulation in USA permits use of CTC and OTC[OxychlorTetraCycline (Terramycin) while in Canada the authorities have agreed to the use of CTC in ice for fish. The Chilean Ministry of Health has also permitted use of certain antibiotics as additives to ice used for icing fish. It has been stated that CTC is being used commercially in fish preservation in a number of other countries.

Estimation of CTC

The CTC in the sample taken for analysis is brought into aqueous solution HCL is added to an aliquot of the solution and the mixture is heated forming yellow anhydrous CTC which has an absorption maximun a 445m/u. The difference in absorbance of assay sample and blank can be used to calculate the CTC present.

$$\text{CTC}\ \xrightarrow[\text{pH 7.5}]{\text{heat}}\ \text{Isochlortetracycline}\ \xrightarrow[\text{HCl}]{\text{heat}}\ \text{Iso chlortetracycline (colourless) (Blank)}$$

$$\text{CTC}\ \xrightarrow[\text{pH 7.5}]{\text{heat}}\ \text{anhydrous tetracycline}\ \xrightarrow[\text{HCl}]{\text{heat}}\ \text{(Yellow) (Assay)}$$

Mechanism of antibiotic action

A hypothesis has been put forward to suggest that two molecules of CTC chelate with the metallic component of microorganisms thereby suppressing their growth.

Miscellaneous

Rimocidin, an antifungal antibiotic has been successfully used to prevent growth of mould and yeast on dried fish products. Subtlin retards develop-ment of anaerobic germinating spores in ground fish or beef. Subtlin or Nisin have been used to reduce time of retorting while canning meat products

Trade Names

OxychlorTetraCycline(Terramycin), Chlortetracycline(Aureomycin) :

TetraCycline(Achromyocin).

Distribution of CTC in Ice

When a water solution of CTC freezes, the water freezes out first and the CTC forms a highly concentrated section in the centre of the frozen ice block. This concentration could be avoided by adding a protective colloid like carboxy methyl cellulose along with a metal salt i.e. carboxy methyl cellulose 100ppm, NaCl 300ppm, CTC 5ppm. The end effect of this combination is that a fixed gelatinous network is formed throughout the solution. CTC is held up in this net work by means of the binding action of the metal salt and the protective colloid. When properly made, the ice (containing 5ppm CTC) has a very pale, uniformly greenish yellow colour. To prepare a 300lb. block ice containing 5ppm of CTC, empty the contents of one 4.2g packet (CTC 16.5%) or equivalent into the stream of water filling the can so as to obtain maximum agitation and dispersion. It is then frozen into ice blocks.

References

1. Acronize, M. Chlortetracycline for beef processing. Bulletin American Cyanamid Co.
2. Tarr, H.L.A(1961). Chemical control of microbiological deterioration. Fish as Food., Ed. by Borgstrom., Academic Press., New York., 1, p. 639
3. Chiccarelli, F.S. et al., J.A.O.A.C., 1957, 40, 922.4 Weihberg, E.D.Bacteriological, Review., 1957, 21, 49.

13. PRESERVATION OF FISH FOODS WITH IONIZING RADIATION (방사선 조사에 의한 수산식품 보존)

Suitable large doses of radiation by fast moving changes particles (electrons) or by rays from radio active materials, can affect the death of organisms, which cause food spoilage. This takes place with only a regligible rise of temperature, so that sterilization can be accomplished without the affects associated with ordinary heating methods. This mode of preservation has future prospective considering that many foods like fish, meat, milk etc., have to be stored for longer or shorter periods before consumption.

Powerful sources of high speed electron generation have been developed, and the rapid progress towards the industrial utilization of nuclear energy could be operated to produce radiation, e.g. by using neutrons to make radio active cobalt-60 or radium 116. Isotope sources such as cobalt-60 or cesium 137 are the most feasible for general use. One can either fire in fast electrons beams by liberating electrons with machine produced rays or gamma rays from radio active substances. High speed electrons in the range 4~10 mev appear the most suitable for food irradiation. Among the radiation sources the machines used have been Van de Graaf electron accelerators, the resonant transformer electron beam generators, and the linear accelerators. Of these machines. the linear accelerator is the most versatile being capable of high-power output in the required energy range.

The source of the radiation has usually been radio active Co-60.

Radiation doses for vanous biological systems.

Radiation doses are usually expressed in 'rads' which corresponds to any energy absorption of 100 ergs per gram of the material., The older units the 'rontgen' and the 'rep' are almost of similar magnitude. Experiment shows that various biological functions require the following doses.

	dose(rads)
Enzyme deactivation	1~10 × 10^6
Sterilization	0.3~2 × 10^6
Pasteurization	10~100 × 10^3
Deinfestation	1~20 × 10^3

The above remarks refer to the effects of a sterilizing dose but they also apply to a lesser degree at the dose levels which might be used for extending normal storage life. (Ca 1,000,000 rads). Pathogenic organisms can survive these moderate doses of radiation and foods treated in they way should be stored under conditions which prevent dangerous proliferation e. g. at less than 5°C to prevent formation of botulinum toxin.

Bacterial spores are relatively resistant and may require upto 2 × 10^6 rads for this degree of inactivation where yeasts and moulds require 10) to 106 rads and vegetative bacteria require 1~5 × 10^5 rads.

It is possible therefore that doses of upto 3 × 106 rads may be needed in practical application. 5~7 × 10^5 rads has been used to effect a marked increase in the storage life of fish at refrigerator temperature before onset of microbial spoilage: 3 × 10^5 rads has been used to kill salmonella in egg pulps. Even lower doses arc effective with most insects, the reproduction cycle of which can be broken, as in the case of Trichina larvae, by dose of about 2 × 104 rads. At the other end of the scale viruses could be inactivated if required by dose up to 5 × 10^6 rads.

The effects of ionizing radiation on biological systems.

Among the more important end results are sterilization, that is, a destruction of the capacity of a cell to undergo continued proliferation, followed by cell death, a mutation will have been induced in a small proportion of the survivors from a heavily irradiated cell population. Many cells show a partial recovery from the immediate effects of irradiation which may even permit them to undergo one or more cell divisions, but their viability is reduced and in an organised tissue they are generally over grown by less damaged or normal cells.

Direct tests of metabolic activity, such as respiration, glycolysis and ATP synthesis, have so far failed to reveal any marked damage to the enzyme systems concerned at dose levels of the order of 100~200 rads which suffice to kill many types of dividing cell. It would appear that most susceptible to damage by ionizing radiation are those responsible for maintaining the level of the essential enzymes rather than the more abundant enzymes present at the time of radiation.

Effect of ionizing radiation on foodstuffs.

In fatty fish such as oil-sardine, rancidity of the oil will be an added hazard. This can be partially eliminated by irradiation under vacuum, in an inert atmosphere or in the presence of antioxidants. In other species, the pigment is bleached or in the white fleshed groups, brownish discoloration may appear.

Raw meat develops an unpleasant odour and flavour when irradiated with a sterilizing dose and there is a tendency to form methaemoglobin. A procedure based on removal of oxygen and deep freezing before irradiation virtually eliminates these changes. Alternatively a large amount of a radio sensitive compound can be added to complete for the radicals. This could be overcome by the use of protective compounds called "free radical acceptor" such as ascorbic acid, and anti oxidants, the effect is due to their preferential reaction with the radical produced by irradiation.

Dairy products develop very strong odors and flavours, although these can be controlled to come extent, whereas processed meat products, which already contain protective compound such as nitrite and fat oxidants, show little flavor change.

Public health aspects

The problems to be sloved before those sources of radiation can be applied to foods are prodigious. Questions of adequate shelving of personnel at once rise to mind. The greatest problem is whether public opinion can be brought to accept the treatment of food by radiation. The possibility of the formation in the foods to harmful compounds has not been demonstrated to be a hazard. The main possible hazard is the formation of harmful compounds. including carcinogens but there is no positive evidence that such compounds are formed in significant amounts. Regarding the risk of induced radio activity in the foods after irradiation, it has been shown even with high speed electrons of 25m.e.v. the amount of induced radio activity 1s below permissible limits and would present no hazard to a consumer if the food had been stored for a minimum period of a week.

Notes

1) While irradiating foods in packs it may be remembered that with gamma rays virtually any standard type of container could be used. Electrons, however, have limited penetration which will limit the overall depth of the container and necessitate the use of material of low density such as aluminium.

2) Mutants produced by sub-lethal doses might not prove more pathogenic than their precursors. Mutants usually appear to suppress or accentuate. Some function already present in the original organism and as such one could not accept fundamental changes in pathogenicity.

3) Radiation provides a convenient and simple procedure for distinguishing exogenous bacterial effects from endogenous enzymic effects in fish material. In irradiated fish, the role of trimethylamine and total volatile base production is considerably suppressed. This is due to the fact that bacterial enzymes and not endogenous tissue enzymes are the important agents in the production of TMA and TVB. The results indicate that exogenous bacterial enzymes rather than endogenous tissue enzymes are responsible for degradation of fish muscle.

4) By the combined use of radiation and broad spectrum antibiotics a lower radiation dose can be used to achieve the same increase in shelf life. Cod dipped for 30 min. in 20ppm CTC and irradiated at 0.25nm X 10^6 rads had extension of storage by 14~15 days at 0°C over the untreated controls. In particular the pseudomonas, which are known to be very active in fish spoilage are almost completely eliminated.

5) It dosts about one cent to irradiate one lb of food with 1,000,000 rads and to this we should include transport, packaging or storage charges.

6) 1 electron volt. energy gained by any single charged particle (such as an electron) in falling through a potential difference of 1 volt.

1 KeV = 1000 ev.

1 MeV = 10^6 e.v.

References

1. Symposium on "Preservation of foods with ionizing radiations".Chemistry, & Industry., 1954, p. 383~390.

2. The Technology of Fish Utilization., Fishing News Books Ltd., London, 1965.

3. Coleby, B. and Shewan, J.M., The radiation preservation of fish as food., Academic Press., London., Fish as Food., Vol. 4, p. 419, 1965. 67

14. CHILLING OF FISH
(어류의 냉각)

Infulence of temperature on fresh fish

Rigor morris

Low temperature prolong the duration of rigor.

Bacterial growth

Spoilage bacteria mainly psychrophilic in nature, grow between 30°C and 0°C, some growing down to -7.5°C. optimum temperature for growth in the range 10~20°C. Growth twice as fast at 3.5°C and five times as fast at 10°C as at 0°C. The lag phase considerably extended at law temperatures. The increase in growth rate for 1°C rise of temperature at lower ranges (near 0°C) is several times higher than the increase in growth rate for 1°C rise at higher ranges of temperature.

Observed rate of spoilage of fish

bears close parallel with the pattern of growth of spoilage bacteria. Measured in terms of either chemical induces or organoleptic score, the decrease in the keeping quality calculated for 1°C rise at lower temperatures was considerably higher than the decrease in keeping quality for a corresponding rise in temperature at higher ranges. Fish spoils about 2 1/2 times as fast at 4.4°C and about 5 1/2 times as fast at 10°C as they do at 0°C.

Chilling Methods

(i) Cold air : The rate of heat transfer is poor; dehydration takes place; surface bacteria not removed.

(ii) Icing : Advantages: (a) high specific heat and heat of fusion, (b) good heat transfer (c) Washing effect due to melting ice. Disadvantages; ① tendency to injure and bruise the fish, ② leaching of flavor and nutrients.

(iii) Use of antibiotics with ice often recommended.

(iv) Salt water ice: The freezing point is lowered. Advantage of even small decrease around 0°C is considerable.

(v) Chilled sea water : Transfer of heat faster : washing effect : fish can be pumped out for unloading

(vi) Super chilling and partial freezing

(vii) Mechanical refrigeration some times resorted to mainly to conserve ice in fish folds in ships.

The freezing point for fish is between -0.6°C and -2°C, depending on the species and on the concentration of intercellular fluid. It is usually taken as -1°C. During chilling the heat transfer between the food product and the coolant is often accompanied by weight transfer, chilling must therefore be regarded as a complex process of heat and mass transfer.

- physical changes : weight loss, desiccation.
- chemical changes : rigor mortis (Actin + myosin $\xrightarrow[ATP]{}$ Actomyosin).

15. FREEZING AND COLD STORAGE OF FISH
(어류의 동결과 냉동저장)

Chilling with ice provides temporary preservation: the temperature of the fish must be brought down to very low temperature before really effective control is secured over bacterial spoilage.

During freezing of fish, most of the water is frozen when freezing begins at −1°C down to −5 °C and practically all of it is frozen at −20 to −29°C. The size and shape of the ice crystals, depend entirely on the way in which the fish are frozen, and can be controlled.

Water frozen in small crystals inside the individual cells gives a superior frozen product than the one where large ice crystals are formed in the space between the cells. In the latter case the cells become crushed and distorted. Deteriorative changes during frozen storage result in.

1. Alternation in texture

As frozen fish remains in cold storage, the texture becomes progressively tougher. The solubility of the principal fish protein, actomyosin, decreases as the storage period or the storage temperature of the frozen fish increases.

2. Drip loss

When frozen fish is thawed, a fluid separates during the thawing process resulting in 'drip' loss. If the drip loss is appreciable, the frozen product can be unappetizing due to loss of flavoring principles from fish. The cell damage can be measured by estimating deoxyribonucleic acid (DNA) presumably released by the brusting of cells, in the drip formed on thawing.

3. Desiccation

When frozen fish is inadequately protected against moisture loss by improper packing or glazing, or when storage conditions are not optimum, considerable moisture may be lost resulting in monetary loss. More serious even than this loss in weight of the product is the very detrimental loss in quality of fish which may become completely unmarketable. 'Freezer-burn' is the trade term for the whitened, toughened and wrinkled condition of the patches on the surface of frozen fish caused by intense drying in cold storage especially at high temperatures such as -9°C to -7°C. With prolonged storage especially the drying extends to interior.

Protecting by glazing using simple water is preferred in refreezing of fish. The frozen fish is dipped into chilled water(the fish is dipped several times to obtain a sufficiently thick glaze), the water freezing as a cover shell or the fish may be frozen in a moulding form together with chilled water so that it and water make compact block. The latter methods is commonly employed for freezing of shrimp and is a convenient method of protecting shrimp from loss of flavor and other undesirable changes. Anti oxidants may be added to the water for a more efficient antioxidative effect.

4. Rancidity development resulting in color and flavor changes

Oxidation of fish oil and pigments is a more serious problem with some species. The underlying causes for both the rancidity development in oil and discoloration of pigments in the flesh have been shown to be proimarily a biocatalytic action. The dark muscle contains higher amounts of myoglobin and oxidative enzymes than the white muscle. It is probable that the high susceptibility to oxidative changes in this part of the tissue is related to elevated oxidative activity.

Freezing methods

Air-blast freezers operating at -30°C to 40°C are now commonly used with a view to save capital cost. The advantage of air-blast freezing over other methods is mainly its flexibility as it is possible to freeze both large and small fish. Air-freezers are not, however, preferable for freezing of consumer packs. To obtain a regular form in the packs it is better to freeze them in plate type freezer. Air-freezers also require more electrical energy than plate freezers.

Slow freezing vs. fast freezing

With slow freezing, the ice formations are large and few in number and tend to compress the fibers and connective tissue strands into ridges and band like formations.

Quick freezing at -40°C or below produces ice crystals within the fibers. It results in evenly distributed ice crystals, microscopic in size, and therefore a frozen tissue is not perceptibly different from that which is unfrozen. This rapid freezing produces fewer and smaller cellular distortions.

Removal of water by ice formation results in higher concentrations of electrolytes in the surrounding fluid. Intra-cellularly this would lead to increased osmotic pressure, subsequent removal of water from adjacent cells, possibly inter-cellular crystallization before an equilibrium could be reached, and denaturation of cell contents by dehydration.

Most of the water is frozen when freezing begins at -1°C down to -5°C and practically all of it is frozen at -29°C.

Temperature	°F	28	23	15	-5	-10	-15	-20
	°C	-2	-5	-9	-21	-23	-26	-29
Proportion of water frozen%		68	85	91	93.5	94.1	95	97.5

Plate freezers vs. air blast freezers

In many factories concerned solely with the production of wrapped fillets or consumer pack shrimp, plate freezers of the Birdeye or Jacket one types are used. The capacity of these varied between 1/2 ton to 1 ton of wrapped fish which is frozen in metal trays between refrigerated plates which are pressed fish which is frozen in metal trays between refrigerated plates which are pressed down to rest lightly in contact with the upper surfaces of the blocks. Block of 2.54cm thickness could be frozen in 90 minutes and after removal and transfer to card board cartons they are usually stored at -21°C to -23°C. Thickness up to 5~8cm inches are sometimes used but the freezing rate is considerably slower being 3~5 hours.

In other processing plants, Air blast freezers(tunnels) are in use and these have the advantage of flexibility for handling all shapes and sizes of fish and packaged fish. These tunnels are loaded with movable trollys containing trays of packaged fillets or fish in the round condition. Cold air at -34°C or below is circulated at high speed. They are fairly expensive to construct and the maintenance cost is quite high.

Glazing

Temperature of the glazing water should be controlled at about 2°C to 4°C. Weight of glaze varies from 2~7% of the weight of fish being lower for larger units.

Thawing

Extremely slow thawing makes the fish remain for many hours in the "zone of maximum deterioration." -10°C to -5°C does promote increased denaturation of proteins, drip etc. Thawing temperature must not be allowed to exceed 15°C.

Fish \ Temp	0°C	-5°C	-10°C	-15°C	-20°C	-24°C	-34°C	-40°C
Haddock	0.0%	0.796	0.867	0.892	0.906	0.914	0.914	0.922
cod	0.00	0.767	0.843	0.874	0.890	0.898	0.905	0.905
Perch	0.00	0.778	0.846	0.872	0.888	0.894	0.899	0.900

Before a frozen fish or fish product can be used, it must be thawed or de frosted. In this process its temperature rises to 0°C, the ice crystals melt, and moisture 1s absorbed by the tissues. Thawing is the final stage in the processing of frozen fish. The most significant changes during it arc mainly the melting of the ice crystals and the absorption of moisture by the tissues. The water formed when the crystals melt inside the tissues will either *be* entirely absorbed by the latter causing them to swell or most of it will drain out(food value being lost, and the fish becoming dry and fibrous, with a poor flavour). Fish may *be* thawed in ice, in aliquid, or in air, the most modern method uses high frequency current.

16. FREEZING OF OIL SARDINES
(정어리의 냉동)

Though oil sardines form one of the most important of the marine fisheries, commercial scale freezing preservation of the fish has not been established in the country. A major portion of the landings of the fish is at present utilized for the preparation of sardine oil and sardine guano. It needs mention that a very small portion of the catch is being utilized for canning also at present. But during the peak season of catch when huge quantities are landed, the fish is even utilized as manure for lack of facility for preservation by freezing or some other economic way of processing.

The major difficulty encountered in preserving oil sardines in ice or even in the frozen state is the phenomenon of belly bursting; the belly walls break up and the visceral portion comes out this reducing the consumer acceptability of the fish. From the studies, it has been observed that the extent of belly bursting is more when the oil content of the fish is less and vice versa. During the peak season of oil sardine fishery the oil content of the fish is comparatively high and consequently the extent of belly bursting, has been found to be much less. The content of oil in oil sardines is high, (even up to 15 % on the basis of the weight of the fresh fish.) and the high oil content of the fish also stands in the way of preservation of the fish by freezing since the problem of development of rancidity comes in during storage subsequent to freezing.

The Indian Institute of Fisheries Technology has studied the freezing characteristics of oil sardines. From the studies made so far, it has been observed that even the samples with the highest oil content can e quick frozen and stored at the temperature of -32°C for more than two months in good condition. The method employed at the Institute for freezing oil sardines is as below:

<u>Method of freezing oil sardines.</u>

1. The material used for freezing should be fresh. If there is any time lag before

being frozen keep the material at ice temperature. A void rough handling since the belly walls tend to break due to abrasion.

2. Wash the material thoroughly in good water. Washing can be done by hosing on the material spread on perforated aluminium or stainless steel topped table. Remove damaged or burst pieces, if any.

3. Keep the material in 15 % sodium chloride solution for 30 minutes. This reduces the extent of belly bursting during freezing and subsequent storage.

4. Weigh out the material in 2.27kg. (5 lb) lost or on any other standard weight and fill in trays. Add approximately 900ml. of ice cold water to each 2.27kg. material in the tray. 5. Admit the filled trays into the freezer for quick freezing. Quick freeze the material within the minimum possible time at - 40°c.

5. Reglaze the frozen block by dipping in ice cold water(Chlorinated at 5ppm level) for a few seconds(or by adding ice cold water on the frozen block kept in the carton). Wrap the slab in polythene paper (if not already done) and then pack in waxed carton. Pack suitable lots in master cartons.

6. Store the frozen material at -17°C or below. Oil sardines quick frozen and stored at the above temp. Keep normally for more than 3 months in good condition. The storage life of the frozen material has been found to be inversely related to the oil content of the fish as can been seen from the table below:

Oil content of the fish(moisture free basis).%	Storage life at -17°C after freezing (months).
10.30	5
18.20	4
22.00	3.5
40.39	3
42.43	2

The keeping quality of the frozen material refrigerated transport can be employed for transport to distant internal markets. Studies carried out to evaluate the storage life or the frozen blocks of oil sardines under refrigerated temperatures are encouraging. It has been observed that the blocks keep in the frozen state for four days at refrigerated temperature (0°C to -3°C) and the thawed material can keep for a further period of two days in good condition at that temperature.

17. PROCESS FOR FREEZING PRAWNS.
(냉동 새우의 제조)

Prawns are frozen in different forms as below :

(1) Peeled and deveined.

(2) Peeled, de veined and cooked.

(3) Cooked and Peeled.

(4) Headless, shell on.

The procedures in general are as below :

(1) Peeled and de veined :

The fresh prawns are beheaded, peeled and deveined. The pulp is washed thoroughly in potable water and graded for the size. The shell particles, vein bits, fibres etc. are removed and then again washed thoroughly. The prawns are then arranged in freezing trays each holding 5 lbs. of prawns or they are arranged directly in a waxed carton lined with polythene paper inside. Ice water is then poured in the trays or cartons and then admitted into the freezer(either plate type contact freezer or tunnel freezer) and the material is frozen at -34°C to -40°C for 3~4 hours. (little more time is required in tunnel freezer). In case the prawns are frozen in trays the slabs obtained are dipped in ice water for glazing.

However, in the case of freezing in cartons the glazing is not done. Glazing is necessary to protect the frozen material from dehydration, oxidation etc and is done in a cool room at the temperature of -23°C to -26°C. The slabs after glazing are wrapped in polyethylene paper and then packed in a waxed carton. 10 such slabs are packed in master carton made of corrugated paper board and stored in a frozen storage room at -23°C till shipped.

Peeled and deveined prawns are generally frozen in the following size grades :

Upto	-15/1b.
16	-20/1b.
21	-25/1b.
26	-30/1b.
31	-35/1b.
36	-40/1b.
41	-50/1b.
51	-60/1b.
61	-70/1b.
71	-90/1b.
91	-110/1b.
110	-130/1b.
and 130 up /lb	

(2) Peeled, deveined and cooked.

In this type the prawns(usually small size) are Peeled, deveined and washed thoroughly with good water. The prawns are then cooked in 3% to 5% brine for about 3~5 minutes and allowed to cool. The cooled prawns are then filled in trays and frozen as above. This variety is frozen generally in the following size grades:

110 up/lb.

120 up/ lb.

150~300 / lb.

(3) Cooked and Peeled.

The prawns after thorough washing are cooked in 7~10% boiling brine for about 2~3 minutes, depending upon the size. The material is then cooled immediately in ice-cold water containing 3~5% salt. It is then peeled and the meat washed thoroughly in good water chlorinated to the level of 20ppm. The material is then filled in trays or cartons and frozen as usual. The frozen block is glazed with glazing water chlorinated to the level of 50ppm. The cooked and peeled prawns are frozen usually in the following size grades.

300-500/ lb.

150-300/ lb.

121 up/ lb.

(4) Headless shell on

In this type only the heads are removed but the shell is left on the prawn. Rest of the freezing procedure is same as in the case of peeled and deveined prawn. This variety is usually frozen in the following size grades:

Upto		5/ lb.
〃		7/ lb.
〃		10/ lb.
〃		15/ lb.
16	–	20/ lb.
21	–	25/ lb.
26	–	30/ lb.
31	–	35/ lb.
36	–	40/ lb.
41	–	50/ lb.
51	–	60/ 1b.
61	–	70/ 1b.
71	–	90/ 1b.

In freezing prawns it is very essential to use only fresh raw material and to use adequate quantities of ice in every stage till the prawns go into the freezer. Strict hygienic condition should be observed during the whole process.

18. FISH CURING
(어류의 염장)

Principles of Curing

Preservative action of salt has been known since ancient times and its application finds maximum use in case of fish. Protective action depends on (i) partial withdraw! of water from fish during the salting period and desiccation of bacterial cells on a similar principle of osmosis (confirmed in case of gram negative bacteria) (ii) removal of oxygen since it is less soluble in salt solutions (iii)direct bactericidal action by entry into bacterial cell (in case of gram positive bacteria) and precipitation of proteins and enzymes (iv)reducing the action of proteolytic enzyme sand (v) Sensation of micro organisms to CO_2.

When fish is rubbed with salt and allowed to penetrate, it starts dissolving rapidly and the fish is soon surrounded by self brine which however is not sufficient to cover it completely. Weights are placed over the fish usually to prevent fish from floating and press them down. Exchange of water and salt ceases when equilibrium is reached both inside and outsided. It has been shown that 88.0% saturation is attained at the end of the salting period. However entry of salt and removal of water is not a continuous process. There is evidence to show that initially both salt and water enter the fish tissue (i.e. the protein swells up) till a critical concentration (8~10%) is reached when the protein gel breaks down by denaturation: withdrawal of water and entry of salt is more rapid after this stage.

Salt Quality & Curing

The quality of the finished products depends to a great extent on the quality of salt employed in curing. Requirements of good quality fish curing salt is as follows:

1. Grain size:- Neither too coarse or too fine, 40~50% of the sample should pass through British No. 10 sieve.
2. Moisture :- High moisture in effect means less salt besides other disadvantages
3. Insoluble Matter :- indicates sand contamination

4. Calcium and Magnesium, 'impurities':- Sea salt contains calcium and magnesium chlorides besides sulphates and carbonates as impurities; some of them not only increase hygroscopicity but delay penetration salt and cause bitter flavor (Mg^{++}), and tough texture (Ca^{++}) Recent work of CFTRI (INDIA) disproves the accepted theory that Ca^{++}, Mg^{++} and SO_4^{--}delay penetration of salt but the effect of Ca^{++} in conferring white color and firm texture, to some extent desirable is quite well known. Pure Na Cl gives a too soft and yellowish product.

Limits proposed for impurities m salt (N. T. Berezin)

	Ca^{++}	Mg^{++}	SO_4^{--}	Insoluble matter
Dry salting	0.5	0.12	1.00	0.30
Pickle Salting	0.5	0.60	1.00	0.20
Marination	0.1	0.03	0.12	0.05

5. Trace elements: Presence of Cu^{++}causes remarkable yellow discoloration and Fe^{+++} causes browning.
6. Bacteriological quality: Salt should be free from Red Halophilles which come mainly from solar salt. High Mg^{++} level is correlated with red Halophile count.

   Because of red Halophile contamination, Rock salts are preferable. Thermal sterilization of salt is too expensive. Prolonged storage of salt is helpful in purifying contaminated salts.

<u>Salt content in relation to drying and shelf life</u>

Salted fish start absorbing moisture instead of . dehydration at R. H level 76 %, the equilibrium moisture of salt. After drying, the salt content reaches saturation and excess salt separates out as free crystals in good quality products. A minimum of 75 % saturation in fish, time is advocated by Japanese workers for optimum preservation. Based on this limit Rao has developed a graphical assessment technique for prediction of shelf life by plotting Moisture against salt content.

Note on the Kenetics of salt penetrating

According to Fick's Law $\frac{dm}{dt} = -D \times A \times \frac{dc}{dx}$ and $\frac{dc}{dx} = -d \times \frac{D^2c}{dx^2}$

Therefore, Turpayer and Minder derived the equation for fish salting.

$C = Cb \times (1-e\ -KQ^2T)$ Specific area of fish (area/wt), t : No. of days.

Salting Coefficient K = D = RT/677 Nyr by Stokes-Eurstein equation and varies from 0.11 to 0.20(increases also 3% by one degrees rise in temperature)

$$\text{Salting time} = t = \frac{2{,}304}{KQ^2} \log \frac{cd}{cd-c}$$

Salting is both a method of preserving fish and a preliminary operation to smoking, drying, and marinating. Many types of salted fish (in which a pleasant flavor and aroma are produced by salting) make tasty snacks and appetizers- herrings, sprats, anchovies, salmon, whitefish, correnia, hair tail, etc.

19. SMOKED CURING OF FISH
(어류의 훈연 저장)

Fish Smoking

Smoking of fish is one of the widely practiced traditional methods with the added significance of continuing popularity even after the adoption of modern techniques of food processing. This is due to the fact that smoking imparts a desirable flavor and finds application even today as a preliminary step to subsequent preservation by icing and canning. Extent of smoking itself is cut down drastically and in mild smoked products which are popular in the modern age, smoking per Sc is no longer undertaken for its preservative action. Moreover the advent of electrostatic smoking in the wake of mechanization of the smoking kilns has given a fill up to the industry

Hard and Mild smoking

As against mild smoked products mentioned above, fish used to be heavily smoked for a long time(period) after heavy salting in middle ages yielding the well known 'Red Herring'. Such products of tough texture and saltish flavor are still marketed in poorer Mediterranean countries like Portugal. A mild product is Silver Herring.

Cold and Hot Smoking

Hard- Smoked Herring described above used to be smoked at a low temp. (29°C) for a prolonged period (7~10 days with interruption). From Herring, smoked fish like Kippers and Bloaters as also Finnan Haddock and Salmon are cold smoked. Unlike Cold smoking, fish is smoked at a high temp(93°C) for short periods in hot-smoked products which are popular in European countries. 'Buckling' is a hot-smoked product from Herring.

Method of Dressing

Smoked fish may be whole, gutted and also gutted and fully spilt. As examples may be mentioned.

(i) un-gutted: Sardines, small Haddocks, Red Herring, Bloater, Buckling

(ii) Gutted: Eels

(iii) Gutted and Spilt: Finnans (From Cod & Haddock), Kipper & Salmon.

Salting of Smoked fish

As mentioned earlier, Red Herring used to be heavily salted (1:3 ratio) whereas modern processes rely on a short-dip treatment(10 min. to 1 hr) in 70~80% Saturated Brine to improve color and texture. Saturated Brine is avoided since it gives a dull product. Salt content of smoked fish is only 3% except in Red Herring (14%) and Hence it has no preservative effect.

Raw Material for smoking

Although Smoking is generally adopted for fatty fish like Herring, Mackerel, Salmon, Eel etc which can not be handled successfully by other methods, lean fish like cod, Haddock, codling and even shark are subjected to smoking.

Woods suitable for smoking

As a rule, hard-woods are preferred for smoking. Resinous woods(conifers) are unsuitable as also those like Teak and Pitch which confer an acrid flavor. Oak is the ideal wood while Mahagony, Red wood, Dickory and Ceder are employed. Eucalyptus, Rice husk and Coconut Shell corn cob, sawdust have been used for smoking of fish. Juniper is used for Salmon to give a special flavor. Peat smoke adds characteristic flavor.

Apart from the proper type of wood, it 1s necessary to note that proper storage is necessary since sawdust is a source of Mold infection

Hardness of Various woods (Teak as 100)

kusum(Schleichera injuga)	250	Irul(Xylia Xylocarpa)	195
Hopea(Hopea Paratlor)	200	Babul(Acacia Arabica)	185
Axlewood(Anogeissus latifolia)	165	Jack wood	110
Mango	90	Deodar	70
Toon	65	Hickory(USA)	115
Ash(USA)	100		

Chemistry of Smoking

Smoking as a food process relies on the deposition of chemicals which may have preservative and antioxidant action besides contributing to flavor, color and texture. They arise out of polyoses(body), lignins(Cell wall having Methoxy pyrogallol unit) and resins(in soft wood) in wood. Ventilation is a critical factor since too much of ventilation results in decrease of formaldehyde and increase in resin content. Chemicals in smoke can be classified under the following groups.

1. Aldehydes: Formaldehyde, Acetaldehyde, Furfural, 5 Me-Furfural.
2. Ketones: Acetone, Diacetyl.
3. Alchols: Ethyl, Methyl and Propyl.
4. Lower fatty Acids: Formic, Acetic and Propionic.
5. Phenols: Phenol, p-Cresol, Catechol, Hydroquinone: Guaiacol, 4-Methyl (ethyl or propyl) guaiacol: and 6-Methyl (ethyl or propyl) guaiacol. Pyrogallol, 1-o-Methyl pyrogallol, 1-3-0:0- dimethyl ether of pyrogallol.

Preservative action of Smoke Chemicals

Formaldehyde is considered to be important by Hess while Shewan attributes preservative action to Tar phenols. Lower fatty acids are also of some importance. Muscle of well smoke fish contains up to 18mg% of phenol and at least 12mg% is necessary for preservation. Skin contains a higher concentration.

Antioxidant action of smoke

The following compounds may have an antioxidant effect.

(i) Guaiacol and its homologues
(ii) 1:3-0:0 dimethyl pyrogallol
(iii) Catechol and 4-Me-Catechol (in electro smoking) and pyrogallol 1-0-Methyl ether.

Color and Texture of Smoked fish

Color of smoked fish depends on interaction between phenol and Ammonia while phenol and formaldehyde give the texture. Annatto and Saffron as also synthetic dyes(orange I, Tartrazin, Amaranth etc) are used for artificial colouring.

Liquid Smoking

Fish is differed in specially prepared smoke concentrates containing dyes and dried.

Shelf life of smoked fish

At 15.5°C(60°F) cold smoked fish may be kept up to 6 days while not-smoked fish like Buckling are consumed in a 3 days. Moisture content of fish varies from 55 to 75 %.

Physics of smoke

Some is an Aerosol system (solution of solid in Gas) and smoke deposition depends on Gravity, Turbulence and Diffusion(of particles less than 0.1 radius. Particles of smaller radium are obtained in mechanical Killus. Smoke has now been recognised to contain vapour phase and particle phase (0.5 radius) Above a concentration of 0.1 mg/ liter smoke particle tend to coagulate. Based on the above colloidal nature, electrostatic smoking has been developed where high p.d. of 10 to 40 KV(requancy being 20 Mc/Sec.) is applied to the smoke and time of deposition is cut down to 1/ 8 to 1/10 or Normal. Natural smoke is as a whole neutral althoughs a few particles are either positively or negatively charged

Carcinogens in Smoke

Of late, it has been realised that 3:4 Benzpyrene is present in wood smoke. It is a light yellow compound(m.p 179°C) and isolated first from pitch, it occurs in Cigarette and domestic smoke. Investigation showed that it is present in the particle phase and not the vapour phase which is more important for smoke deposition.

Concentration of 3,4 Benzpyrene in smoked fish

Process	Fuel	Temp. of Combustion	Conc. in fish	Conc. in smoke
Cold Smoking	Saw dust	295	0.8 gamma/kg	0.5 gamma/kg
Hot Smoking	Wood	610	12	35
Mechanical Kiln	Wood Shavings	770	34	55
Electrostatic	Saw dust	295	3.1	-

It may be seen that electrostatic smoke shows a lower level as in cold smoking while hot smoking and mechanical Kilns increase its level. Temp. of combustion is to be noted.

Remarks on Smoked Fish

Case of botulism are common in Smoked Fish. In hot smoking, sterilization is in complete. Use of tylosin has been suggested.

20. PICKLING AND MARINATION OF FISH
(어류의 염장과 혼합 저림품 제조)

Although packing of heavily salted fish under saturated brine in barrels is also termed loosely as 'pickling', the term applies mainly to products preserved under salt-acid medium which are also called marinated fish.

Such products are quite popular in continental countries in spite of their low short life. In addition to marinated products, pickling of fish using acidic fruits as adjuncts to salt is also practised in Asian countries, the well known example being colombo Mackerel in India, Usually fish like Herring, Eel, Salmon and Mackerel are preserved by this technique although lead fish like Haddock are also preserved in some cases.

Concentration of acid and salt.

Concentration of acid and salt employed in the pickling of fish is limited both on grounds of palatability and the optimum conditions needed for the development of flavor. Acid concentration does not exceed 3.5% in the final packing sauce and salt concentration is also below 4.0%. Actually 15% acetic acid is needed for complete supperssion of bacterial growth and 14 3 salt concentration is needed for supperssion of yeasts. pH of the product lies around the isoelectric point. Although preservation action is obviously due to the acidic environment, it is not directly proportional to pH since acetic acid is superior to lactic acid at the same pH. It should be also noted that acid and salt have a mutual enchancing in their bacterio static effect.

Processes for Marination

Generally speaking, marination of fish is based on pretreatment in a Fishing bath of higher acid-salt concentration for 3 to 7 days and packing in jars in Cover brine or sauce containing spices. Cover brine contains acid and salt a low levels. Marinated products may be divided into three types base on pretreatment.

a) Cold Marinades

Fish is steeped in finishing bath without any heat processing. However fish for pickling is prepared by (a) soaking in 8~10% salt to harden (b) Dressing-deheading, evisceration etc. and (a) immersion in 3~5% salt to remove blood traces.

Finishing bath contains 6~12% salt and 6% acetic acid and after 3~7 days at 10 to 12°C fish is packed in jars or cans in cover · brine containing 2~4% salt and 1~3% acid. Either vinegar of known acidic strength or pure acetic acid is employed in Marination.

b) Cooked marinades

Fish is cooked or bleached in bath containing 6~8% salt and 1~2% acetic acid at 85°C for 10~15 Min. before packing in cover brine of 3% salt and 2% a cid.

c) Fried marinades

Fried marinade for pickling by frying in oil at 160~180°C of (a) proteolysis by autolytic tissue enzymes (cathepsins) and liberation of amino acids (b) softening by acid (c) Action of salt in coagulation of proteins, maintenance of texture and regulation of ripening and (d) development of flavor due to microorganisms.

Pseudomonas and Achromobacter do not grow at pH 4.5 and molds are inhibited by acetic acid (probably due to propionic acid traces in vinegar) some lactic acid bacteria like Beta bacterium buachneria have been isolated from picked fish. Mold growth has to be avoided since molds decompose acetic acid and promote put refraction by reducing acid strength.

Spoilage of pickled products

Ropiness is a common type of spoilage in which B. subtilis is implicated. Amino acid are decarboxylated to amines like Tyramine(from tyrosine) and cadarine(from lysine) Tyrosine separates out forming white speckes. Growth of anaerobes and gas formation is also observed in these products.

Use of sugar and spices

Sugar is added in some recipes to promote the formation of lactic acid.

Saccharin is also employed. Spices commonly employed in fish pickling are pepper, Pimentos, Cloves, Mustard, bay leaves and onions. Mustard prevents ropiness vegetables like carrots, celery and cauliflower can also serve as garnish.

Formula for calculation of acid strength

Initial concentration (E) of acid in finishing bath is shown to be governed by the following relationship when a final concentration of 2.5% is desired. E-0.125(20 + 0.3 × water + protein %)

Special recipes for marination

In some recipes like Russian sardine, fish is pretreated in 6% acid bath (without salt) and packed in jams with a mixture of salt sugar spice mixture.

Pickling of Herring under brine

Dutch, Scots and Russian methods of pickling heavily salted herring under saturated bring employ whole or gutted fish and maturation and autolysis involves the action of tryptic enzymes from fish viscera.

Colombo Mackerel

Colombo process for mackerel is a traditional method of preservation based on heavy salting of mackerel(1:3ratio) and introduction of a small portion of the dried pericarp of an acid fruit, malabar tamarind(Garcina cambogea). After the salting period up to a week in deep cement tanks the fish is packed in barrels under saturated brine. pH of the brine was found to be 5.4. 50 gm of garcinia is employed for lkg of fish. Turmeric forms a minor in gradient in the process. Picking by above technique is practiced for mackerel and ser fish mainly in India.

It was revealed that the above acidic fruit contains a rare isomer of citric acid.

Effect on taste of acid solutions of salt

The sour taste of various acid solutions has no connection with their concentration of hydrogen ions. A list of acid solutions and their corresponding hydrogen ion concentrations all tasting equally sour is given below.

Acid	pH of solution
Carbonic aid	4.4
Butyric acid	4.1
Acetic acid	3.7
Formic acid	3.5
Malic acid	3.4
Citric acid	3.3
Lactic acid	3.3
Hydrochloric acid	3.0

21. SALT CURING AND SUN DRYING OF FISH
(어류의 염지와 천일건조)

Salt curing forms the oldest and still the most important method of fish preservation in developing countries. Sun drying without use of salt is udertaken in case of smaller varieties of fish like white bait,silver bellies,sardines, squid and under favourable conditions. Salted fish are of several types (i)salted and dried (ii) Wet salted (iii) pickled or brined fish.

Preserving action of salt

Salt is a preservative mainly due to its effect of desiccation of tissues and microbial cells due to osmosis. In addition, other effects are (a) direct action of NaCl on putrefactive bacteria (b) removal of oxygen(solubility oxygen is less in brine) and (c) sensitisation of bacteria to $C0_2$.Incase of bacteria of salted fish it was found that salt enters the cell and precipitates proteins and enzymes in gram positive bacteria and desiccates the bacteria by osmosis in case of gram negative organisms.

Microbiology of salted fish

During the cunng process contamination occurs by bacteria from salt used and microflora introduced by handling. Presence of salt modifies the growth of bacteria originally present on the fresh fish. Micro flora of salted fish are of three types.

1) Halophobic bacteria : They fail to grow if salt concentration is above 6%. They include most pathogens and putrefactive types. However some remain in viable condition.
2) Halotolerant group : They can grow in salt solutions greater than 6 % cone. upto saturation level. Ex. many spore forming rods, micro cocci and some anaerobes(including Cl. botulinum).
3) Halophilic bacteria : These require and grow best in presence of salt. At least 2 % salt is required. Since they produce generally a red pigment, they are called red halophiles, grow in saturated salt solutions.

Properties of Red Halophiles

Name derives from red pigment generally produced by Halophilic bacteria. They are mostly aerobic. Red pigment is due to bacterio-ruberine and(demethylated spirillo xanthine)-a carotenoid-which protects them against sunlight. Require both Na^+ and Cl^- for growth. Have a high requirement for Mg^{++}. Optimum range for growth 45~50°C. Cocci prefer 37~40°C. can grow 15~55°C. Grow well at 75% RH(common bacteria prefer 90%) Red halophiles are pleo morphic i.e. the same organism may appear as rods, cocci and even ribbon shaped like spiro chaetes. Examples of red halophiles (i) Serratia salinaria(10~30%salt). Micrococcus littura(16~30%), some Achromobacteria according to Loch head and anaerobes like bacterioides halo-osmophilus(3~6%).

Some authorities however believe that these organisms are only adapted strains of common soil and water bacteria like B. prodigious and M. roseus. Halophilic molds are known chief of them being Torula epizoa also called Sporendonema epizoum.

Quality of salt for fish curing

Quality of cured fish depends to a certain extend on type of salt used. Salt used may be (1) solar salts: (2) rock salts: (3) brine evaporated salts (4) refined salts and chemical salts. Solar salts are com monly used though the others are better.

Requirements for Fish Canning Salts

(a) Grain size : Medium size prefered (40~50% should passed through No. IO (U.K)sieve. Extra-fine salt increases penetration rate and rapid surface coagulation and also sticking of fish. Coarse salt delays penetration.

(b) Microbial load : Solar salts show heavy load. Related to Mg^{++} content of salt : prolonged storage or sterilization(too expensive) recommended.

(c) Insoluble matter : may not exceed 0.5~1.0%

(d) Impurities: Calcium and magnesium chlorides, calcium and magnesium sulphates, sodium carbonate and sulphate are chief impurities. Calcium and magnesium delay penetration according to Tressler but this was denied by Rao and Sen. They effect texture, cause bitterness (Mg) and promote halophile growth but mini um amount of $Ca^{++}$is needed to give a firm, chalky appearance. Pure salt gives yellowish brown product. 0.5 % of Ca^{++} and Mg^{++} recommended as limit. For pickling and canning salt must be of greater purity(0.1%).

(e) Trace elements: Iron as impurity causes brownish and copper yellowish discoloration.

Methods of Fish Salting

1) Pickle Cure-Dry salt is applied to eviscerated fish(some like Herring without dressing) and allowed to remain in contact in salting tanks.

 Weight is placed above to keep fish under self brine which forms rapidly. When equilibrium is reached, salt concentration is estimated as 88 %. Salt ratio varies from 1: 3 to 1 :8 (salt:fish). For large fish, fatty fish and bad weather more salt is used. In Korea pickle curing is known as dry salting.

2) Brine Curing-Brine of known strength is used for curing. Gives a more uniform product but the strength decreases by water uptake from fish. May be maintained by suspending extra salt. Arrangement for circulation of brine is also known. Not employed in tropic area.

3) Kench Cure-By stacking salted fish on open platforms, self-brine formed is allowed to flow away. Known as wet salting or Ratnagiri method in India, employed for Mackerel seerfish etc. Salt ratio 1:3, half of the salt applied on first day. Fish restacked on second day using half of the remaining salt. The rest applied on third day. After 7 to 10 days, fish in semi-dry condition marketed. Storage life poor for such fish.

Special methods

1) Pit Curing- Fish in whole or eviscerated condition rubbed with salt, packed in mat bundle and buried in the sand from 3 to 15 days. Pit cured fish are soft and tasty. But they have low shelf-life and maggot infestation is common. Practiced on South east Asia Coast. Method given up in recent years.

2) Madura Cure -Fish is rubbed with salt and packed without drying in mat bundles.

In the above two methods, semi-anaerobic conditions produce characteristic flavour.

Drying of Salted Fish

In the sun drying of fish, internal diffusion of moisture to the surface is of greater importance for rate of drying. Drying is completed in 2 to 7 days depending on the location. Salted fish dry more slowly than un-salted fish. Above 72.5% RH. Salted fish attract moisture from the air. High RH levels in tropical countries are conducive to production of good salted fish. For obtaining good products fish is best dried in shade without direct exposure to sun. Raised platforms reduce sand contamination. Moisture level below 40% is needed for good storage life.

Artificial Drying of Salted fish

Artificial Drying with air of 45°C and 50% RH for 12 hours is suitable for tropical conditions. Tropical fish do not get cooked under such conditions unlike Canada where 27°C is employed. Lower temperatures need dehumidification which is not economical in developing countries. Artificial drying gives more uniform products of better quality free from sand contamination and insect infestation.

Defects in salted and dried fish

Salted and dried fish have poor consumer appeal and low shelf-life (maximum of 4 months) on following grounds : (1) tough texture and cured flavor (2) browning (3) yellowish discolaration due to fat oxidation (4) rancidity (5) reddening due to hal-ophilic bacteria (6) mold growth (7) insect infestation in improperly cured samples.

Improvement of cured fish

Dip in 4% propionic acid or sodium propionate before curing recommended by Rao to control molds and red halophiles.

Mold growth also prevented by use of sorbic acid. Salt mixture consists of 0.5% potassium sorbate, 0.25% sodium benzoate, 1.5% sodium acid phosphate; 0.2% BHA and 0.04% citric acid may also be included to prevent rancidity and discoloration.

Note on theory of fish salting

Basing on Fick's Laws of $dm/dt = -DA \times dc/dx$ and $de/ct = -D \times d^2c/dx^2$ Turpayer and Minder derived the following equation for fish salting.

$$C = C_b \times (1-e^{-kq2t})$$

where K= D=Salting co-efficience varying from 0.11 to 0.20

q = Specific Area of Fish= Area/ wt

t = No. of days.

K is calculated from stokes -Einstein equation.

$$K = RT/\ 6\ II\ N\ nr$$

N = Avogadro No. n = Viscosity of medium

r = radius of diffusing medium

K increases by 3%

$$T = \frac{2.304}{KQ^2} \log \frac{Cb}{Cb-c}$$

22. FREEZE DRYING OF FISH
(어류의 동결건조)

Fish dried by common methods is of inferior quality. Its rehydration property is poor and the resulting product is dry. Case-hardening develops because of protein denaturation and this has adverse effect on the texture of the dried product. The undesirable changes found in freeze-dried fish are relatively very few.

Apart from the quality aspects, the freeze- dried products have the advantage of reduction of shipping weight and can be kept for extended periods in non-refrigerated storage without serious impairment of quality.

Principle of freeze-drying

Consider the system ice, water and water vapour. These three phases can only exist together under on condition of temperature and pressure. At the point of co-existence the temperature is 0.0075°C and the pressure 4mmHg.

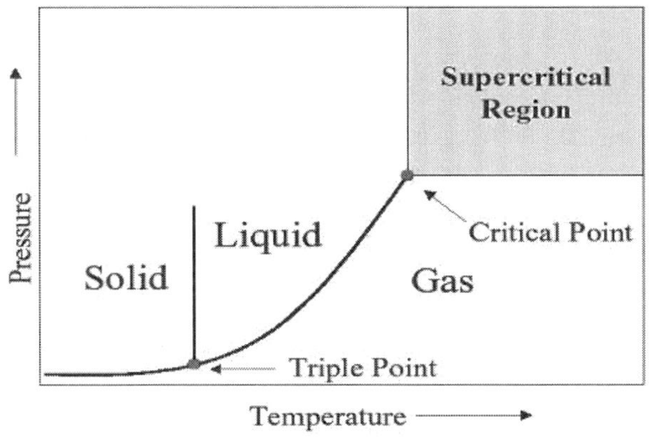

The point where ice, water and vapour can co-exist is called the eutectic point of triple point. Ice could be sublimed by holding the material under a vacuum with a total pressure well below the vapour pressure of ice i.e. below the eutetic point. The material to be dried is frozen at low temperature -20°C or below and water vapour is removed by sublimation. Heat is transferred to it to provide the necessary energy for the sublimation of ice crystals. Water vapour thus removed from the material is condensed on refrigerated coils.

Accelerated freeze drying

Accelerated freeze drying can be accomplished by accelerated heat transfer method by placing the raw material on aluminium trays(expanded metal) between heating plates. These could be moved towards each other in such a way that a controlled pressure can be exerted on the drying materials to create maximum heat transfer but not high enough to crush or otherwise damage the products. The basic idea is to increase heat transfer by bringing the platens into close contact with the foodstuffs. To allow room for vapour escape and also to increase the penetration of heat to the interior of the foodstuff, an expanded aluminium metal grid is placed between the platens and the food. During the drying cycle the platen pressure on the food is arround 4 p.s.i which is sufficient to promote intimate contact without crushing the food. The material could also be freeze- dried under accelerated condition by using radiant heat. The trays containing the material are placed slightly above the heating platens by introducing wooden pieces in between trays and the plates.

Freeze-drying equipment

The commonest type of freeze-dryer is the stokes cabinet dryer with heated shelves through which hot water or steam could be circulated. In this type the food is usually loaded into trays which are placed in contact with the platent or elevated slightly above them, depending on whether the principle of heat transfer is conduction or radiation convection. The auxiliaries usually consist of a refrigerated condenser with a mechanical vacuum pump. Absolute pressures in the order of 0.3 to lmm are generally obtained.

Economic of freeze-drying

Estimates have been quoted from less than 2 cents to more than 20 cents per pound of water removed'. It is obvious that there is a need for a standard method of cost estimation. Production costs are very high due to the capital outlay required for the special freeze drying plant and also the high running costs. Also the packaging materials for freeze-dried products are also very expensive since the product must always be protected from moisture and mechanical damage and usually from oxygen as well.

The following table summarizes the comparison drying costs[2].

		Canning	Air drying	Quick freezing	Freeze drying
Capital	cost (pound)	1,000,000	1,500,000	1,500,000	5,000,000
Annual	running costs(Labour, steam and electricity)	2,500,000	3,200,000	3,400,000	8,000,000
Annual	packaging material(pound)	-	-	4,000,000	8,000,000

These comparisons clearly show the tremendous commercial handicap under which freeze drying is placed in a highly competitive food industry.

Quality aspects

Toughness and lack of juiciness m fish are the most commonly noted defects of freeze drying[3]. The cause of these defects has been attributed to the changes in the muscle proteins in particular the myofibriller proeins, actin and myosin. Connell suggested that the increases in toughness and loss of gel forming ability may be due to increased cross linking of protein chains. This could also cause dryness, which is due to increased cross linking of protein chains. Many freeze dried products show high ratios of rehydration or more accurately water up take but much of this water is easily expelled. presumably because it is held only by weak capillary forces.

Colour

The pink colored pigment "astacene" of shrimp changes to yellow colour on storage. These changes also occur in the absence of oxygen or air i.e. in an atmosphere of nitrogen or carbon dioxide but at a slower rate. It must however be remembered that astacene content varies from species to species of shrimp should be compared with respect to the astacene content of the starting material.

Freeze-dried fish stored in the presence of oxygen rapidly becomes rancid mainly from fat oxidation. Besides rancidity, the major deteriorative reaction in storage is the browning or Maillard reaction. This reaction is accelerated by high temperature high moisture storage and is accompanied by poor rehydratability and dryness of the re-hydrated product. These undesirable changes depend on the concentrations of amino acids and reducing groups.

Notes

1. About 1200 B.T.U. are required to evaporate 1.lb. of ice from frozen material.
2. The temperature of the material should not be allowed to rise above 40~50°C.
3. According to BET(Brunauer Emmet Tetter absorption theory) the moisture content corresponding to a mono molecular layer of absorbed water represents the optimum residual moisture content of the freeze dried product. Protein foods such as meat, fish, eggs and cheese at 22°C have a monolayer value of 3.5% moisture on a fat free basis(9.0% relative humidity).

References

1. Burke, R. F. and Decareau, R.V., Advances in Food Res., 1964, 1i, p. 1-82.
2. Anon. Food Manuf. Oct. 1963, p 574.
3. Cutting, C.L. The technology of Fish Utilization, 1965. Fishing News (Books) Ltd., London p243.
4. Connell, JJ., Freeze Drying of Foods., 1962. National Academy of Sciences, National Research council, Washington, D.D.P.51.
5. Goldblith, S.A., M. Karel and G. Lusk., Part I & IL Food Technology. 1963, 17, 139, 258.

23. MANUFACfURE OF FISH MEAT PASTE PRODUCTS (어육 연제품 제조)

Fish products can be divided into low grade products such as dried fish, salted fish and high grade products like canned fish, fish meat product according to the type of processing techniques. Among the various fish products, fish meat paste products are one of the most high class goods, since the products are manufactured from high technology.

History

The process for making surimi was developed in many areas of East Asia over several centuries though the exact history and origins of this product is unclear. In China, the food was used to make fish ball(魚蛋/魚丸) and ingredients in a thick soup known as "Geng"(羹) common in Fujian cuisine. In Japan, it is used in the making of numerous kamaboko, fish sausage, or cured surimi products.

The industrialized surimi-making process was refined in 1969 by Nishitani Yōsuke of Japan's Hokkaidō Fisheries Experiment Institute to process the increased catch of fish, to revitalize Japan's fish industry, and to make use of what previously was considered "fodder fish".[citation needed] Surimi industrial technology developed by Japan in the early 1960s promoted the growth of the surimi industry. The successful growth of the industry was based on the Alaska pollock(or walleye pollock). Subsequently, production of Alaska pollock surimi declined and was supplemented by surimi production using other species.

Currently, 2~3 million tons of fish from around the world, amounting to 2~3 percent of the world fisheries' supply, are used for the production of surimi and surimi-based products. The United States of America and Japan are major producers of surimi and surimi-based products. Thailand has become an important producer. China's role as producer is increasing. Many newcomers to the surimi industry have emerged, including Lithuania, Vietnam, Chile, the Faroe Islands, France, and Malaysia.[1]

Production

Vietnamese Chao tôm (barbecued shrimp surimi on a sugar cane) with rice vermicelli, bean sprouts, shredded carrot and lettuce, mint, and crushed peanuts

Sugiyo Crab stick "Kaori-hako"Lean meat from fish or land animals is first separated or minced. The meat then is rinsed numerous times to eliminate undesirable odors. The result is beaten and pulverized to form a gelatinous paste. Depending on the desired texture and flavor of the surimi product, the gelatinous paste is mixed with differing proportions of additives such as starch, egg white, salt, vegetable oil, humectants, sorbitol, sugar, soy protein, seasonings, and enhancers such as transglutaminases and monosodium glutamate (MSG).

If the surimi is to be packed and frozen, food-grade cryoprotectants are added as preservatives while the meat paste is being mixed.[2][3] Under most circumstances, surimi is processed immediately into a formed and cured product.

Fish surimiTypically the resulting paste, depending on the type of fish and whether it was rinsed in the production process, is tasteless and must be flavored artificially. According to the United States Department of Agriculture National Nutrient Database, fish surimi contains about 76% water, 15% protein, 6.85% carbohydrate, and 0.9% fat.[4]

In North America and Europe, surimi also alludes to fish-based products manufactured using this process. A generic term for fish-based surimi in Japanese is "fish-puréed products" (魚肉練り製品 gyoniku neri seihin).

The fish used to make surimi include

Alaska pollock (Theragra chalcogramma) ; Atlantic cod (Gadus morhua) Big-head pennah croaker(Pennahia macrocephalus[5]) ; Bigeyes(Priacanthus arenatus[6]);Golden threadfin bream (Nemipterus virgatus) ; Milkfish (Chanos chanos) ; Pacific whiting (Merluccius productus) ; Various shark species Swordfish (Xiphias gladius) ; Tilapia ; Oreochromis mossambicus Oreochromis niloticus niloticus ; Black bass ; Smallmouth bass (Micropterus dolomieu) ; Largemouth bass (Micropterus salmoides)

Florida black bass (Micropterus floridanus)

Principles of fish meat Gel formation

Fish contained 6~28% (mean 19%) of protein and water as important constituents. Fish protein consists largely of the acto myosine. (60~70% of total protein) as brine soluble protein. When fish meat paste products preparation, fish meat is chopped with salt in a quantity calculated to give 2~3% of meat for extraction of acto myosine. The chopped meat is boiled at 90°C for 40~50 minutes for Gel fromation as O'Muk.

Kinds of fish meat products

a. O'MUK(Kamaboko) : 1) boiled K.B. 2) fried K. B. 3) grilled K.B
4) pan-K.B. 5) chikuwa 6) hanpen

b. Fish sausage/ ham : 1) fish sausage 2) fish ham 3) fish ball

List of surimi foods

① Grilled surimi : Chikuwa

② Steamed surimi : Kamaboko, Crab stick

③ Boiled surimi : Hanpen,Tsukune(Tsumire), Fish ball, Bakso, Narutomaki

④ Yong tau foo

⑤ Deep fried surimi : Satsuma age

⑥ Fish slice

⑦ Ngo hiang

⑧ Pempek

Step boiling system

When fish meat paste products manufacturing, the meat paste has a weak gel formation for one step heating, heat must be applied two step heating process. i.e. 1st heat to 50°C and after still stand, 2nd heating up to 70°C to get strong gel product.

Affecting factors for gel formation

1) Condition of raw fish: kind and variety of fish, state(fresh/ frozen)

2) Preparation conditions of fish meat paste(kind of additives%, pH)

3) Formation condition of retiform structure(gel): setting.returning

4) Salt(%),

5) Sodium. Poly phosphates(%),

6) Heating condition.

General procedure

1) K.B:fish meat-wash-drain-chop-form-boil-coolsteamed fish cake

2) fish sausage:meat-mix-chop-silent. Cut-stuff-boil-coolfish sausage(side materials)

Quality control of fish meat paste products

1) Check of final product : appearance, contents,

2) Preservation of spoilage: Applications of low temp.(1~5°C), dry, antiseptics, package, change of adding material, high temperature treatment. etc.

Surimi[Fish meat paste]

A tub of uncured fish surimi ready for finish-processing

Crab sticks - imitation crab meat made from surimi<GeMatSal>

Surimi(Japanese: 練肉, 擂り身, すり身, literally "ground meat"), 고기풀(Korean) refer to a paste made from fish or other meat, as well as multiple Asian foods that use Surimi as its primary ingredient.

It is available in many shapes, forms, and textures, and often used to mimic the texture and color of the meat of lobster, crab, and other shellfish.

The most common surimi product in the Western market is imitation crab meat(게맛살). Such a product often is sold as imitation crab and mock crab in America, and as seafood sticks, crab sticks, fish sticks or seafood extender in Commonwealth nations. In Britain the product is sometimes known as Ocean sticks, to avoid trading standards issues regarding mis-advertisement.

Meat surimi

Indonesian bakso, a type of food made from cooked beef surimi Although seen less commonly in Japanese and Western markets, pork surimi(肉漿) is a common product found in a wide array of Chinese foods.

The process of making pork surimi is similar to making fish surimi except that leaner cuts of meat are used and rinsing is omitted.

Pork surimi is made into pork balls(Chinese: gòng wán; 貢丸) which, when cooked, have a texture similar to fish balls, but are much firmer and denser.

Pork surimi also is mixed with flour and water to make a type of dumpling wrapper called "yèn pí"(燕皮 or 肉燕皮) that has the similar firm and bouncy texture of cooked surimi.

Beef surimi also can be shaped into a ball form to make "beef balls" (牛肉丸). When beef surimi is mixed with chopped beef tendons and formed into balls, "beef tendon balls"(牛筋丸) are produced.

Both of these products commonly are used in Chinese hot pot as well as served in Vietnamese "phở". The beef surimi food, Bakso is popular and commonly found in Indonesia.

The surimi process also is used to make turkey products. It is used to make turkey burgers, turkey sausage, turkey pastrami, turkey franks, turkey loafs and turkey salami.

Uses and products

① Japanese Satsuma age[日本薩摩時代],Surimi[煉肉] is a useful ingredient for producing various kinds of processed foods. It allows a manufacturer to imitate the texture and taste of a more expensive product, such as lobster tail, using a relatively low-cost material. Surimi is an inexpensive source of protein.

In Asian cultures, surimi is eaten as a food in its own right and seldom used to imitate other foods. In Japan fish cakes(kamaboko) and fish sausages, as well as other extruded fish products, are commonly sold as cured surimi.

In Chinese cuisine, fish surimi, often called "fish paste", is used directly as stuffing or made into balls. Balls made from lean beef(牛肉丸, lit. "beef ball") and pork surimi often are seen in Chinese cuisine. Fried, steamed, and boiled surimi products also are found commonly in Southeast Asian cuisine.

In the West, surimi products usually are imitation seafood products, such as crab, abalone, shrimp, calamari, and scallop. Several companies do produce surimi sausages, luncheon meats, hams, and burgers. Some examples include: Salmolux salmon burgers and SeaPak surimi ham, salami, and rolls. A patent was issued for the process of making even higher quality proteins from fish such as in the making of imitation steak from surimi.

Surimi is also used to make kosher imitation shrimp and crabmeat, using only kosher fish such as pollock.

Chemistry of surimi curing.

The curing of the fish paste is caused by the polymerization of myosin when heated. The species of fish is the most important factor that affects this curing process.[7] Many pelagic fish with higher fat contents lack the needed type of heat-curing myosin and are not used for surimi.

Certain kinds of fish, such as the Pacific whiting, cannot form firm surimi without additives such as egg white or potato starch. Before the outbreak of bovine spongiform encephalopathy(BSE, mad cow disease), it was an industrial practice to add bovine blood plasma into the fish paste to help its curing or gel-forming.

Today some manufacturers may use a trans glutaminase to improve the texture of surimi. Although illegal, the practice of adding borax to fish balls and surimi to heighten the bouncy texture of the fish balls and whiten the product is quite widespread in Asia.[8]

Surimi and SurimiSeafood, 2ed Edition; Jae W.Park, 960pMarch 29, 2005by CRC Press

Summary, Surimi and Surimi Seafood, provides a wealth of up-to-the-minute information on all aspects of the production of surimi and surimi seafood.

To accommodate the fast-paced surimi and surimi seafood industry, this revised and updated edition has been expanded to include five new chapters. Most of the remaining chapters have also been extensively revised and expanded with new information. See what's new in the Second Edition:

• solation of Functional Fish Proteins

- New Developments in Japan
- Sensory Science
- Sanitation and HACCP
- Microbiology and Pasteurization Features
- Examinesmethods of reducing microbial contamination, notably HACCP
- Addresses the influence of regulatory agencies such as the FDA and the Environmental Protection Agency on surimi production and marketing
- Reviews the rheology and texture of surimi gels
- Ingredients technology
- Details the extensive biophysical chemistry of cryostabilization
- Highlights surimi waste management and freezing technology
- Presents expanded and revised coverage of the surimi industry
- Includes an appendix with the Code of Practice for Frozen Surimi

24. CANNING OF FISH AND SHELL FISH
(어패류의 통조림)

Principles of fish canning

The cannery should be located at a place near about the place where fish is easily available in the freshest condition. It should have good supply of drinking quality water. A well-planned layout is essential in reducing operation costs. One-story buildings or merely ground floor operations are preferred as they are less expensive to build and maintain and it is easier to supervise operations. The cannery should have facilities for chilling and freezing when the fish has to be kept for more than a few hours before canning.

Treatment of raw material before canning

For most small fish, dressing is restricted to scaling and removal of head and intestines: for larger fish like tuna, red part of the eat is removed after cooking of fish. The fish after dressing is thoroughly washed with water for efficient removal of bacteria from the dressing line. Pathogenic and thermo resistant spore-formers present the major hazard to the canner.

Salting

This removes blood, slime and at the same time improves flesh texture and imparts to it desirable flavor and characteristic taste. The desirable concentrate of salt in muscle tissue is 1.1~1.6%.The purity of salt is important. Higher calcium and magnesium sulphate contents impart an unpleasant flavor to the fish.

The can

Tin plate is still widely used by the canning industry for making cans. Essentially, thin plate is a tin steel sheet coated with a much thinner layer of tin on both sides. The tin coating is reinforced by special lacquers which are acid(AR) or sulphur resistant(SR). If cans are not coated with lacquers, black iron sulphite will be formed due to sulphur ions from fish reacting with the tin coating. Oleoresinous lacquers are the most widely used; epoxide lacquers are the latest addition to the list. The cans are lined with vegetable parchment while canning shrimp.

Aluminium could well be used for fish canning where not much rough handling is needed and for cans of small to medium size. A special Al-Mg alloy has been developed the tensile strength of which almost equals that of the steel plate.

The canning operations

(1) Filling of the fish into the cans → (2) Pre-cooking or frying → (3) Addition of brine, or oil, etc.→ (4) Exhausting in order to remove air from the cans → (5) Closing and sealing the cans → (6) Retorting → (7) Cooling and washing of the processed cans → (8) Labeling, packing and storage.

Pre-cooking

It is necessary to precook fish before it is retorted otherwise a very unattractive pack would result. The water content of the fish should be reduced to about 60%. The loss of water on cooking varies inversely with the fat content of the fish. Hence, lean sardines required much longer cooking than fat ones. The addition of CMC (Carboxy Methyl Cellulose) or tripolyphosphate 1% to canned fish has the advantage to hold part of the liquid set free on cooking. Some fishes should be fried in oil before being canned.

Quality Control

It is recommended that for bacteriological examination, a sample of at least 24 cans per 1000 cases(i.e. 0.05%) should be taken. Most firms carry out incubation tests at 37°C and 55°C for thermophilic organisms on a proportion of their pack. They often combine this elementary precaution of their pack with some routine laboratory tests like vacuum, significant change for pH, disintegration of the fish, and culture methods for testing presence of pathogenic bacteria.

Vacuum

The vacuum is determined just before bacteriological samples are taken or the cans are opened. A gauge equipped with a hollow piercing point surrounded by a soft rubber casket is pressed down into the lid, giving a reading indicating the amount of vacuum in inches. A vacuum of 7 inches or more is generally regarded as satisfactory but it should average 9 to 12 inches to be classed as good.

Drained weight

A maximum drained weight for each can size is specified and is important not to exceed the maximum drained weight. For example, drained weight for 8 oz. shrimp can i.e.301 × 206 is 5 oz. A can of any other size should have a drained weight proportional to its dimensions.

Honey combing

When more decomposed fish is canned, there is a considerable production of gas in the flesh caused by the growth of the activity of gas forming bacteria. When such fish are processed, the gas expands and makes little packets in the flesh. On cooling, the packets remain and the flesh seems to be filled with small holes or air spaces. This appearance 1s called 'honey combing'.

Struvite crystals

The formation of magnesium ammonium phosphate hexa hydrate(Struvite)crystals [$Mg(NH_4)PO_4 \cdot 6H_2O$] is frequently found in canned crustaceans, but occasionally also in Salmon, tuna, flaked cod and haddock and roe. Although these crystals have no taste or odor and are otherwise quite harmless, they are often mistaken for glass fragments by the consumer.

Curd

Curd is the name for a protein coagulated often found on top of the canned fish generally in species canned without pre cooking.

Browning

The muscle of many white-fleshed fish shows a brown discoloration on heating. This brown discoloration is due to chemical interaction of the muscle protein with the reducing aldehyde group of sugars. This type of reaction is also observed in other foods and is known as the Maillard reaction. Glucose is so much less active than ribose that approximately 5 times as much is needed to cause the same degree of browning.

Greening in Tuna

The heme pigments may occasionally initiate serious green discoloration. The development of green colour in tuna meat is derived from the combination of met myoglobin and a substance produced from TriMethyl Amine Oxide TMAO.

Oil

The oil used for canning should be odorless and free from sediment. The acidity for oil shall not exceed 1 3 (as oleic acid). The oil should be colorless or pale golden yellow in colour.

Metallic impurities

Maximum limit of metallic contamination (ppm) permissible is Arsenic 3, lead 5, copper 20, zinc 50 and tin 250.

24-1. METHOD FOR CANNING OF PRAWNS/ SHRIMPS (새우의 통조림 제조법)

1. Washing

The prawns/shrimps should be as fresh as possible. For this, the prawns should be taken for processing as soon as possible after the catch. They should be washed thoroughly with good water to make them free from slime, blood etc. and then stored in ice immediately.

2. Peeling and Deveining

The head, shell and the intestine, also called vein, arc removed. These constitute about 50% weight of the total weight of the whole prawn. Care should be taken that the vein is completely removed. The prawn af*ter* de shelling and de veining should be washed again thoroughly with good water 2 to 3 times.

3. Blanching

The de shelled and de veined prawns are then blanched in 7% brine solution made from good quality salt. The brine solution should be made first and heated to boil. The prawns arc then dipped in the solution till they are blanched.(About 0.2% citric acid is also added. 1000ml. water + 70gm. salt + 2g. citric acid). The blanching shall be carried out for about 4 to 6 minutes depending on the size of the prawn. The brine solution may be taken in the ratio of 1 liter of brine to 1.5 kg. of meat to be blanched.

4. Grading

The blanched prawns are cooled and graded for the different sizes. (Cooling is usually done under an air blast in small cabinet racks in order to reduce the time taken for cooling). The following count specification may be adopted for grading:

Supreme Jumbo	-	Less than 10 pieces/100g.
Jumbo	-	Below 12 pieces/100g.
Large	-	13-20 pieces/100g.
Medium	-	21-34 pieces/100g.
Small	-	35-53 pieces/100g.
Tiny	-	Above 53 pieces/100g.

5. <u>Filling</u>

After grading, the prawns are filled in cleaned S.R. lacquered cans to the desired weight(to have 142 or 145g. as in the declared weight). While filling the cans a head-space of 0.3 to 0.4 cm is to be left. Care should be taken that the cans are not over-filled.

6. <u>Filling with brine</u>

3% brine solution containing 0.1% citric acid is made with potable water(1000ml. water + 30gms.Salt + lgm. citric acid). The salt used in this solution should be pure(over 98% NaCl and free from Calcium and Magnesium).

The brine solution should be hot (about 97°C) while filling. About 85ml. of brine would be required for filling in the case of 9×8oz.can(can specification 301X206).

7. <u>Exhausting</u>

Exhaust the filled cans in an exhaust box for about 6~8 minutes till the air is expelled from the cans so that when sealed and cooled they will have the prescribed vacuum.

8. <u>Sealing</u>

After exhausting, the cans are immediately sealed in a (home)double seamer. The seamer should be previously adjusted so that the cans are sealed air-tight.

9. <u>Processing(sterilization)</u>

This is an important step in canning of food materials as the preservation of the food material is ensured at this stage. The purpose of processing is to destroy the bacteria and the spores which would cause spoilage of the product. Utmost care must be exercised in carrying out the process. The cans after sealing are put in baskets as early as possible, and in such manner that there will be enough scope for the steam in the retort to encircle each from all sides. The baskets are then placed in the retort and retort is closed. The steam is let into the retort either from the bottom or the top and filled completely with steam. The air inside is expelled completely by keeping the air vent open. After all the air is expelled the air vent is dosed, and the bleeder valve is kept open. The steam pressure inside the retort is raised to a desired level corresponding to the specified temperature and the cans are kept in the retort at that temperature for the required length of time. In the case of prawns (wet pack) packed in 8 oz. cans (can specification 301 x 206), the processing should be for 18-20 minutes at steam pressure of 10 p.s.i.g.(115.3°C)

10. Cooling

After the processing has been carried out the cans are removed quickly from the retort and cooled by potable water in a tank or by water spray till the temperature of the cans reaches about 40°C. The water used for cooling must be of good potable quality chlorinated at 1 ppm level. Wipe the outside of the cans dry and arrange them code wise in the store room before labelling. The finished cans should be stored in a cool, dry place.

11. Labelling

The cans are labelled according to the requirement. The label should cover the entire sides of the can and separate label may be put on the top. An attractive label will have a greater consumer appeal.

12. Pack suitable lots in paper board cartons(usually 24 cans in a case) and store.

24-2. CANNING OF SARDINES IN OIL (정어리 기름 담금 통조림)

[Method]

1. Material

Use only fresh fish.

2. Cleaning

Wash the fish thoroughly to remove slime, blood, dirt etc. Remove the head, fins, scales, tail and viscera. Wash thoroughly again. Use on adequate quantity of potable water for washing.

3. Brining

Immerse the fish in 15% brine for 15 minutes. Take out the pieces and allow to drain completely.

4. Packing

Pack the pieces into clean lacquered cans leaving a head space of 1/8 inch to 1/4 inch. About 5 1/2 oz. meat can be packed in an 8 oz. can. (Can specification 301 × 206).

Alternatively, before packing into the containers the pieces can be steamed and then dried This eliminates the need of cooking the material prior to filling with oil. For steaming, keep the pieces in flowing steam for 40 minutes. Dry the pieces in an artificial dryer at 70°C for 25 to 30 minutes. cool the dried pieces well under an airblast and then pack the pieces into clean lacquered cans.

5. Cooking

Cook at steam pressure of 5 p.s.i.g. (108.4°C) for 35 to 40 minutes depending upon the size, keeping the cans upside down.

If the material has been packed in cans after steaming and drying, it should not be cooked agam. Cool the material under an air blast.

6. Filling with Oil

Fill the cans completely with refined deodourise ground nut oil heated at 85°C.

7. Exhausting & Seaming

Exhaust the filled cans for 8~10 minutes in an exhaust box. Seal the cans immediately. Do not allow the contents of the can to cool before sealing.

8. Processing

Process the cans in an autoclave for 70~75 minutes at steam pressure of 12 p.s.i.g.(117.7℃). In case the material is steamed and dried, process the cans for 90 minutes at steam pressure of 13 p.s.i.g.(118.8°C).

9. Cooling

Immediately after processing, cool the cans in a flow of cold water or in a tank of cold water of potable quality. Wash the outside of the can with alkaline water to remove the oil and other impurities that may be sticking to the surface(For preparing the alkaline solution, trisodium phosphate may be advantageously used). Dry he outside of the cans. Do not stack or store the cans until they are completely cool and dry. Store the cans in a cool dry place.

24-3. METHOD FOR CANNING TUNA IN OIL
(참치 기름 담금 통조림 제조)

1. Material

Use only fresh fish.

2. Cleaning

Wash the fish thoroughly to remove slime, blood, dint etc. Make a cut in the belly part of the fish and remove the viscera. Remove also the head. Cut the fish into pieces of suitable size (to suit cooking in autoclave. Alternatively, fish can be cooked without cutting in pieces).

Wash the pieces thoroughly to remove blood, dirt etc. Use only potable water for washing.

3. Cooking

Take the pieces in shallow wire baskets. Arrange the wire baskets in racks and cook the fish in an autoclave for 1 1/2 to 2 hrs. depending on the size, at steam pressure of 12 p.s.i.

4. Preparation

Remove the fins, tails and other waste parts(if the head has not been removed initially, remove it at this stage). Scrape off the skin, split open the flesh along the vertical line of the back-bone. Remove the bones and again split open the flesh along the vertical line. Remove the black meat completely. Polish the loins by rubbing off the loose fragments.

5. Brining

Cut the loins to the container size. Immerse the pieces in 15% brine solution containing 0.075% of sodium bicarbonate(on the basis of the volume of the brine), for 22 minutes. Take out the pieces and allow to drain completely.

6. Packing

Pack the pieces mto clean containers. About 5 1/2 oz. meat can be packed in an 8 oz. can(can specification: 301×206)

7. Filling with oil

Fill the cans completely with refined, deodourised ground nut oil at about 85°C (in the case of 8 oz. can 1 1/2 oz. of oil will be sufficient).

The lacquered cans may be used.

8. Exhausting and seaming

Exhaust the filled cans for 8~10 minutes in an exhaust box. Seal the cans immediately. Do not allow the contents of the can to cool before sealing.

9. Sterilization

Sterilize the cans for one hour at pressure of 12 p.s.i.

10. Cooling

Immediately after sterilization cool the cans in a flow of cold water or in a tank of cold water(of potable quality). Wash the outside of the can with warm alkaline water to remove the oil and other impurities that may be sticking to the surface.(For preparing the alkaline solution trisodium phosphate may be advantageously used). Do not stack or store the cans until they are completely cool and dry.

24-4. METHOD FOR CANNING OF MACKEREL IN OIL. (고등어 기름 담금 통조림 제조)

1. Material

Only fresh fish are to be used for canning.

2. Cleaning

Wash the fish well so as to remove slime, blood etc. Remove the head, tail tips and entrails. Cut to the size of the cans. Wash well again. Use only potable water for washing.

3. Brining

Immerse the pieces in 15% brine for 25~30 minutes depending upon the size of the fish.

4. Cooking

Cook the fish in an autoclave for 45-50 minutes (depending upon size) at steam pressure of 5 p.s.i.g. Immediately after cooking cool the pieces under air blast.

5. Packing

Pack the pieces into clean, lacquered cans (Can specification:301 × 206-8 oz. can) leaving a head space of 1/4″ × 1/8″.

6. Filling with oil.

Fill the cans completely with refined deodourised groundnut oil heated at 85~90°C.

7. Seaming

Seal the cans immediately in a double seamer. Do not allow the content of the can to cool before sealing.

8. Processing

Process the cans for 75 minutes at steam pressure of 12 p.s.i.g.

9. Cooling

Immediately after processing, cool the cans in a flow of cold water or in a tank of cold water(of potable quality). Wash the outside of the can with warm alkaline water to remove the oil and other impurities that may be sticking to the surface. (Trisodium phosphate may be used for preparing the alkaline water. Use a 0.5% solution). Wipe the outside of the can dry and store in a cool dry place.

Do not stack or store the cans until they are completely cool and dry.

25. FISH MEAL FOR FOOD SUPPLEMENT MATTER (식품소재로서 어분제조)

Introduction

The usefulness of waste fish as a source of animal feed has been recognised from the earliest times. The practice of filleting white fish at the ports developed in the mid 1920' s which led to an industry for the organised collection of the filleting offal, by drying and grinding into a meal for animal fodder. Increasing demand for such a protein supplement for stock feeding was also met by drying of whole fatty fish, such as herring, which were surplus to the normal requirement of trade and distribution, usually after a process of cooking followed by pressing to remove most of the oil, which was also a valued product.

But in early years when first reduction plants came into existence, fish meal was largely used as fertilizer, and was usually referred to as "fish guano". It is stated that it was the Norwegian Government which carried out in 1892, first large scale feeding trials with fish meal for farm animals.

Germany followed suit, and this led to the general use of fish meal as an animal feed in Continental Europe. Until after World War I, it was not an accepted practice in U.K. and U.S.A.

Though it started as a material for feeding cattle, sheep and pigs, the main use of fish meal at present is for poultry feeding, especially in the United States. Most of the recent studies in nutrition have been carried out in connection with poultry and to some extent hogs. In ruminants, fish meal and solubles are not considered very important as a source of good quality protein. Rather, their favourable influence on growth and milk production is ascribed mainly to the stimulating effects of vitamins, minerals and other factors on the microbial activity in the rumen.

With the present day knowledge about the mutual supplementary effects of different proteins, and due to the increasing availability of concentrated proteins from vegetable sources, as also synthetic vitamins and amino acids, it is the feed analysis rather than the source of its ingredients which determines the quality of the feed.

But fish meal and condensed fish solubles still remain valuable exceptions due to certain unidentified growth factors present in them.

Statistics of production

Almost 36% of the total fish landed in the world goes to reduction plants. The total world production in 1980 amounted to 7.5 million tons. The largest part of the production is from oil-rich species such as anchovies, menhaden, herrings,sardines and pilchard. But the supplies of oily pelagic fish, such as those mentioned, are concentrated in certain seasons, which may be very short, in contrast with the fairly regular, all-year-round supplies of white fish offal.

Manufacturing processes

Raw material: As mentioned above, bulk of the raw material is provided by oily fish such as anchovies, monhaden, herrings and sardines, which find less market in the fresh or other processed forms. "Trash fish" which are sometimes caught in large proportions along with other high grade species, and which at one time used to be dumped back into the ocean, also forms a source of raw material. The major source of white fish meal is the cannery waste 'fish scrap'. Fish scrap is the skeletal remains of fish which have been gutted and filleted, and it includes the head, the entire skeleton and its adhering proteinaceous tissues.

Preservation of raw material

The "reduction capacity" of many plants often cannot cope with the peak landings. This often necessitates storage of the raw material for short periods.

The early method used was to sprinkle salt. This involves additional cost. The preservative action of salt is also limited. More over the salt content in the final product becomes high, which is undesirable from the commercial point of view. This practice is now largely abandoned.

Chlorine, chloramine and other chlorine compounds, sulfurous acid, benzene etc., have been found effective to varying degrees. Out of many only two compounds, viz. formaldehyde and sodium nitrite, have proved to be of real use. The advantages of the former are, its bacteriostatic effect, and its capacity to render firmness to soft tissues which facilitates better extraction of the press liquor. Sodium nitrite's preservative action has been widely investigated. Another advantage is the ease of elimination of this compound while processing leaving only traces of residues well below permissible limits.

Principles of manufacture

The method to be adopted depends largely on the nature of the raw material. The process is essentially dehydration, to bring down the moisture level well below the level where the product will keep without deterioration. One significant factor to be considered here is the fat content. A high fat content reduces the commercial value of fish meal apart from other storage hazards.

Dry reduction

Considering the composition of a typical raw material

		per 100 lbs
water	…	68 lbs
fat	…	12 lbs
non-fat solid		
protein 16		
minerals	] …	20 lbs
NPN etc 4		

Let us assume that by simple drying, about 65 lbs of water are driven out. Then the composition changes to:

Water	…	3 lbs (-8~9%)
Fat	…	12 lbs (-33~34%)
Non-fat solids	…	20 lbs (-57%)
Total	…	35 lbs

This leaves the product with a fat content of 34 3 which is quite high. Also, oil is considered as a valuable by product, if recovered. The desirable upper limit for fat is about 10%.

A simple calculation will show that direct drying is practicable only when the fat content of the raw material is less than 2%. Another disadvantage in direct drying is the high fuel consumption.

Wet reduction

In the wet reduction process, the material is initially cooked. The cooking softens the flesh, coagulates the proteins and releases the oil. The cooked mass is pressed to remove part of the water and oil. The press cake is dried. Cooking and pressing reduces the water content to 50~55%. About 20% of soluble non-fat solids escapes with the press liquor.

Considering the typical raw material mentioned above,

Constituient	Original	Press liquor	Press Cake	Dry meal
Water	68	50	18(50%)	2(10%)
Fat	12	10	2(-5.5%)	2(10%)
Non-fat solid	20	4	16(-44%)	16(80%)
Total			36	20

In this case, even though a reduction of moisture content by pressing from 68% to 50% is not apparently very impressive, an actual calculation of the amount of water removed(50lbs) in terms of the starting material (100lbs)is really considerable. It has also removed about 80% of the original fat present. And only 16 lbs of water is to be removed by evaporation.

One major draw back is the loss of about 20% of the non-fat solids. The press liquor is sometimes concentrated to about 50% solids content ("fish solubles") which is added back to the press cake before drying, to yield "whole meal". This increases the yield by 20~25% with other nutritional advantages. Other methods, some less commonly used, and others at the stage of experimentations are:

(1) Dry rendering-fish dehydrated and then pressed.

(2) Dehydration in oil-the material immersed in oil and dried under vacuum.

(3) Solvent extraction-this process has lately been used in the production of fish flour for human consumption.

(4) Azotropic(wet) extraction

(5) Solublization of the protein either/mineral acid or proteolytic enzymes.

The wet reduction process

This is by far the most widely used method for fish reduction. It is a "continuous process" and as mentioned above, applies primarily to oily fish. Fish meal and fish body oil are simultaneously produced.

Operations

(1) Grinding : Fish scraps or whole fish of larger variety are initially ground to smaller pieces. This step can be omitted in the case of small fish.
(2) Cooking : The cooking is usually done in a stationary horizontal steel cylinder. The fish is fed continuously through a hopper from a holding tank by means of a bucket elevator at a predetermined rate. The fish is moved at a constant rate through the cooker by a revolving screw conveyor. Steam is admitted through a series of jets. Suitable "steam chokes" at either end prevent escape of steam. The dripping fluid escapes through perforations at the bottom of the inner shell of the cylinder. The cooking is controlled by adjusting steam pressure-usually 5~10 p.s.i. -depending on the raw material and also by controlling the speed of the conveyor. Over-cooking yields soft mass, inhibiting adequate pressing: under-cooking tends to retain the fluids in the solids.
(3) Pressing : This process expels the liquid portion, "press liquor" from the "press cake". The cooked mass enters a continuous press. One type consists of a cast-steel screw tightly encased in a cylindrical screen. The pitch of the flights progressively decreases so that the pressure exerted becomes greater as the water and oil content of the press cake becomes less. At the discharge end, pressure developed may be regulated to produce desired characteristic of the press cake.
(4) Screening : The press liquor is pumped to a rapidly vibrating screen. The wet solids retained on the screen returned to the press cake.
(5) "Fluffing" the press cake in a wet grinder.
(6) Drying-The press cake is dried in a rotary drier.

(7) Grinding and sacking

(8) Heating and centrifuging the press liquor. The oil is separated from "stick water".

(9) Purification of the oil in a centrifuge.

(10) Stick water either discarded or concentrated. The alternative procedure to separate oil from stick water is by passing thorugh a series of settling tanks.

<u>Curing</u>

When the dry meal leaves the hot drier, autoxidation and polymerization of oil set in, resulting in protein damage. To prevent this rapid cooling of the meal is necessary. Another alternative is the use of antioxidants.

<u>The dry reduction process</u>

This reduction mainly applies to conversion of fish or fish offal of a non-oily type(the filleting waste of cod, haddock etc or carcasses of shark). It is a batch process.

(1) Coarse grinding

(2) Treatment in a steam jacketted cooker-drier with stirring device.

<u>Quality of fish meal</u>

Fish meal is a general term applied for a number of different products that vary in type of raw material used and method of processing. This obviously results in wide variations in quality and composition.

Several fish meal producing and consuming countries have established regulations or codes for fish meal. The regulations in general refer to (i) proper designation of the product (ii) particle size (iii) maximum moisture, oil, mineral and salt-contents and (iv) minimum raw and digestible protein.

The product should be fairly uniform in particle size and free from bone splinters. The colour of fresh product is mostly greenish grey, changing to yellowish brown on storage.

The commercial quality is generally indicated in a routing analysis giving percentages of protein, fat, ash and moisture. These figures vary considerably, the following limits being generally feeds.

Moisture	…	6~10%
Fat	…	5~12%
Protein	…	60~75%
Ash	…	10~20%

It is difficult to bring moisture below 6% due to hygroscopic nature. Moisture above 12 % is likely to produce mould growth. Proper packaging can prevent absorption of moisture. The practical minimum limit of fat content which can be attained in the case of oily fish is 5%.

The "ash" is derived mainly from bones. Hence this figure will be high in the case of fish meal produced from fish scraps. The ash consists mainly of calcium phosphate. There is a high proportion of chlorides when salt is used as preservatives.

The protein content varies inversely with the other ingredients.

Proteins in fish meal

The quality of the protein is governed by its digestibility and the composition and availability of essential amino acids. A good meal should show a protein digestibility (pepsin) of 92~95%. The amino acid composition of fish meal compares favorably with many other proteins. A typical data is given below for essential amino acids in sardine meal(Fish as Food, Vol. II, p. 386).

		g/16g N
Arginine	…	7.4
Histidine	…	2.4
Lysine (Tyrosine4.4)	…	7.8
Tryptophan	…	1.3
Phenyl alanine	…	4.5
Methionine (Cystine1.2)	…	3.5
Threonine	…	4.5
Leucine	…	7.1
Isoleucine	…	6.0
Valine	…	5.8

These figures may vary to a limited extent depending on such factors as raw material, analytical methods employed etc. The value of fish meal protein is usually attributed to its contribution of lysine and sulfur ammo acids which are generally limiting in the proteins of the other ingredients of the feed.

One significant observation is that in stick water, some amino acids, especially tryptophan, cystine, isoleucine and tyrosine are lacking. But when concentrated stick water is added back to the meal i.e. in the "whole meal" it is likely to make the protein more "balanced".

The usual methods adopted in the evaluation of fish meal protein quality are (i) pepsin digestibility (ii) available lysine (iii) chick assay procedure. One recent method is the estimation of available amino acid by microorganisms e.g. S. Zymogenus.

Fat

High fat content lowers the commercial value of fish meal. Nutritionally, fat content in fish meal may contribute to the overall calorific value, but it should be remembered that a high fat content reduces the percentage of protein in inverse proportion. A much more serious problem is posed by the oxidation and polymerization of the unsaturated fatty acids during processing and storage. Studies have revealed that oxidized and polymerized oils contain toxic factors. Moreover they tend to bind with proteins affecting the nutritional availability of the latter.

Minerals

Apart from Ca & P, fish meal contains Zn, I etc., and is also a good source of many essential trace elements. The iodine content of fish meal is worthy of note in view of the fact that the distribution of this clement in other foodstuffs is rather limited. The following is an illustrative data for some of the more important minerals in fish meal.

Ca : 3.0~6.0%	P : 1.5~3.0%	Zn : 70 ppm
I : 70 ppm	Fe : 250 ppm	Cu : 7 ppm
Mn : 4 ppm	Co : 0.04 ppm	

Vitamins

Fish meal is not particularly rich in any vitamin, though it is a fair source of many especially of the B group. Fat soluble vitamins arc seldom present in significant amounts. Vitamin A, which is highly susceptible to oxidation, may be considered as virtually absent, while a few meals from fishes may supply a certain amount of vitamin D. Vitamin E is rarely found and it has become necessary very often to fortify the diet containing fish meal with vitamin E due to the highly unsaturated nature of the lipids. Putrified fish meal is said to contain some vitamin K.

Thiamine is rarely rich in the raw material itself, being further destroyed by enzymatic action. The factors which arc considered significant are riboflavin, pantothenic acid, niacin and vitamin B_{12}. A good amount of vitamins, almost half in the case of pantothenic acid and niacin, pass to the stick water. Thus in the wet reduction process, unless the solubles are added back, there will be significant losses of vitamins. Following is a representative data of these vitamins in fish meal, whole meal, stick water and the raw material.

	Meal	Whole Meal	Stick Water	Herring(raw mat'l)
		(mg/kg of sample)		
Riboflavin	5.1	7.3	2.2	2.65
Pantothenic acid	15.2	30.6	10.0	10.4
Niacin	61.0	126.0	35.2	35.9
B12	0.21	0.25	0.074	0.10

All these vitamins are fairly stable to processing conditions except pantothenic acid. The latter is lost to the extent of 50% during severe drying.

Factors affecting the quality of fish meal

Raw material : The type of fish or fish scraps and the seasonal variations in this composition, and spoilage prior to processing affect the quality of the final product to a certain extent.

Processing : There will be alterations in the amino acid and vitamin contents depending on the mode of process adopted. High processing temperatures(flame drying of meal) adversely affect the digestibility of the protein and destroy part of the nutrients or lower their availability.

Storage : Peroxidation of unsaturated lipids cause spontaneous heating during storage. Apart from the toxic effects of the oxidized and polymerized fat, binding reactions occur with amino acid residues especially lysine, lowering their availability.

Fishy off-flavors in eggs, meats etc : There are contradictory reports about the implication of fish meal contained in the feed resulting in the production of eggs and meat with fishy odors. However, it is believed that the content of fat and the extent of its rancidity may be the main cause of descripancies found in the different results reported.

Contamination : Fish meal produced under unhygienic conditions may carry high load of microorganisms, especially salmonella. Animals fed on this get affected and thus it may become a secondary source of infection for man.

Utilization of fish meal : Because of the well-balanced nature of its protein, it is a good source of protein supplement for pigs and poultry. In the ruminants, microorganisms synthesize amino acids in the rumen, and hence they are less dependent on the quality of the protein fed to them. Nevertheless, cows with high milk production may well benefit by receiving additional essential amino acids through the feed. But fish meal is relatively expensive for cattle.

Approximate amounts of fish meal supplementation in poultry and Animal rations

Fish meal should be used as a stock feed at relatively low levels so that no objectionable fishy odors and flavors are imparted to the animal tissues and carried over to their end products such as eggs, milk or meat.

The suggested level of supplementation is as follows

Poultry : Not more than 10% of total ration for hens
Not more than 5% of total ration for chicks

Cattle : 2 lb. per day for every 1000 lb live weight

Pigs : 1/4 to 1/2 lb per day

Sheep : 1/10 to 1/5 lb per day for every 100 lb live weight.

25-1. FISH FLOUR
(어 단백 분말)

Fish is converted into an edible guality of fish flour conforming to the prescribed nutritional and hygienic standards,and suitable for use in a variety of ways as human food. Fish flour has a protein content of about 80.0 per cent and a mineral content of about 15.0 per cent. As such, it makes an excellent supplement to the dietary of all sections of the population.

Fish flour proteins arc not only fairly well-balanced in regard to most of the essential amino acids : but also are rich in available lysine which is known to be deficient in most cereals, millets etc, which form the bulk of the diets of more than two-thirds of the population.

Incorporation of fish flour at 3.0 per cent level to rice diet produced highly significant increase in the growth rate of rats. The experiments have been successfully followed up with school children who received daily an extra supplement of 20gms. of protein from fish flour. This brought about a highly significant improvement in their growth and nutritional status.

Its cost of production is less than that of skim milk powder. Being a highly concentrated source of protein, it offers a special advantage for fortifying foods with protein of high biological value.

The following questionnaire gives additional information:

Q. What is fish flour ?

A. Fish flour is a highly concentrated form of food containing about 80% protein. It is also rich in calcium and phosphorus. From every 10 kg of dressed fish, we get about 1 kg of fish flour.

Q. How is fish flour prepared?

A. It is prepared by dehydrating, defatting and deodorizing fish muscle from cheap, abundant and trash type fish conforming to the nutritional and hygienic standards.

Q. What is its keeping quality?

A. It has excellent keeping quality since it is a defatted material.

Q. What is its nutritional value?

A. Its proteins are not only well-balanced in regard to most of the essential amino acids: but they are also generally rich in L-lysine which is known to be deficient in most cereals, millets, root crops etc. which form the bulk of the diets. Supplementation of diets based on cereals and such other products with fish flour even at low levels of 3% greatly improves the growth promoting value of the former.

Q. As a lay man, can you give me some idea how its nutritive value compareswith milk?

A. The following Table regarding its essential amino acid make up (g/16 gN) shows that its nutritive value compares very well with milk powder:

amino acids	Fish flour	Skim Milk powder
Arginine	5.6	3.7
Histidine	2.8	2.7
Lysine	9.6	7.9
Leucine	7.2	10.0
Isoleucine	5.2	6.5
Methionine	2.8	2.5
Tryptophan	1.1	1.4
Phenylalanine	3.8	4.9
Threonine	5.8	4.7
Valine	5.4	7.0

The following data also illustrates its nutritive value:

Diet	Ave. seekly growth of rats(gm)
poor rice	5.8
poor rice + fish flour*	15.1
poor rice + skim milk powder*	13.9
poor wheat diet	7.7
poor wheat diet + fish folur	15.6
poor wheat diet + skim milk powder	14.5

* The two supplements, i.e. fish flour or skim milk powder at 3% level provided about 2.5% extra protein and substantial amount of calcium to the diets.

Q. How it is to be used?

A. It is to be used as a supplementary food at 3~10% level depending upon the dishes to be prepared.

Q. What are the dishes in which it could be used?

A. It can be incorporated along with wheat flour or rice flour at 5% level for preparation of bakery gaods. In sambar, gravies, curries, bondas, cutlets, it can be used at 10% level.

Q. Does it alter the taste of the above dishes?

A. Since it is odorless and at the same time, possesses a bland taste, it does not appreciably change the taste of these dishes.

Q. Can it be used as a substitute for fish?

A. No. You will not feel that you eating fish while taking fish flour since we have defatted and deodorized the original starting material-FISH.

Q. Why shall we use it then?

A. It is to be used from nutritional stand-point to make you healthy.

Q. How much quantity one can use daily?

A. One can use daily about 15~20 gm or more.

Q. What is the ultimate object of producing fish flour?

A. The idea is to popularise an acceptable brand of fish flour so that it can go a long way in relieving protein malnutrition which is a master problem affecting the nutrition and well-being of large majority of our population.

'FRICOLA' - a fish enriched farinaceous product.
(Protein content-35.0 per cent)

Experiments with albino rats indicate that 'FRICOLA' is far superior to that of casein (milk protein). Even after a prolonged feeding with it, sustained growth is obtained Clinical trials with children show that it is a high class protein food.

Mode of Use

The consumer adds liquid in the form of milk or water(6 times its weight) to yield a porridge like product on heating. It can be taken by children after adding sugar.

25-2. FISH PROTEIN CONCENTRATE(FPC)
(어 단백 농축물 제조)

Amongst the numerous nutrition problems that exist in developing countries, the most serious is protein malnutrition. In a country like India where the staple food of the majority of the population consists of cereals, for proper nutrition adequate consumption. consumption of high quality protein is essential. Milk, egg and meat contain high quality animal protein. But they are relatively more expensive and possibly beyond the reach of the average man. There is need therefore for a suitable inexpensive animal protein of high quality which could be easily incorporated into the diet of the people.

Fish is a rich source of protein and if made available economically, will help to make up the protein deficiency. Systematic studies to prepare a satisfactory, inexpensive, concentrated quality protein and mineral supplement from fish have been undertaken in a number of laboratories. The product, variously known as fish flour edible fish meal or fish protein concentrate, is generally considered to be a dehydrated, partially or almost completely defatted product which may or may not be flavorless or odorless.

The material for preparation of fish protein concentrate(FPC)need not be confined to fish and even trimmings of suitable type. However, in all cases, it should be in a condition fit for human consumption. The generally accepted specification for FPC is as follows:- It should have a protein content of about 70%, moisture content of about 6% preferably, but not more than 10% in any case. It should not have more than a faint odor and taste and should be in a condition to be stored to a minimum of 6 months in edible state. It should have only the minimum of fat content. The product should be free from harmful solvent residues. Generally no additives such as antioxidants or flavoring agents are to be added.

The Indian Institute of Fisheries Technology has been carrying out investigations with a view to developing a suitable method for preparation of FPC. A method has been developed and tried successfully under the laboratory conditions. The method is mentioned below.

Method

Preparation and removal of soluble matter

1. Undressed or whole fish is used as the raw material. The fish is washed thoroughly and then minced in a heavy duty meat mincer.
2. The minced meat is suspended in water in the ratio 1: 1 by weight.
3. Glacial acetic acid is added to the extent of 0.5 % (W/v) on the basis of the weight of minced fish.
4. The whole mass is kept at 70-80°c. for 30 min. on a water bath.
5. The material is then filtered and pressed. The press cake is ready for solvent extraction.

Solvent extraction

The extraction of the fat content and odoriferous compounds is done by using an azotropic mixture of n-hexane and ethyl alcohol. The extraction is carried out in four stages as below.

1. The material is charged into the extraction drum having arrangement for heating, stirring and refluxing. Ethyl alcohol is used as solvent for the initial extraction. The solvent is added in two parts by volume to one part by weight of the material and kept at the boiling temperature of the solvent for 30 minutes. The material is stirred all the time.
2. The solvent(ethyl alcohol) is drained off and further extraction is carried out with an azotropic mixture of n-hexane and ethyl alcohol as the solvent. This solvent mixture is added in 1.5 parts by volume to 1 part by weight of the material and kept up at the boiling point for 30 minutes with constant stirring.
3. The solvent is drained off and the process of extraction repeated with fresh solvent mixture two times more.

After draining, the adhering solvent is distilled off from the FPC obtained and the last traces are then removed under reduced pressure. Stirring is continued during drying. The FPC prepared in the laboratory from threadfin bream(Nemipterus japonicus) locally called 'Kilimeen' is greyish white in colour,odorless and tasteless. It has the following characteristics.

Protein = 70~75%　　Moisture= 5~7%

Ash = 20~25%　　Fat = 0.4%

Pepsin digestibility = 95%　　Available lysine = 7~8.5gm/16gm N.

The yield on the basic of the weight of the raw material has been about 18%.

It may be mentioned here that the FPC prepared in the Institute has been tested in a few of the outside laboratories including the one under the Bureau of commercial Fisheries, United States of America, which has assessed its quality to be excellent.

26. FISH OIL
(어유)

The different factors governing the fat content of fish are (1) species (2) diet (3) temperature (4) spawning (5) Salinity (6) sex and (7) age.

Species

Difference m fat and composition in the fat probably due to (i) genetic factor (ii) feeding habit (iii) characteristic modification (iv) synthesis.

Diet

Any species will deposit fat which is similar to the diet fat. Marine fish will have depot fat rich in C-20 and C-22 unsaturated fatty acids. Fresh water fish oils differ from sea water fish oils in their fatty acid composition.

Temperature

In oils of fish of lower temperature region, the unsaturation will be higher. It is not pronounced in tropical region.

Spawning

Fish starve before spawning. Depot fat is the source of energy. If it is caught during this season, the fat content will be less. Ex :almon-April 16.5% before spawning : July 2.2% spawning period.

Technology

Two types of fish oils are produced. 1. Body oil. 2. liver oil.

1. Some fish deposit fat underneath the skin and also throughout the muscle (less in liver). Oil from such variety is termed as body oil.e.g. Herring, sardine.
2. Some deposit in livers and less in muscle and underneath the skin. Such oil is termed liver oil e. g. shark, haddock.

Liver oils.

Alkali digestion process

Disintegrator	Digestor	Separator.
Wood or brass make	Steam inlet	Centrifuge or
12'~13' height Dia	Water inlet	settling tank.
6'~9'.	Pressure	agitoator
60-90 p.s.i	steam pressure. 20p.s.i.	

Time of steaming and addition of lye will be minimum if minced liver is used.

Livers mixed with 5% NaOH or 1~2% Na_2CO_3(preferred to avoid CO_2 and frothing) pH of mix 8.5~10.5. Stirred for 45 minutes and allowed to stand for 30 minutes. Emulsion broken by suitable adjustment of pH and passing it through a purifier-type centrifuge. Oil-water layer lead to conical bottomed settling tanks. Gradient separation of oil done. Water and sludge removed from the bottom-valve. Water phase treated by wash oil process to recover the last trace of vitamins.

FFA of oil determined. To the digestor, calculated quantity of NaOH added to get low FFA oil. Too much alkali would cause excessive soap formation and emulsification, as well as absorption of vitamin A by the soap.

Vitamin A rich oil

Vit. A is susceptible to temperature. Processes arc modified to get maximum recovery of Vitamin A.

(1) Disintegrated livers mixed with 10% NaCl or 2% anhydrous $CaCl_2$ and mixture allowed to stand for 1 hour. Water removal from the tissues results in a coagulation of the liver protein tissues. The controlled tissues in turn release about 50% of a low potency oil. The remaining higher potency oil must be released by other methods such as steaming or solvent extraction. In commercial practice the oil that is woozed is drained off. The solid materialis subjected to alkali digestion.

(2) Cold extraction : Livers are cooled to several degrees below the freezing point : the frozen ones pressed. Liquid centrifuged. The oil should be pasteurised to

inactivate lipoxidases. Oil clarified with magnesium malate. Concentration of Mg malate varies from 1~10%. This process results in a higher yield of a first grade medicinal oil.

Other methods

Solvent extraction

Livers are steamed-water drained off with some oil. Tissue rich in oil-extracted with solvent. Hot extraction or cold extraction. Ethanol, chloroform, n-hexane, ethylene dichloride or ether. Solvent extracted oil will be darker.

Double digestion method

A combined alkali digestion and enzymatic peptization procedure. Livers are ground. Diluted with an equal volume of water. pH adjusted to from 1.2 to 1.5 using a 25% HCl solution. Then 0.05% commercial pepsin based on the weight of the liver added. Enzymatic hydrolysis carried out for 35 to 48hrs at 25-39°C with stirring. Later pH adjusted to 9.0 with sodium carbonate. Mixture subjected to alkali digestion for 1 hour at 80°C. Oil is centrifuged.

Advantages

(1) Less difficulty in separating oil from emulsion formed. (2) Addition of mineral acid stops action of lipases and formation of FFA. (3) Low pH-bacterial spoilage prevented. A high quality, low FFA, light colour liver oil is obtained by this modified method.

0.1~0.3%-Mixture of ethanol acetic acid: propionic acid, borax, sodium salicylate.

Livers have low oil content but high vitamin potency e.g. tuna, halibut, some shark. This type of liver is often treated with a low vitamin A oil e.g. cod, which acts as a wash oil to increase the recovery of the high potency oil.

Body oil

Processes are (1) wet process (2) dry process (3) solvent extraction. Wet process is the conventional method and most widely used method. For oily fish. Dry process for non-oily raw material mainly used for the manufacture of fish meal. Solvent extraction of body oils is relatively expensive. Besides, solvent extracted oil is darker in colour, than oils produced by the wet reduction process regardless of the quality of the raw material.

Wet process

Principle

Cooking and pressing. By cooking the protein in the tissue will be coagulated and oil is released= Cooking is at atmospheric pressure. Stickwater or press liquor → settling tank → sludge-centrifuge-oil + water.

Other fish oil rendering methods

Dry rendering process

Commonly employed for preparing meal from meat scraps. The process is always of a batch type of operation, involves a combined cooking and drying step. The dried meal goes to a batch type hydraulic press which removes most of the oil. The recovered oil is generally much darker in colour than oil rendered by the usual wet rendering method. This process is expensive and requires considerable labour than the conventional one.

Enzymatic and solvent processes

The basic approach in enzymatic digestion is to mince or homogenise the fish and treat it with about 0.25% to 0.5% enzymes based upon the weight of the whole fish. Following digestion, the reactive material is pressed and filtered.

Solvent extraction

(i) Standard cycling of a solvent-Isopropanol through homogenized fish.

(ii) Employing a solvent in an azotropic distillation solvent extraction technique (Viobin process).

Disadvantages

(i) Extracted oil is very dark and viscous.

(ii) FFA are not removed during processing solvents tend is oxidized vitamin A. 95% of fish meal and oil is manufactured by wet process. Cooking is necessary to denature the flesh protein and break cell walls so that oil and water can be removed by pressure. Direct steam is employed for heating the mass of fish.

Cookers are placed high enough so that the hot cooked fish feeds directly into the presses by gravity. Presses being of very heavy construction, usually are on the ground level on a heavy concrete base. Cooking temperature 5~10 p.s.i.

Processing of the oil.

Refining depends on the use of the oil. The undesirable substances in the press oil are.

(a) The suspended matter, mucilagenous, colloidal and resinous or polymeric substances.

(b) FFA present or produced from the natural oil prior to or during the processing of fish.

(c) Soluble colouring matter.

(d) Volatile odoriferous and flavour compounds dissolved in the oil.

(e) Saturated glycerides.

One of the oldest processes of refining oils is known as "winterization". The oil is chilled until the higher melting and less soluble saturated glycerides precipitate. These are called "stearines". The oil is allowed to stand at 0℃ for several hours. The degree of winterization appeares to depend more upon the holding time at the minimum temperature than the actual temperature employed. If rapidly cooled, stearine will be granular and takes longer time for settling and so it would be difficult to filter. Rate of cooling is important. Stearines can also be removed from fishoils by selective extraction with solvents and by vacuum fractional distillation.

Soli at R.T.	Solid or liquid depending upon % of S or U		Liquid at R.T.
G — S. FA	G — S. FA	G — L. FA	G — L. FA
G — S. FA	G — L. FA	G — S. FA	G — L. FA
G — S. FA	G — S. FA	G — L. FA	G — L. FA

So, depending on the purpose, the percentage of stearin is removed.

<u>Gravity settling</u>

Maintaining the oil in a fully liquid state for several days in tanks.

<u>Blown oil</u>

Blowing the oil with wet steam at 100°C for some time and then allowing the oil to settle. Colloidal and small suspended matter are settled. Salt may be added at a 1~2% level to assist the handling of possible troublesome emulsion.

<u>Degumming</u>

is the process by which phosphatides and certain other ill-defined mucilagenous materials are removed from the oil by treatment with 2 to 3% of water or with an aqueous solution of boric acid or a salt such as sodium chloride or pyrophosphate at 30~50°C. The hydrated gum deposited by this treatment may be separated from the oil by centrifugation.

Usually fish oils are refined, degumming accomplished together with the removal of free fatty acids by the refining process itself.

Alkali refining:- to remove FFA.

FFA + NaOH — Soap. absorbs pigments.

Carotene, Xanthophylis, Fucozanthin, Chlorophyll — Pigments — Oil + lye 10~24℃ Be / Steam passed-agitated well = 7~18%

Speed is important. Emulsion formation at high speed-difficult to separate the oil. Soap formed is separated.

Temperature 54~60°C. NaOH-1~6N(normally).

At the first 'break' the agitation is slowed down and the oil is heated. When the 'foots' begin to settle, the agitation is stopped. Settling continued for 8 hours or overnight. Clear oil is withdrawn. This oil is washed to remove any soap in the neutral oil.

Bleaching

(a) by steaming-i.e. passing steam though fish oil.

(b) By using activated charcoal(A.C) or fullers earth(F.E). Oil+ A.C. or F.E. (3~8% based on weight of the oil taken) agitated and heated.

If team is passed, it is deodorized also. Due to resonance and change of structure, colour change will be resulted. Higher the temperature, darker will be the oil. So the temperature should be below the boiling point of the oil. Due to the condensed water and high temperature, hydrolysis of the oil may take place.

Deodorization

The method depends upon the final use of oil. If it is for edible purposes and goes for shortening (1) hydrogenation is employed. Under pressure hydrogen is passed. Natural taste and odour of the fish oil is completely altered. The oil is hardened. Deodorization by passing super heated steam by vacuum steam distillation. Temperature 175~235°C depending upon solid or liquid, high boiling or low boiling, temperature varies.

If solid, temperature should be > M.P.

If liquid temperature should be < B.P.

Two phase reaction-gas and liquid. Super heated steam passed. Oil heated by immersion heater or by coils through which superheated steam is circulated.

High temperature and high vacuum quicken the process. For liquid oil(i.e. fish oil with high unsaturation) low temperature is preferred to avoid polymerization.

Paint purpose

Wintering, alkali refining, deodorization.

Shortening

Wintering, alkali refining, bleaching (blending with other edible oils) - deodorization and hardening.

Uses of fish oil.

(1) Canning of fish. (2) Margarine manufacture (3) Medicinal purposes (4) poultry feed (5) soaps and paints (6) water proof fibres(7)tanning of leather (8)protective coatings. paints and varnishes (9) printing inks (10) in core oils (11) lubricants and greases(12) insecticidal compounding (13) fire retardants,(14)plasticizers (15)rubber stabilizing antioxidant (16)synthetic waxes(17)corrosion inhibitor (18)water repellents (19) speciality products form fish oils used as extenders, wood preservatives, rust inhibitors etc.

27. CHEMISTRY OF FISH OILS.
(어유의 화학)

Fish oils contain (i) triglycerides(T.G) of fatty acids, (ii) a small proportion of FFA and (iii) unsaponifiable matter. Unsaponifiable matter varies markedly as to the amount depending on the species of fish. This unsaponifiable matter includes various compounds. The component which does not react with alkali is unsaponifiable matter.

<u>Common unsaponifiable matter</u>

1. Vitamins A, D & E
2. Hydrocarbons-$C_{30}H_{50}$ squalene. Highly unsaturated. Important from the biochemical point of view. Said to be involved in the synthesis of cholesterol.
3. Sterols.
4. Phosphatides.
5. Wax esters.
6. Lipids containing an ether group-Glyceryl ether.

Liver oils of elasmobranch fishes contain a relatively large quantities of squalene or glyceryl ether esters of fatty acids. Some fish liver oils contain considerable amounts of FFA. Fatty acids contained in free state as well as in the form of esters. Knowledge of the chemical nature of fish oil fatty acids and their distribution in marine life is important. (i) for the development of fishery products and (ii) for the evaluation of the nutritional significance of fatty acids in fish oils. Knowledge of the distribution of fatty acids is also important (iii) in order to understand the physical and chemical properties of fish oils and (iv) the biochemical hold of fatty acids in fish and marine animals.

Ⅰ. Nature of fatty acids

1. The fatty acids derived from fish oils are of three principal types. Saturated, mono-saturated and poly-unsaturated. The formula $CH_3(CH_2)_X$ $(CH=CH.CH_2)n$.

$(CH_2)y$ COOH where n = 0 to 6 illustrates the type of fatty acid structures common to fish oils.

2. Chain length : C_{12} to C_{24} Traces of C_8 and C_{10}, C_5 acid(iso valeric) occurs in jaw-hone oil of dolphin and propoise. Even numbered carbon fatty acids make up to about 97% of the total fatty acids, with a few notable exceptions. Carbon chain lengths of unsaturated acid → C_{14}-C_{22}
3. Saturated fatty acids constitute 15~40% of the total. Most common S.F.A. → palmitic acid 16-18%. In small amounts-(C_{14}) Myristic and stearic.
4. Unsaturated fatty acids belong to series C_{18}, C_{20}, C_{22} Fish oils contain highly unsaturated fatty acids having form 4 to 6 unsaturated linkages, especially, marine fish oils contain considerable amount of these acids.
5. Fish oils do not contain linolenic acid. In all the unsaturated fatty acids, all the double bonds are of divinyl methane type i.e. methylene interrupted type.

$$-CH= CH-CH_2 \cdot CH= CH-C_9\ C_{13}\ C_{15} \cdot$$

6. All show C_5 configuration All hexaenoic acids in fish oils are C_{22}: the bulk of the pentaenoic is C_{20} (>90%) and the bulk of the tetraenoic(about 90%) is C_{18} ·
7. Of late some work has been done on clupanodoinc acid containing 5 double bonds. $C_{22}H_{34}O_2$ · Docosapetanenoic 4,8,11,15,19-it is said that this has sole responsibility for the odour.

<u>Chemical distribution of fatty acids</u>

Depot fats consist largely of triglycerides. Various body organs and muscle tissues-fat contain large proportions of phospholipids. The phospholipids contain more unsaturated fatty acids than do the triglycerides.

<u>Origin of fatty acids in fish</u>

Natural oils in marine plant life, planktonic crustacea and other plankons are consumed by fish. A group of poly unsaturated fatty acids which arc like those found in fish and marine animal oils has been isolated from marine plankton. Biosynthesis of fatty acids also present in fish. Phythenoid acids synthesised from nonfatty sources.

Environmental influence

A reduction in environmental temperature results in the degree of unsaturation and decrease in the chain length

Differences between marine oils and mammalian depot fats and seed fats.

Carbon Chain

Animal and vegetable oils contain only very small quantities of the fatty acids having more than C_{18} carbon atoms.

Fish oils contain fatty acids with chain length of C_{18}, C_{20}, C_{22} and C_{26} also.

Unsaturation

Depot fats from land animals and seed fats contain partically no hexaenoic, pentaenoic and tetraenoic acids. Lard may be an exception. If the Swine's feed contains fish meal, hexaenoic and pentaenoic acid contents up to 0% have been round. Normally lard seems to contain 0.2% or more of trienoic acids. Seeds oils are characterised by their contents of dinoic and terienoic acids. Also, polyenoic acids of C_{18} acids of seed oils are mainly and that of fish oil C_{20}, C_{22}, C_{24}.

Essential fatty acids

Linoleic, linolenic and arachidonic acids are nil or present very little in fish oils. Unlike in Vegetable and land animals fat the C_{20} and C_{22} unsaturated acids represent most of the polyenoic acids in these oils. But they are members of linolenic acids family and as such will support growth but are unable to cure dermal symptoms such as linoleic and arachidonic acids will do.

Pattern of fatty acids in the glycerides and composition

Even though the total unsaturation as determined by the IV may be the same, the physical properties of fats are influenced by the glyceride composition generally. Fatty acids in vegetable oils obey certain rules i.e. the characteristic polyenoic acids (usually linoleic acid) we preferentially bound at the 2-position of glycerol. Marine animal oils show a similar positional specificity for polyenoic acids(exception of mammals). But not so rigid. Hence the physical property changes.

Table-1. Nature and Ⅳ comparison of various oil samples

Oil	I.V.	Nature
Groundnut	87	Nondrying
Castor	83	Nondrying
Cottonseed	108	semidtying
Linseed	178~200	drying
Fish and marine animals	88~175	slow drying

II . Sea water fish oils and fresh water fish oils

Sea water fish oils have complex composition and contain great proportions of C_{20} and C_{22} acids. Fresh water fish oils contain smaller amounts of C_{20} and C_{22}. Unsaturated acids than sea water fish oils but greater amount of palmitic acid and C_{18} unsturated acids. Such differences might come from differences in food, environment conditions of seasonal conditions.

III. Migratory fish vs. Non-migratory

Sea trout-marine type of component FA mixture. Brown trout-fresh water type of component FA mixture. These fish arc regarded as migratory and non-migrator forms of the same species Salmotrutha.

(1) Salmon (2) Eel-Migrate fish.

Salmon : Adult life spent in the sea. Returns to fresh water for spawning purposes. Eggs hatch out in fresh water.

1~4 years the young salmon live as fresh water fish. They are known as salmon parr. After this, they change the colour and become silvery like the adult salmon. Now called smolts swin down stream into the sea and become marine species.

Maturing adult feed intensively in the sea and infiltrate to the fresh water.

Fish after spawning known as kelts-deplete .of fat (a) due to upstream travel (b) not feeding (c) and spawning has 0.3% compared to the original 13~14% of fat.

Lavern's studies with young fish and various stages of adult fish.

Fat from parr —— Fresh water class

Fat from smolt —— resembles that of mature salmon

Mature salmon —— Conforms to average composition of marine fish.

Eel fat

Opposite in behaviour to Salmon. Many species spend the greater part of their existence in fresh water, but migrate sometimes many thousands of miles to marine spawning grounds, the eel fats are akin to fresh water fish.

Table 2

Component acids (% by wt) of salmon fats at various stages of life cycle.

	Saturated			Unsaturated				
	C_{14}	C_{16}	C_{18}	C_{14}	C_{16}	C_{18}	C_{20}	C_{22}
Parr	2.7	17.7	3.3	3.1	21.7	30.0	12.9	9.9
Smolt	2.7	14.3	5.0	0.7	7.9	32.2	19.4	17.8
Moisture.	3.8	15.0	2.0	0.1	10.6	28.8	23.5	16.2

Ⅳ. Fish, shell fish and marine mammals

In contrast with marine fish, marine mammals such as seal and pilot whale appear to store C_{20}:5 and C_{22}:6 acids in the 1-& 3 position. The content of saturated acids > 25% in mammals. The proportion of myristic acid is larger than the great majority of fish oils.

Seal, whale, propoise possess a layer of fatty tissue beneath the skin, known as blubber, which is the source of useful technical fatty oils. Certain species have deposits of fat in the head cavity and in the jaw. Differences in composition of oils, report in relation to the differences in anatomical sample source.

Certain marine animal oils notably those of dolphin oil-contain high percentages of iso-valeric acid. Wax esters, present in large quantities in wheel and dolphin wax ester-a fatty alcohol + fatty acid of low unsaturation.

One of the most prominent specific component acid of marine animal oils is hexadecenoic acid $-C_{16}H_{30}O_2$ in whale oil and seal-known by the name palmitoleic acid.

Relatively little is known about the fatty acid in shell fish oil f.a. In crabs, high % of 20.4 acids and in mussels higher amount of 22.6 acids, reported.

Ⅴ. Body fats and liver fats.

In body fats, composition of fat is more regular. Species differences are less pronounced.

Hexadecenoic acid % is distinctly lower and unsaturated C_{22} acids is higher in the body fat compared to fish liver fats. The proportions of unsaturated C_{18} and C_{20} acids and also the degree of average unsaturation of the C_{20} acids is rather lower than the liver fats.

Free and bound lipids

The amount of fat in the flesh is usually more than 10%. The fat is mainly glyceride in nature and free i.e. it can be removed readily by light petroleum or ether and often rendered by steaming. The flesh of the fish acts as a depots for the storage of the fat of the animal. In many species, of course there is practically no glyceride fat stored in flesh tissues. In all fish, however, the lipid material is present in a form which is more firmly attached to other substances, mainly of protein nature the so called lipo-proteins. This bound lipid cannot be directly removed expect by the action of solvents which denature the pretein as well as remove the liberated lipids. The bound lipids have only recently commenced to receive detailed study.

Table. 3. Component acids (% wt) in depot fats.

	Saturated			Unsaturated				
<u>Freshwater fish</u>	C_{14}	C_{16}	C_{18}	C_{14}	C_{16}	C_{18}	C_{20}	C_{22}
Cirrhina Arigala	1.9	21.4	3.1	3.7	32.6	29.5	5.0	2.8
<u>Seawater fish</u>								
Salmon	3.8	15.0	2.0	0.1	10.6	22.5	23.5	16.2
Whale		12~15		10~15		35	20	10
Pig		25~29		2~3		60	0.3-1	
Sheep		23~28		1~2		50	0.6	
Groundnut oil		0.4	3.1	Oleic	55			
				Linoleic	27	5		

<u>Oxidation and rancidity is a major problem in fish oil.</u>

Rancidity is the general name given to the series of chemical reactions going on in stored fat and fatty products ultimately giving rise to an undesireable flavour to the food. It is mainly due to the autoxidation of fats. The unsaturated fatty acid radicals enter into reactions with the atmospheric oxygen.

At the initial stages oxygen adds on at or near the double bonds, forming peroxide.

$$\text{(a)}\ \underset{X}{-CH_2-CH=CH-CH_2} \xrightarrow{O_2} \underset{O}{\overset{}{CH}} + \underset{O}{CH}$$

(with CH=O double bonds, i.e. CH‖O + CH‖O)

Peroxide

$$\text{(b)}\ \underset{X}{-CH_2-CH=CH=CH_2} \xrightarrow[-H]{O_2} \underset{Y}{-CH_2-CH=CH-CH}$$

The release of protein makes the ground fertile for oxygen to add on COO → COOH → CHO, etc.

Peroxides decompose to form carbonyls. Decomposition of peroxides involves displacement of double bonds. The next is conjugation.

The ready autoxidation of fish oils is mainly due to the polyethenoid acids of the C_{18}, C_{20}, C_{22}, C_{24} and even C_{26} series. Those of C_{20} and C_{22} groups being by far the most abundant. Rate of oxidation depends on the degree of unsaturation, temperature of storage, light and moisture. Inherent substances in fish oil promote oxidation.

Preoxidants enhance oxidation. Metallic soaps. Metallic salts Metals.

Antioxidants counteract oxidation-these inhibit OX^n. They act as hydrogen donors or free radical acceptors.

1. Natural antioxidants-tocopherols.
2. Aromatic amines-These are toxic and not allowed in food.
3. Polyphenol (resorcinol, Catechin etc., pyrogallol). BHT, BHA etc.

Synergist-Like promoter to a catalyst-enhances activity of anti oxidants: phosphoric acid, ascorbic acid, citric acid.

Flavour reversion

Marine oils with a fish like odor lose this odor upon deodorization,but on standing, revert and again acquire a fishy odour.

Flavour reversion in fats has been defined as the appearance of objectionable flavors from less oxidation than is required to produce true rancidity.

Marine, linseed, rapeseed and soybean oils as well as partially hydrogenated products from these oils are very prone to undergo this type of deterioration. Corn and sunflower seed oils with a somewhat comparable amount of unsaturation(but due to different unsaturated acids) do not undergo flavor reversion. Modification of hydrogenation procedure is the promisimg solution for this problem. Antioxidants are of no value in preventing flavor reversion.

Industrial utilization of products derived from fish oils depends upon the kinds of chemical modifications of the oils as well as the chemical and physical properties. (i) Rxns with double bonds (ii) Rxns of carboxyl groups. e.g. fatty alcohols i.e. higher reactive carbonyl groups.

Special Rxns to fish oil is one that takes advantage of the reactivity of the hydrogen attached to carbons adjacent to the ethylenic bonds.

Potential uses

(1) Epoxidised oils as plasticiser
(2) Heat stable protective coating from alkoxy polysiloxanes-prepared from corresponding poly unsaturated long chain fatty alcohols.
(3) Fatty alcohol sulphates-non. soap detergents.
(4) Commercial production of nitrites and amines.

28. EXTRACTION OF SARDINE OIL
(정어리 기름의 착유법)

Sardine oil extracted by the existing commercial practice is generally of inferior quality when judged by its chemical characteristics, low storage life, undesirable colour and objectionable odor. During the fishing season many oil extraction units spring up all along the coast, but most of these would not be equipped to carry out the extraction on a scientific basis. Perhaps the very limited use of sardine oil must be responsible for this lack of interest on the part of the industry in adopting scientific methods. Because of the very same reason it was often noticed, during peak sardine fishing seasons, that considerable quantities of fish are used as manure as such, without recovering the valuable oil.

The catch during the part five years in korea was as follows;

year	Quantity of oil sardines landed (in metric tons)
2009	47
2010	61
2011	2,477
2012	917
2013	3,397

The first attempt was to develop a method for the extraction of the oil at very little extra cost in a high state of purity. As a result of this effort a method was evolved which was found on elaborate trials under field conditions, to produce a good quality product. In brief the method is as follows.

<u>Method of extraction of sardine oil</u>

1. As far as possible use only fresh sardines for the oil extraction. wash material well.
2. Take water in the vessel used for extraction m the ratio of 1 part of water to 1 part of fish (by weight). Boil the water. (Aluminium or tinned copper or stainless

steel vessels are suitable for extraction of the oil).

3. Add the material to the boiling water and continue the boiling till the oil gets separated at the top. Star occasionally while boiling.
4. Collect the separated oil by means of spoons or trays. Keep the oil.
5. Cook again for about 3 minutes with occasional stirring. Allow to settle. Collect the supernatent liquid and keep it.
6. Take the cooked material in canvas bag, press under a screw press and collect the press liquor. Mix the press liquor with the supernatent liquid collected before.
7. Add sufficient quantity of common-salt to the oil-water mixture to break the emulsion. Collect the separated oil and mix with the sample of oil collected earlier.
8. Heat the oil on a water bath to remove the last traces of water.
9. Store suitable lots in containers.

The characteristics of the oil extracted by the improved method are given below. For comparison, the characteristics of samples of commercially available oil are also given.

Analysis data on sardine oil

Physical characteristics

	Oil prepared by the improved method.	Commercially available oil.
Colour	Lemon yellow to yellow	Yellow to black.
Clarity at room temperature.	Clear	Turbid to clear.
Odour	Characteristic of the oil	Rancid odour.

Chemical characteristics

Saponification value	192~195	192~198
Iodine value	152~175	139~161
Peroxide value	0.32~2.7	0.4382~7.2
Unsaponifiable matter	0.83~1.15	0.84~1.55

The oil prepared by the improved method besides having marked increase in quality in many ways, keeps well for one year(or even more) without significant changes in the characteristics. This is important since any industry that may utilize the oil can will requaire a constant supply. Since the extraction is seasonal a constant supply can be ensured only if the oil can be kept in good condition at least till the ensuring fishing season.

29. SHRIMP EXTRACT
(새우 추출물 제조)

Partially hydrolyzed prawn protein concentrates, generally termed 'shrimp extract' are in popular use in many foreign countries like U.S.A, Canada, U.K. etc. Preparation of a type of prawn protein concentrate, shrimp extract, which would contribute to the daily protein requirement of the consumer and at the same time be palatable to taste, was tried. In the attempt to prepare shrimp extract, the characteristics like colour, composition, taste, etc. of the products of this type in use in countries abroad, were considered. Hence the variety of prawns suitable for giving a product having the desired composition and organoleptic characteristics was sought for.

The shrimp powder was found to have the following composition.

Protein	82.35%
Ash	14.73%
Moisture	1.8%

<u>Method</u>

1. <u>Material</u> : Jawale(Acetes spp) shrimp powder. the shrimp powder used should be very fine.
2. <u>Preparation</u> : Mix the powder thoroughly with 4 time its weight of water. Stir well and them allow to settle. Transfer the mixture to another vessel. This Process leaves behind any sand or other impurities that may be present in the powder, at the bottom of the first vessel. Discard these impurities. Take the shrimp powder-water mixture contained in the second vessel for preparation of the shrimp extract.
3. <u>Hydrolysis</u> : Adjust the pH of the material to 5.5 by adding the required quantity if pure diluted(about 80%) hydrochloric acid. Heat the mixture to a temperature of 58~60°C. Add 0.05%(on the basis of the weight of the shrimp powder) of the hydrolytic enzyme papin and mix well. Maintain the temperature (58~60°C) for one hour with occasional stirring.

4. Concentration : Cencentrate the partially hydrolyzed mass in a steam heated open stainless steel vessel after adding the following ingredients in the proportion shown.

Agar Agar - 1% (on the basis of the weight of the shrimp powder)

Salt - 1% (on the basis of the weight of the shrimp powder) Concentrate the whole product to the extent that the final product will have a moisture content of about 35%

5. Filling : Fill the product in clean lacquered cans leaving a head space of 1/8" to 1/4". (Can specification:301 X 206 - 8 oz. cans)

About 190~200 gms. of the product can be packed in an 8 oz. can.

6. Exhausting and seaming : Exhaust the cans in an exhaust box for 8~10 minutes. Seal the cans in a double seamer immediately after exhaustine.

7. Processing : Process the cans in a retort for 30 minutes at steam pressure of 115.3°C[10p.s.i.]

8. Cooling : Cool the cans in good water immediately after processing. wipe the outside of the can dry after cooling. Store in a cool dry place.

The product is ready for consumption and can be used as bread spread or for sandwich etc.

30. SOUP POWDER FROM TRASH FISH
(잡어로 스프 분말 제조)

The landing of miscellaneous varieties of fish and fishes of the type Sole, Silver belly, Anchoviella, Filefish Plunder etc. which are generally considered as trash fishes, is estimated to be about 482, 691 tons during 1990 constituting about 15% of the marine fish landings in Korea. Though edible in all respects, they are considered crash since they are relatively small in size and are not comparable co the common food fishes in quality and hence do not find ready market in fresh form. Such fish are sometimes even wasted due co lack of means for economic utilization. Proper utilization of the crash fish for human consumption is necessary not only in view of the acute shortage of protein rich foods in the country but also in view of paying better returns co those in the fishing industry.

The Institute of Fisheries Technology has tried the utilization of trash fish for preparation of protein rich food produces so chat such products can either be used as side dishes or can be suitably incorporated in protein deficient foods to provide the dietary protein requirement.

There is every possibility of such products becoming generally acceptable especially when they are of good flavor and can be easily prepared for consumption. This Institute has now worked out a method for preparation of good quality soup powder out of trash fish. Soup powders prepared from different food materials like vegetables, meat and egg are in use in different pares of the world, These dry products are rich in dietary constituents like protein, vitamins, fat and minerals. The soup powder prepared out of trash fish is also a rich source of animal protein and other nutritive factors. The method tried by this Institute for preparation of the product is mentioned below.

Method for preparation of Soup Powder.

1. Preparation of the material : Wash the fish in good water to remove blood, slime etc. Remove the head, viscera and other waste parts. Wash thoroughly again.

2. Cooking : Cook the fish in an equal quantity of water for half an hour after adding about 2 drops of ortho phosphoric acid for every litre of water so as to make the pH of water nearly 5.5.
3. Pressing of the cooked meat. : Press the fish taken in a canvas bag under a screw press. Remove the big pieces of bones, if any, after pressing.
4. Recooking : Disperse the press cake in equal quantity of water after adding ortho phosphoric acid to the water as above and cook again for 15~20 minutes and press. Repeat the processes cooking and pressing once again. The press cake after the third operation can be used for preparation of soup powder. Repeated cooking and pressing remove a large amount of the volatile substances and fat which are responsible for the fishy odor.
5. Blending of the press cake : Disperse the press cake in about 11/2 times its weight of water and blend the material in a waring blender.
6. Incorporation of fried ingredients and reblending : Fry the onion and coriander in vegetable fat in quantities as shown in the composition given below. Pour the blend of cooked fish into it and again boil for about 10minutes. Cool to room temperature and again blend in the waring blender.
7. Drying : Pour the whole mass in thin layer in aluminium trays and dry in an artificial dryer at about 70°C
8. Powdering and incorporation of other ingredients : Powder the dried mass and add the other ingredients(starch, salt, skim milk powder, glucose, pepper, ascorbic acid, sodium carboxymethyl cellulose, sodium bi sulphite and mono-sodium glutamate) and powder well to get a homogeneous product.

Packing

Pack the soup powder in air tight polythene lined aluminium foil bags or in cans.

Preparation for consumption

The product can be prepared for table by boiling one part of it in 20 parts of water for 5minutes

Composition of ingredients.

	(Weight in gms)	
Fish press cake	100	
Salt	26.6	
Fat	17.7	To be fried
Onion	166.0	To be fried
Coriander Powder	2.2	To be fried
Starch (maida)	44.0	
Skim milk powder	17.7 (as dietary supplement)	
Glucose	8.8 (Sweetener)	
Pepper	2.2 (as flavouring agent)	
Ascorbic acid	0.22 (antioxidant)	
Sodium carboxy methylcellulose	0.44(emulsifying agent)	
Sodium bisulphite	0.22(as preservative)	
Monosodium glutamate	1.32(flavouring agent)	

The product prepared in the laboratory from Threadfin bream(Nemipterus japonicus) contained protein 35.00%(on wet weight basis).

31. BACTERIOLOGICAL PEPTONE FROM TRASH FISH (잡어로 세균배지용 펩톤 제조)

The Institute of Fisheries Technology has been investigating on the possibility of economic utilization of the trash fish which are landed in large quantities along with quality fish. One of the uses considered is the production of peptone for bacteriological media.

Peptone is an essential ingredient in the preparation of different types of culture media in bacteriological work. At present the requirement of this product in our conutry is met mainly by import.

Investigations carried out have now shown that good quality peptone can be prepared from the trash fish. The method worked out in the laboratory is briefly mentioned below:

<u>Method</u>

1. Wash the fish thoroughly. Dress it by removing head, tail and viscera. Wash thoroughly again.
2. Boil the material with equal quantity of water containing 0.5%(W/V) of acetic acid for 30minutes.
3. Press the material under a screw press so as to remove the adhering liquid. Collect the press-cake.
4. Extract the cake with acetone in a continuous extractor until the fat is completely removed.
5. Drain off the acetone and boil the extracted cake with an equal quantity of water. Continue boiling for half an hour, making up the loss of water during boiling.
6. Bring down the temperature to 40°C. Add 0.5%(on the basis of the weight of the dressed fish) of Casein. Adjust the pH to 7. Then add 0.15%(on the basis of the weight of dressed fish) of the hydrolytic enzyme papain(activity about 58 units per gm.). Seal the whole material with a layer of Toluene and incubate the

material for 12 hours at 40°C.

7. Stop the hydrolysis by boiling for about 20 minutes by which the enzyme is inactivated.
8. Filter off the undigested residue. Collect the filtrate. Adjust the pH to 7.2.
9. Concentrate the filtrate to a semi-solid consistency and then dry at about 60°C under vacuum till completely dry.

The sample of peptone prepared in the laboratory from Threadfin bream (Nemipterus japonicus) locally known as Kilimeen was tested for (1) suitability for nutrient broth and nutrient agar for the growth of a few common pathogenic bacteria, (2) formation of Indole in peptone water, (3) comparison of the physical appearance of the media with media prepared with peptone in use at present. The sample was found to be as good as the commercial sample available and being generally used in bacteriological work.

32. CHITOSAN FROM PRAWN SHELL WASTE (새우 껍질로 키토산 제조)

In the prawn processing industry, large quantities of shell and head are left behind as waste material. Considering the volume of export of frozen and canned prawns alone from the country, it can be roughly estimated that about abundant amount of these wastes will *be* available annually. At present, the head and shell wastes do not find any significant economic use. In some parts of the country they are used as manure either as such or after drying.

The Institute of Fisheries Technology has been engaged in finding out ways for economic utilization of the head and shell wastes for sometime now. Laboratory methods worked out for preparation of chitin and glucosamine hydrochloride from prawn shells and cholesterol from the fat content of the prawn head have already been reported. Recent work carried out has shown that prawn shells form a good raw material for preparation of chitosan, a valuable chemical substance. The laboratory method worked out in this respect is summarized below.

<u>Method for preparation of chitosan from prawn shell</u>

1) Boil the prawn shell in about 3% solution of sodium hydroxide(NaOH)(quantity just enough to immerse the shell) for about 30 minutes. Drain off the solution and repeat the treatment with the residue. Treatment with sodium hydroxide removes the protein content of the shells. wash twice with water.
2) Treat the protein free residue with bleach liquor containing 0.3 to 0.5% available chlorine at room temperature for 1hour. Wash two times with water.
3) Treat the bleached residue with 10% hydrochloric acid(commercial) at room temperature for 2 hrs so as to remove the calcium and phosphorous contents in the residue completely. Wash the residue free of acid. The substance obtained is almost pure chitin.
4) Treat the chitin at 100°C to 105°C with 1:1 solution of sodium hydroxide for 90 minutes. Wash with water to free it of the alkali and then dry to get the final

product. chitosan. The yield of chitosan is about 3% of the weight of the fresh prawn shell.

Chitosan finds use as a sizing material for rayon and other synthetic fibers, cotton, wool etc. It may also be used in the preparation of cosmetics and pharmaceuticals and also as a water clarifying agent. Chitosan dissolves easily in dilute solutions of organic acids to give viscous solutions. It can be precipitated by neutralizing the solution with alkali. Recent trials conducted by the Institute in collaboration with the Central Cotton Technological Research Institute at Bombay have shown that treatment with chitosan under specified conditions is beneficial in giving a permanent organdie type finish to cotton fabrics and also in preventing shredding of jute.

33. PROCESSING SEAWEEDS
(해조류의 가공)

Korea has abundant seaweed (marine algae) resource over 400 kinds. In 1990, harvest of marine algae in Korea has been maintained 442 208 tons; 62.05 % (274 410 tons) of total was sea mustard. Of the many different species of marine vegetation, the following algae are of commercial importance.

a) Red seaweeds(Rhodophyta) : Laver

b) Brown seaweeds(phacophyta) : Kelp

c) Green seaweeds(Chlorophyceae) : green laver

d) Eel-grass(Grass-wrack)

Main seaweeds of Korea

Sea mustard, Fusi forme, Agar-Agar, Laver, Kelp, Typicus & Irish Moss, Sea Duck Weed, Green Laver, Sea String, Sea- Staghorn, Other Seaweeds etc.

Chemical Composition of Seaweeds

The tissues of growing algae contain 75 to 88% water and 12 to 25 % solids which, with most species, reach a maximum in July and August.

The organic substances of algae are a complex of nitrogenous compounds, carbohydrates, carbohydrate-like substances, and pigments.

1) Nitrogenous substances(Protein) : Ahnfeldtia 10~50%, (Laver), Laminaria (Kelp) 30~50%, Ulva and Popoyra 55~75%

2) Carbohydrates : monosaccharides 0.1~1.5%(except eel grass 12~13% of Ketose and 7~9% of disaccharides) methyl pentosan$(C_6H_{12}O_4)_n$ as polysaccharide

3) Alginic Acids : When brown seaweeds arc treated with an alkaline solution, substances pass into the extract, forming a colloidal sediment as a result of the acidifying effect of mineral acids(alginic acid-1882 by Stanford).

   Alginic Acid contain 15~40% with Laminaria, 30~35% with Alaria, 20~30% with Ascophyllum, 18~25% with Fucus, 12~20% with Macrocystis(dry based)

4) <u>Mannite(d- mannitol)</u> : found only in brown algae.

When algae are dried or stored in dry form, crystals with 60 to 80% of water soluble salts and 20 to 40% of mannite appear on the surface. The ether-soluble substances present in algae are carotenoids. Chlorophyll(green) predominates in green algae and Zostera, phycophaein(blue) and fucoxanthine (grown) in brown algae and phyco erythrine(red) in red algae.

5) <u>Agar and Agaroid</u> : Agar(agar-agar) and agaroid are natural polymers of ester sulphates of polysaccharides(mainly galactan and galactose); they are typically lyophilic substances and are a characteristic of the composition of red algae.

Agar contains only 2 to 5% S-bearing sulphate residues, as against 22 to 40% in agaroid; on the other hand, agar contains 20 to 25% carboxyl groups, and agaroid only 3 to 5%. It has been discovered that agaroid from Black sea Phyllophora is a poly-1.4- galactoside fructose.

6) <u>Zosterin</u> : Zosterin was first obtained from Zostera by extraction with weak(0.5~1.5%) solution of hydrates or carbonates of potassium and sodium, heated to between 80°C and 100°C. Pure dry zosterin contains 3 to 4% ash and 1.4 to 1.6% nitrogen; 90 to 95% of the organic fraction consists of uronic acids.

The Zosterates of ammonia, potassium and sodium which are soluble in water and are typical hydrophilic colloids, swell substantially(2,500% by weight) and their water solutions are highly viscos. A Solution containing 1.5 to 2% of zosterate with the addition of edible acids gives an acid -stable and heat stable gel.

Zosterates are used as thickening and stabilizing agents, gelling substances(for delicate jellies) and as a source of transparant films and descalling material.

7) <u>Vitamins</u> : Algae have exhibited vitamins B_1, and B_{12}, D, E, F, G and the provitamin A. The vitamin C content ranges from 3.0mg to 83mg/100g of dry basis, the largest amounts ocouring in red algae(24 to 83mg/100g).

<u>Procedure of Agar manufacture</u>

Raw algae → cooking → algal infusion → settling → gelling → cutting → drifying & bleaching → melting → Freezing → extracting → crushing → Thawing and washing the coagulum → Drying(pulverizer) → pack & marking → Agar

Procedure of Alginic acid manufacture

Prepare raw algae → extract, dissolve → dilute → clarify, filter → bleaching → coagulate → dehydrate, neutral & purify → dry → crush → Alginic acid

Propylene Glycol Alginate(PGA) : Alg. COO-CH_2-CH(OH)CH_3

Preparation of Carrageenan manufacture

Algae(Gigartinaceae) → add water 20times → exrrct(80°C, 2hrs) → add hotwater (90°C), 3 times → filtering → filterate → add methanol/isopropanol, 2.5times → filter
repeated same treat(ppt)↗
→ dry ppted(80°C, 20mins) → crush(80mesh) → Carrageenan

Uses of seaweed products

Foods, Drugs, Industry, Painting, Microbiological media, Cosmetics.

Processing seaweed

Do you want to learn a little bit about how to process seaweed? Well come along and find out more! Between 1981 and 1992 world production of seaweed increased from 3.2 million tons to 7 million tons.

Brown algae production was at 5.2 million tons(75%); red algae production was at 1.73 million ton (25%); and green algae production was at 0.07 million tons(0.5%). Wow! That's a lot of seaweed. If you read are harvesting page, you will realize that the world has move from harvesting and processing seaweed by hand to using higher technology.

One Example of Technology

J.R. Hulls developed such a process in 1976. He was assigned to Bio-Kinetics Inc. his process involves producing an algae product and purifying aqueous organic waste material to provide clean water. Starting algae and aqueous waste are admixed in sufficient amount to provide nutrients for the algae, which are grown in symbiotic relation ship with aerobic bacteria present. The mixture is aerated with, if desired, carbon dioxide added, and is exposed to alternate period of light(e.g., one-half second to ten seconds) and darkness(about ten times as long as light period) to accelerate growth of the algae, harvesting the algae product to maintain the growth rate at a very high level.

Nori

Have you ever eaten sushi? Did you know that a lot of sushi uses seaweed as one of its ingredients? The green crunchy wrapping sometimes used in sushi is called nori. Nori is made from seaweed - but it is not in a fresh state. After the seaweed Prophyra is picked, it is immediately dried into sheets. This was formerly done by sun-drying process, but this job is now highly mechanized. The harvesters only take what they can process in one day. Nori is first washed with freshwater than fed into a shredding machine, which makes it to a piece 0.5x1 cm in size. The cut nori is then thoroughly mixed with freshwater, 4 kg of nori per 100 liters.

The nori/water mixture is than fed into a machine that is almost like a papermaking machine. In the machine it is put on top a wooden frame about 30 sq cm on the outside, which is fit into mats of split bamboo 20x18 cm big. Then it's placed into a wire netting screen about 600 ml of mixture is fed into each frame and the water drains away through the mats and screen. The frames then move slowly across a production line and afterwards it goes over a heated surface. The nori and the bamboo mats are then moved going back in a circle for more nori-water mixture.

After the nori sheets are piled up and put into an oven to reduce the moisture content to about 18%. This is in order to make a good product. The temperature of the drying process is 500C. Than the bamboo mats are then removed, the nori is than put together it 10s and packed in bundles of 100s.

The nori is then shipped to a co-operative shipping point. There they are carefully packed and sealed in cellopane so that the moisture uptake is reduced as much as possible. Then they are shipped to all parts of the world. The Japanese output is about seven billion sheets a year. Korea produces 60-100 million sheets.

North American Kelp

Asia is not the only place that harvests and process seaweed. Robert Morse, a marine engineer who was one of the first members of Maine's Organic Farmer and Gardeners Association, founded North American Kelp in 1971. North American Kelp is a Maine-based company with more than 28 years of experience in processing kelp. The company harvests several types of kelp year-round with a regular crew of 10 that becomes 35 during peak harvesting seasons. The kelp is processed in North American Kelp's facility in Waldoboro, Maine. The company harvests sea kelp from the same cold clean water that has been providing world-famous seafoods for centuries.

Yantai Prince Chemical Co. LTD

YSIC and a German Company started a joint venture named Yantai Prince Chemical Co. LTD. Yantai Prince Chemical Co. LTD. was found in 1970 and is one of the founders of seaweed processing industry in China. Yantai Prince Chemical Co. LTD. annually produces 1,200 tons of sodium alginate, 500 tons of mannitol, 15 tons of iodine, 200 tons of carrageenan and 100 tons of agar-agar. Recently they have advance new productions such as EPOXY RESIN a series of printing auxiliaries and various aquatic foodstuff. Alginate, carrageen and mannitol have been exported to over 10 countries in the past 20 years. It is mainly marketed in Europe, America, Japan, and Korea. Alginate is a thickener an emulsifier. Carrageen is a suspending agent used in foods, medicine, cosmetics, and industrial products. Mannitol is used in intravaneous medicine.

Danisco Ingredients and Carrageen Seaweed

Yantai Prince Chemical Co. LTD rented three machines to a seaweed-processing factory in southern Chile. This client, Danisco Ingredients, uses carrageen seaweed as a raw material. They produce carrageenan, a food additive that is extracted from the seaweed. Danisco purchases red, black and narrow leaf carrageen.

The harvesters use helmets and lead boots to harvest red narrow leaf carrageen.

The black narrow leaf washes up on the beaches, and women and children picked up the black narrow leaf from the ocean's shore.

The three machines rented were the Vincent horizontal shredder with narrow blades, a Vincent triple pass rotating drum dryer, and a soft squeeze KP-6 press. The VS-35 shredder has worked well both on baled dry material and on fresh seaweed from fishing boats. Initial plugging was overcome by going to a discharge screen with 2-1/4 holes. The one remaining problem has been blades damage arising from rocks to witch the seaweed is attached.

The dryer has also worked very well. The seaweed goes through a sticky stage as it is dried from 82% down to 18% moisture. However it has not adhered to the inside of the dryer so the product recirculation feature does not appear necessary. Most tests were run feeding two to four pounds per minute into the dryer. Gas recirculation was not used in order to keep down the wet bulb temperature. The highest temperature material can reach in the dryer is the wet bulb temperature (dew point), and it is felt that the viscosity of carrageenan produced might be adversely affect by exposure of carrageen to high temperature. It is not possible to remove any moisture at all from the seaweed with a screw press. They tried shredding , macerating, and adding lime; nothing worked.

However, the press worked well at removing free water from previously dried seaweed that was later washed to remove sand and rocks. In one test moisture content was reduced from 68% to 60%.

Algae Production Processes and Products

Successful algae production depends on matching the right kind of water to the right kind of algae culture. Depending on the kind of algae being cultured, fresh water, brackish water, salt water, industrial water, sewage water, and even polluted water can be used. Sufficient amounts of the right kind of water must be available. Of course, the more expensive the water the more costly the production will be.

Most processing involving the deliberate production of algae were developed beginning in the 1950s. We were surprised to learn that there are many people that are inventing new ways to grow better algae. The list is too long and the methods are too complicated to describe here. We were disappointed because all the books we got on aquaculture are all old.

<u>Products From Algae Culture</u>

Some interesting products are created from various algae culture processes. A process for extracting antibiotics from several types of algae it was developed in 1968. A variety of processes are used to make dyes from algae so that materials can be colored (known as pigmentation).

Green algae contain many of the valuable nutrients needed for human consumption. Various processes have been developed to remove the undesirable appearance taste and odor that come with the use of green algae.

Research in the use of atomic energy has lead to the discovery of the use of algae can help separate heavy isotopes of carbon from light isotope of carbon.

Algae uses the process of photosynthesis in its growing. Process of been developed to deliberately produce oxygen using algae culture. Even General Electric Company has an apparatus of oxygen and algae production. This process might one day solve the problem of providing a steady supply of oxygen for use in space.

One of the most popular uses of algae is the production of thickening agents and emulsifiers, which help to make food and household products thick, smooth, and creamy. Algin and carageenin are the two main thickening agents made from algae.

Seaweeds products, processing and utilizationPresentation Transcript
SEAWEEDS,PRODUCTS, ROCESSING AND UTILIZATION
Sameer G ChebbiSameer G Chebbi
Industrial Fish and Fisheries,Dept. of Zoology, Karnatak Science College, Dharwad

- Introduction

Marine microalgae which are popularly termed as Seaweeds belong to the primitive group of non- flowering plants known as Thallophyta.

They are autotrophic plants and grow in the; intertidal and sub-tidal regions of the sea. They grow abundantly wherever rocky or coral substratum is available for their attachment with the help of rhizoids or holdfast. For centuries, seaweeds of various kinds have been put into use in the south and southeast Asian countries.

▪ Seaweeds are the only source for the manufacture of colloids like agar, algin and carrageenan which are used in food, chemical and pharmaceutical industries. Seaweeds are rich in protein, vitamins, minerals and trace elements. They are also used as food, fodder, fertilizer and recently as a source of drugs and therapeutically Important substance. In India about 720 species seaweeds are available, of which 60 are commercially important. They occur abundantly along the coasts of Tamil Nadu, Gujarat, Lakshadweep and Andaman- Nicobar Islands.

▪ Developing countries produce nearly 40% of the world's seaweed supplies for the manufacture of phyco-colloids. Fifty per cent of seaweeds are utilised for agar production, 32% for carrageenan and 18% for alginate production. Although, the major share of seaweeds is produced by developing nations. the phyco-colloid manufacturing industries remain concentrated in a few developed nations viz., Denmark, France, Japan, Norway, Spain, UK and USA the main reason being the secrecy maintained by the industries in the extraction and purification technologies.

▪ In India there exist more than 60 seaweed industries and are involved in the production of agar alginates. Many more such industries are also coming up. There is a growing awareness and enthusiasm among the private sector to develop seaweed industry in our country, although it is cantered at present in the production of agar and algin only. The utilization of edible seaweeds is practically nil.

▪ Seaweeds like Gracllaria edulis. G. crassa, G. foliifera and GeUdieUa acerosa are widely exploited for agar manufacture.

And species of Sargassum and Turbinoria for algin extraction from the east coast of India. However, the edible and other seaweeds consisting about 70% of the standing crop of seaweeds are under-exploited for want of awareness.

I. Seaweeds as phyco-colloids

(1) Agar : Agar is the major constituent of the cell-wall of certain red algae (Rhodophyceae), especially the members of families Gelidiaceae, Gelidiellaceae and Gracilariaceae. Agar-agar is the Malay word for a gelling substance extracted from Extcheuma, but now known to be carrageenan. The term agar is now generally applied to those algal galactans, which have agarose, the disachharide agarobiose as their repeating unit. Agar consists of a chain of 9-P galactopyranose units linked in 1,4 bonds with a sulphated L. galactose.

▪ Sources

Raw materials for the production of agar are red algae such as GelidieUa acerosa, Gracilaria edulis, G. verrucosa and species Gelidium, Pterocladia, and Ahenfeltia.

▪ Method of extraction

The dried raw materials are purified from debris, sand and shells and other attached weeds. Then they are soaked in freshwater and dried in sun. The soaking and drying are repeated till the seaweeds are bleached. Boil the seaweed for 3 to 4 hours with occasional stirring. The boiled slurry is filtered by means of filter press. The filtrate becomes gel at room temperature. Repeated freezing and thawing of the flocculated gel purify the gel further. This gel is air dried or sun dried to get agar strips. Agar strips can be powdered and marketed.

To increase the yield and gel strength of agar, It is preferable to apply an alkaline treatment with sodium hydroxide for nearly one hour at the rate of 2 to 3% alkali solution of 20,000 L/tonne at 90°C. This pre-treatment before boiling eliminates sulphuric esters and converts a-L-galactopyranose units into 3,6-anhydro-a-L-galactopyranose thereby increasing the gel strength.

▪ Uses

① In food technology agar is used for gelling and thickening in the confectionary and bakery industries, ② as stabilizer for the preparation of cheese and for salad dressings. ③ In fish and meat processing industry, ④ agar is applied for canned products, ⑤ as a protective coating against the effect of metal containers and against shaking during transport of these products. ⑥ Agar is also used as a clarifying agent for wines, beers and liquors. ⑦ In pharmaceutical industry, agar is used as a laxative for chronic constipation, as drug vehicle and as a substratum for bacterial and fungal cultures. ⑧ Agar is an ion exchanger and is used in the manufacture of ion exchange resins. ⑨ In cosmetic industry agar serves as a constituent of skin creams and ointments. ⑩ Agar is also employed in paper and textile industries as finishing and sizing agents.

(2) Alginic acid

Algin or alginic acid is a membrane mucilage and a major constituent of all alginates. The various salts of alginic acid are termed 'alginates‘ (for example sodium alginate, calcium alginate etc). The term algln is used as a collective name for alginic acid and alginates but also as a trade name for sodium alginate. Alginic acid and its salts with divalent and trivalent metal ions are generally insoluble in water, while alkali-metal salts are water soluble.

▪ Sources

Alginic acid is obtained from brown seaweed species such as Ecklonia, Macrocysiis, Undaria, Laminaria and Duruillea from temperate areas and Turbinaria. Sargassum, Cysto seira and Harmophysa from the tropical areas.

▪ Extraction

The alginate or sodium alginate can be isolated from the brown seaweed materials by extraction with dilute sodium carbonate solution which converts the alginate into the soluble sodium from. The polysaccharide is then recovered by precipitation with acid.

▪ Uses

In pharmaceutical industry alginic acid is used as emulsifiers In watery emulsions with fats, oils arid waxes, as fillers in the manufacture of tablets, pills and as base of any ointments, alginate is extensively used. An alginate guaze is used as a blood stopping plaster. As a slimming agent, the alginate forms a jelly in the stomach which produces the feeling of saturation in stomach. Ammonium alginate wool is used as a filter for microorganisms for laminar flowhood. In cosmetic, detergent and soap making industries alginates serve as thickening and dispersing agents in the production of ointments, In creams, liquid emulsions, lotions and toothpaste as well as an additive in hair dye, hair fixing tonics, shampoos etc. due to the ability of alginates to form films. Alginates increase the consistency of shaving creams. In dental technology, alginates are used for making denture mouldings as well as denture fixatives.

In food technology, ① alginates improve the baking properties and they are constituent of baking emulsions. ② Alginates are used to make sugar glazings, egg, fruit and other cream fillings and in confectionary for making imitation fruits. ③ Jelly products are made with water insoluble alginates(calcium alginates). ④ In a number of countries alginates are suggested as a gelating agent in marmalades and jams. ⑤ In dairy products such as cheese, creams, milk shake mixed in chocolates, puddings, cold prepared pudding powder, soft cheese and custards alginates are extensively used. ⑥ Alginates act as stabilizers in milk mixes and impart uniform viscosity and good whipping ability. ⑦ In beverages alginates act as clarifying agents for making wines and raw liquor of sugar and molasses. ⑧ Alginates act as foam stabilizers in lager beer and malt beer. ⑨ In meat and sausage industry, meat and sausage products are given a longer shelf life with an alginate film. ⑩ Artificial casings with as alginate base have been developed for making small sausages particularly for vegetarians. ⑪ For deep-freezing of fish, meat and poultry products an alginate gel is used and this has been patented in many Western countries.

⑫ Alginate filaments are used in the production of calcium alginate rayons.

▪ In ceramic and leather industries, addition of alginates stabilizes the pigment and glazing suspensions to ceramic, porcelain and Chinaware as well as leather goods. ⑬ Alginates find extensive application in textile industry particularly as a thickening agent for printing dyes and paints that prevents smudging and promotes quick drying and evenness of prints.

(3) Carrageenan

Carrageenan is a sulphated galactan polymer obtained from various red seaweeds belonging to families such as Gigartinaceae, Solieriaceae and Hypneaceae. The term carrageenan comes from the name of the small coastal town Carragheen in Ireland, where commercial harvests of Chondrus crispus were made in the late 19th century.

Carrageenan differs from agar chiefly in its higher sulphated fraction and a higher ash content. The back bone of the carrageenan polymer consists of 1,3-and 1, 4-linked D galactopyranose units which vary in the degree and the location of sulphated esterificatlon. Carrageenan can be separated into two fractions-k carrageenan and X-carrageenan whose polymer chain is branched in the former and linear in the latter.

k-Fraction is separated from gama-fraction by precipitation with potassium choloride and amounts to 40 % of the carrageenan, the balance being the gama-fraction.

▪ The fraction soluble in hot water stands for k-carrageenan and the cold water soluble fraction to be gama-carrageenan.

▪ Sources

Chondrus crispus, Gigarttna stellata, Iridaea spp., Eucheuma alwarezii, Kappaphycus spp. and Hypnea spp. Fig. 8) are the chief raw materials for extraction of carrageenan.

▪ Extraction

Ten g of seaweed is crushed and cooked for 4 hours at 90°C with 750 ml of water and 2g of CaO with occasional stirring. The hot extract is centrifuged for 5 min at

8000 rpm. The pellet is washed with warm water and centrifuged again. Save the supernatents each time and pooled together.

The pH of the extract is adjusted between 8 and 8.5 with mild alkali solution. The alkaline supernatent is then added with 2 volumes of ethanol or isopropyl alcohol. The coagulam is collected either by filtration or by centrifugation at 5000 rpm for 5~8 min and dried at 50~60°C. The dry coagulate are milled to obtain from powder of carrageenan.

▪ Uses

In food industry, ① carrageenan flnds its use in bakery, confectionery and for culinary purposes especially in the preparation of condiment products, syrups, whipped creames, ice desserts, cheese etc. ② Carrageenan is used for clarification of beer, fruit juices and other beverages. ③ Carrageenan improves the quality of wheat flour in spaghetti and parotta making. ④ The food sector accounts for nearly 70% of world market for carrageenan. ⑤ In pharmaceutical industry, carrageenan is used as emulsiflers in cod liver oil and emulsions as granulation and binding agents in tablets, elixirs, cough syrups etc. ⑥ It is used extensively in ulcer therapy and for diseases of blood vessels. ⑦ In cosmetics, carrageenan is applied as stabilizer and thickening agents in tooth- paste, skin ointments and solid air freshners. ⑧ In textile industry, ⑩ hot water extracts of carrageenan is used in printing designes with dye and act as finishing and sizing agents. ⑨ Carrageenan, also called "Painters‘ Moss" has been used for some time in paint manufacturing as stabilizers for pigments. They are also good film-forming agents.

Seaweed as food

Seaweeds are not actually a sought after vegetable to most westerners. However, the orientals have been eating a variety of seaweeds for thousands of years. It is known that about 100,000 tonnes of seaweeds are eaten annually in Japan in the name Nori, Kombu (konbu) and Wakame. Seaweeds are rich in proteins, vitamins, amino acids, growth hormones, minerals and other trace elements. Hypothyroidism (goitre) can be cured and controlled by intake of iodine rich seaweeds like

Asparagopsis, Sarconema spp. etc.

Nori

Nori is the name of various edible products derived from Porphyra after processing. Nori is prepared by harvesting porphyra, pounded, washed with water, drained, chopped and finally mixed with freshwater before being spread on bamboo mats for drying. When dried thin sheets of nori are obtained. These are pressed flat, stored and bundled and packed for marketing. Nori is used as a flavouring agent in soups, sauces and broths or even soaked in soyabean sauce and eaten with boild rice. Nori is also used in well known dishes- tempura and sushi.

Kombu

Kombu is prepared from Laminaria. After harvesting and drying the laminaria is separated from the stipe and hold fast are sorted for quality and sent to kombu factories. Kombu processing involves boiling the kelp in a green aniline dye solution, air drying, compressing in frames and then cutting into blocks which are shredded. Kombu is used as soupstock, boiled vegetable, snack or seasoning for rice dishes (as curry leaves are used in India).

Wakam

Wakam has become more popular in recent times. It is made from large brown seaweed Undaria pinnatiflda. Undaria is processed as wakam by washing, desalting and drying. Desalting is achieved by boiling with water. Wakam is popularly known in the forms of roasted, or sugar candied products.

Salad

Following seaweeds are used for making salads either singly or in combination of two or three seaweeds. Caulerpa racemosa, Caulerpa sertularioides, Codium spp, Gracilaria confervoides, Gracilaria eucheumoides, Hydroclathrus clathratus, Laurencia papillosa and Porphyra spp. Fresh seaweeds are cleaned of sand, debris, attached stones etc. and then washed in fresh water. Chopped tomatos, carrot, onion, chilly and ginger are added and mixed. Salt is added to the taste

Seaweed masala

Fresh seaweed, Ulva lactuca 200g(washed and clean) Onion (big) 2 nos, Tomato 2 nos, Oil 2 teaspoon, Chilly Powder 1/2 teaspoon, Coriander powder 1/2 teaspoon, Turmeric powder 1/2 teaspoon, Salt, curry leaves, mustard and ginger as desired. Cut onion and green seaweed into pieces and garnish them in low fire with oil, mustard and curry leaves. When about to turn grey add the powders, salt, ginger and tomato pieces and mix well. Serve hot. Good for rice and chapattis.

34. PROCESSING OF SHARKFINS AND EXTRACTION OF SHARK FIN RAYS (상어 지느러미의 가공 및 상어지느러미 RAY 추출)

Process for Shark Fins

1. Cut the fins(spinal and tail fins) from the big size sharks(of about 5ft. or more in length)
2. Remove the adhering flesh and wash thoroughly in fresh water.
3. Dust the fins with salt in the ratio 1:10, the cut portions being liberally sprinkled with salt. Alternatively, dust the cut portion with a little of lime and salt. Set aside for 24hours.
4. After spreading on mats to prevent admixture with sand and other extraneous matters, dry the fins in the sun to the desired degree(Moisture content 7~8%)
5. Grade the fins according to species, colour and size.
6. Pack suitable lots in moisture proof containers such as polythene lined gunny bags.

Method for extraction of fin rays

1. Soak the dried fins in water acidified to pH 2.5 to 5 preferably with acetic acid or with hydrochloric acid for 5–6 days so as to hydrolyze the collagen in the fins to gelatin.
2. When the muscle and skin on the fins get sufficiently softened, cut off the rays from the base and separate the cartilage by a knife(a sharp bamboo knife can be used).

   In cases where the muscle and skin do not get softened even on soaking for 5 to 6 days in acedic water(as in the case of shark fins stored for more than a year when the rehydration capacity is less) the soaked fins may be treated in hot water at 75°C for 20 to 30 minutes when the rays would separate.
3. Clean the rays of all adhering muscle, fibre etc. by scraping the rays with knife and washing in plain water.

4. Dry the extracted fin rays in the sun or preferably in an artificial dryer at 35°C to 45°C to a moisture content of 5 to 8%.
5. Store the dried fin's in polythene lined gunny bags.

Such fins will keep in good condition for more than a year without any significant change. An alternative method worked out for extraction of the rays consists in cooking the dried fins in nild acidic water(acidified with acetic acid) till the collagen is hydrolyzed to gelatin and the rays are exposed. The rays are then picked up, cleaned free of adhering muscle etc., washed well and dried.

35. SPECIALITY PRODUCTS FROM FISH
(각종 어류를 이용한 기호식품제조)

Fishery products in which fish is only one of the ingredients or which require a greater amount of preparation than is usually required for canning fish as such can *be* termed as speciality products. Any ready-to-serve dish containing fish ingredients will come under this category. Soups, chowders, stews, the various kinds of fish cakes *etc.* are speciality products. Many of these products are being manufactured and are popular in many countries like U.S.A, Japan, Canada etc. But such products are not produced on commercial scale in this country.

Attempts are towards preparation of speciality products from fish and prawn for popular use. Such products would also help to solve to a certain extent the problem of meeting the daily protein requirements in the areas where transport of fresh fish has not been feasible yet due to various reasons. As a beginning of this project, a method for the preparation of fish paste from tuna and one for prawn paste have been found to be satisfactory as regards taste, deliciousness and keeping quality.

Tuna paste

Method

1. Material : Only wholesome fish (tuna) should be used for processing.
2. Cleaning : Wash the fish thoroughly in potable water to remove blood, slime etc. Remove the head, tail tips and other waste parts from the fish. Cut the fish into small pieces. Wash the pieces thoroughly.
3. Cooking : Cook the fish in an autoclave for one hour at steam pressure of 115.3°C(p.s.i.g. 10). Remove the bones from the cooked pieces.
4. Blending : Blend the cooked product well in a homogenizing machine. Add water (about 325~350ml per kg. of the cooked meat) in small quantities while blending in order to get the required consistency.
5. Incorporation of other constituents : Add the other constituents such as starch

(rice-starch, maida or the like) sugar, salt, mono sodium glutamate etc. in the proportion given at the end and mix well in the homogenizing(Kneading) machine.

6. Filling : Fill the product in cans leaving a head-space of nearly 1/4" to 1/8"(can specification: 301×206~8 oz. cans) Lacquered cans only should be used for filling.
7. Exhausting and seaming : Exhaust the cans for 8~10 minutes in an exhaust box. Immediately after exhausting seal the cans in a double seamer. Do not allow the contents of the can to cool before sealing.
8. Processing : Process the cans in a retort for one hour at steam pressure of 117.6°C(12 p.s.i.g.)
9. Cooling : Cool the cans in cold potable water immediately after processing. Wipe the outside of the cans dry and store the cans in a cool dry place. Do not store the cans until they are completely cool and dry.

The product is ready for consumption and is used as bread-spread or for sandwich. The product can also be used to prepare fish-meat balls or other similar preparations after adding condiments as per taste and frying lightly.

recipe	Composition
i .Fish meat(cooked)	5kg.
ii . Starch (Rice starch, maida or the like)	2~2.5kg.
iii . Sugar	0.3kg.
iv . Salt	0.25kg.
v . Monosodium glutamate (MSG)	0.02 to 0.04kg.
vi . Hydrogenated fat (Such as dalda etc)	0.3kg.
vii . Water	1.5 to 2 liters.

Prawn paste

1. Material : Use only fresh prawns. Wash the prawns well with good water.
2. Preparation : Peel and devein the prawns. Wash thoroughly with good water.
3. Blending : Blend the material with an equal amount of water in a blending (homogenizing) machine.

Adjust the pH of the blended material to 5.5 by adding the required quantity of pure diluted (about 20%) hydrochloric acid.

4. Hydrolysis : Treat Lhe material with 0.04% to 0.05%(on the basis of the weight of the prawn meat) of the hydrolytic enzyme papain at about 55°C for two hours to bring about partial hydrolysis of the mass.

5. Concentration and incorporation of other ingredients : Concentrate the partially hydrolyzed mass in a steam jacketed open stainless steel vessel to a loose pasty consistency. Add the following ingredients in the composition mentioned and mix thoroughly. Of the ingredients, the starch is to be added after making a paste with water.

Composition

i. Prawn meat	
ii. Starch(Rice search, maida or the like)	6%(on the basis of the weight of the prawn meat)
iii. Sugar	12~15% (〃)
iv. Salt	1% (〃)
v. Citric acid	0.1% to 0.2% (〃)
vi. Mono sodium glutamate	0.2% (〃)
vii. Sodium hexameta phosphate	0.3% (〃)
viii. Agar agar	0.5% (〃)
ix. Ginger essence	2~3 drops (Per 100 gm of the prawn meat)

6. Concentration : After the addition of the above ingredients and thorough mixing the whole product is co be concentrated further to the required consistency of a semi-hard paste.

7. Filling : Fill the product in clean lacquered cans leaving a headspace of 1/8" to 1/4"(Can specification 301×206-8 oz. cans)

8. Exhausting and seaming : Exhaust the cans in an exhaust box for 8~10minutes. Seal the cans m a double seamer immediately after exhausting.

9. Processing : Process the cans in a retort for 30 minutes at steam pressure of 115.3°C(10 p.s.i.g.).

10. Cooling : Cool the cans in good water immediately after processing. Wipe the outside of the can dry after cooling. Store in cool dry place.

Like tuna paste, this product can be used as bread-spread, for sandwich etc.

부록 I. 식품가공기술 논문

식품의 변패에 미치는 저온과 미생물의 관계

이성갑(식품공학과 교수)

Abstract

Preservation of food by low temperature(freezing) is based on due to microbial action does not occur. Many foods have their effective storage life extended by storage at refrigeration temperature above the freezing point of water. The ordinary household refrigerator and the dairy products case at the supermarket are good examples of this type of food storage. It should be recalled that most frozen foods are not sterile, and that they need the same care and consideration that other foods do, once they are removed from their protective environment

1. 머리말

식품의 저온에 의한 저장목적은 상온하에서 식품의 성분변화 즉 품질저하를 방지시키는 것은 새삼스럽게 말할 나위도 없다. 이와 같이 식품의 품질저하를 일으키는 식품성 변화의 주원인은 미생물의 작용에 기인되며, 식품을 저온에 의한 저장목적은 저온도하에 식품을 보존하는 것으로서 미생물에 의해 발생하는 식품의 품질변화를 억제케 하여 정지시킨다고 말할 수도 있다. 이 때문에 식품의 저온저장에서는 미생물의 저온에서의 작용이 중요한 문제가 된다.

한편 미생물 중에서도 특히 식품의 성분변화에 주도적 역할을 연출하는 세균의 발육에 필요한 온도범위의 상당히 광범위한 것으로 알려지고 있다. 일반적으로 미생물 발육온대를 3그룹으로 나누어 취급하고 있다<표 1>.

Table 1. Classification of microorganism by their living temperature

Division	Lliving temperature(℃)			Example
	maximum	optimum	minimum	
Thermophiles	70	50~60	40	bacillus,coagulus,Clostridium, Thermosaccholyticum
Mesophiles	45	24~40	10~25	B.subtilis,E.coli, yeast Photogenic bacteria
Psychrophies	30	15~25	0	Pseudomonas, Achromobacter, Flavobacterium-water living

3그룹 중 식품 저온저장에 있어서 가장 문제가 되는 것은 저온성 균이고 그 중에 저온세균이다. 이와 같은 저온세균은 광범위하게 지구상에 분포되어 있다.

지구의 생태권의 70% 이상이 해양으로 되어 있고 해양 체적의 90% 이상이 5℃ 이하로 되어 있다. 또한 남극이나 북극 등을 포함한 극지권이 14%를 점유하고 있는 것을 합계하면 지구의 80% 가까이가 저온영역이라고 할 수 있고 이들 지역에도 많은 미생물이 분포되어 있는 것으로 알려지고 있다. 이들 저온성 미생물들은 지구상의 저온역에만 존재하는 것이 아니라 모든 장소에 존재하고 있다. Stokes & Redmond는 0℃에서 증식하는 미생물의 분포를 미국의 토양, 하천, 호소의 물이나 밑바닥흙, 우유, 식육, 냉동식품에 대하여 조사한 경과에 의하면 토양에는 103~106/g의 저온균이 존재하고 이것은 총생균수의 1.5%에서 89%를 차지하였다. 또, 흙중의 곰팡이의 25%는 0℃에서 증식하는 저온균이었다. 역시 하천물에도 총균수의 16~47%, 호소의 물에도 41~76%, 호소의 바닥 흙에는 11~33%의 저온균이 있고, 축육에서 35~93%의 세균이 저온균이었고 특히 축산물에는 여러 가지 저온균이 이 숫자상으로 중온균보다 많았고 식품중에도 다량의 저온세균이 존재하였다. 이와 반대로 이들 시료 중 호열성 균은 극히 적어 총균수의 1%를 넘지 않았다. 이러한 결과에서 저온균은 자연계에 광범위하고 또 다수가 분포되고 자연계에 물질순환에 있어서 크나큰 역할을 담당하는 것으로 고찰되었다.

다수의 저온균은 분류학상의 속(genus)으로 분포되어 있고 대부분은 그람양성간균의 Pseudomonas속, 더욱이 Flavobacterium, Achromobacter, Arthrobacter Aerobacter Aeromonas, Vibrio, Cytophaga Chromobacterium 등의 보고서가 있다. 그람양성균에는 0℃에서 포자형성이나 발아가 일어나나 Bacillus 속이나 Clostridium 속의 것이 있다. 또 효모로는 Candida, Cryptococcus, Rhodotorula 및 Tourlopsis 속이 있고 기타 저온성의 곰팡이와 이끼류가 보고되고 있다. 즉 미생물중에 분류학적으로 저온균이라는 그룹이 존재하지 않고 분류학상의 많은 속 중 에 저온성의 것이 존재한다고 생각된다.

저온미생물이 중온미생물보다 저온에서 증식이 잘 되는 이유로써 세포막의 기질투과성, 세포내에서 효소활성과 그 조절기구, 효소합성과 그 조절기구 등의 저온에 있어서 양자가 서로 상위하다고 생각된다. 세균은 분열에 의하여 증식이 일어나고 이의 분열시가, 즉 세대기간 (generation time)에 미치는 환경온도의 영향을 보면 분명히 중온균의 *E. coli*와 저온균인 *Pseudomonas* sp. 의 세대시간에 미치는 환경온도의 영향은 차이를 보인다.[그림1]

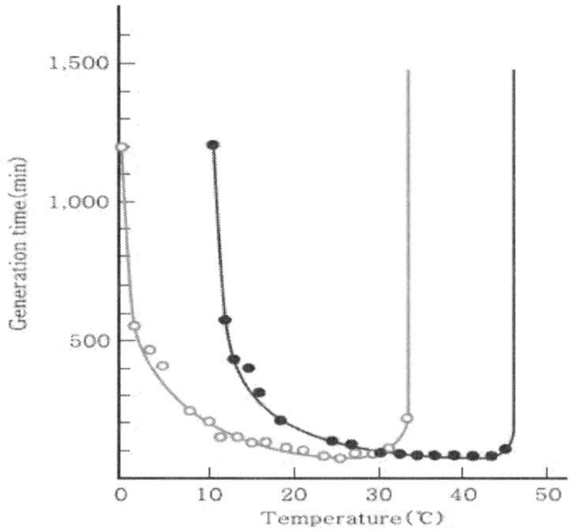

Fig 1. Influence on the effect of division time and environmental temperature of Pseudomonas sp. and E. coli

중온균이 대장균(*E. coli*)은 증식 최적온도가 30~45℃부근이고온도가 30℃ 이하가 되거나 급속히 온도가 저하하게 되면 세대시간이 길어지고 증식속도가 지연된다.

이에 대하여 저온균인 *Pseudomonas* sp.은 증식최적온도는 20~30℃ 사이로 중온균 최적 온도에 비하여 낮으나 상당히 높은 온도 이다. 그리하여 그보다 온도가 떨어지면 세대시간은 연장되게 된다. 세대시간인 연장되는 것은 1회의분열증식에 필요한 시간의 연장을 의미하며 따라서 발육이 불량하게 나타난다. 즉 저온균은 중온균에 비하여 상당히 낮은 온도영역까지 발육은 일어나지만 저온영역에서의 발육에서는 온도의 저하에 따라 현저하게 그 발육은 불량하다. 이와 같이 저온에서 증식 가능한 미생물 가운데 0℃이하의 온도에서 식품 중에 증식가능한 미생물들은 <표2>와 같다.

-17.8℃에서 증식하는 red yeast가 어떤 종류의 배지 중에서는 -34℃에서도 증식한다는 보고가 있으니 이것은 극단적인 예로 생각하고 대부분의 미생물은 -10℃ 이하에서는 증식이 안되는 것으로 알려지고 있다. 더구나 식품중의 증식미생물 모두가 식품의 변질을 일으키는 것은 아니라고 생각된다. 저온에 있어서 증식의 유도기(lag phase)가 상당히 길고 또 대수증식기(logarithmic phase)에 있어서 증식속도가 지연되는 식품의 변패원인이 되는 경우가 많다.

Table 2. Division temperature of Microorganism in foods

Food	Microorganism	Temp.(℃)
Meats		
Mutton	Mucor mucedo	-1
Beef fat	Bacteria and yeasts	-1
Beef	Molds, yeast, bacteria	-1.6
Meat and potatoes	Pseudomonas, Achromobacter	
Pork	Psychrophilic bacteria	-4
Meat	Mold, yeasts	-5
Meat	Mold, yeasts	-5
Mutton	Mold, yeasts, rarely Pseudomonas, Micrococcus	-5
Meat	Cladosporium herbarum	-5.5
Meat	Cladosporium herbarum	-6
Meat	Pseudomonas	-7
Meat	Sporotichum Carnis, Thamnidium sp.	
		-7.8
Home-grown foods	Mold	-7.8
Meat	Mold	-8
Cured meat		
Liver sausage, bologna	Micrococcus	>5
Liver sausage	Unidentified bacterium	5
Cured meats	Clostridium putrefatiens	2 to 1
Hams		
Bacon, no salt	Psychrophiles	-5
Bacon 4.3% and 5.9% salt		
	Psychrophiles	-6.7
Bacon	Halophilic bacteria	-10
Fish		
Fish	Phosphorescent bacteria	0
Haddock	Normal spoilage flora	-4
Fish	Psychrophiles	-5
Fish	Bacteria	-6.7
Fish	Pseudomonas	-7
Fish	Bacteria	-11
Oysters	Pink yeast	-17.8

2. 본문

1) 저온에 있어서 미생물의 발육과 환경조건

미생물의 증식최적온도는 그들이 처한 환경조건 즉 환경의 수분, 용질의 농도, 종류, pH 등에 의해 변동된다. 그 중 수분은 저온에 의한 미생물의 작용에 가장 큰 영향을 주는 인자로 생각된다. 미생물 중에는 곰팡이가 세균이나 효모에 비하여 낮은 수분함량(13%)에서도 증식된다. 식품중의 수분을 정적 표현인 %와 동적 표현인 수분활성이 있는데 미생물과의 수분관계는 수분활성(Water Activity, Aw)이 더 적당하다. 여기서 수분활성 Aw는 용질의 수증기압(P)을 용매의 수증기압(Po)으로 나누어 계산한다. Aw=P/Po(수치는 1.0 이하) 일반적인 식품의 수분함량과 수분활성과의 관계는 [그림2]와 같다. 여기서 저온성 세균인 *Pseudomonas fluorescens* 와 저온성 효모인 *Candida* sp.의 발육가능한 최저온도와 수분활성의 한계를 보면 [그림3]과 같다.

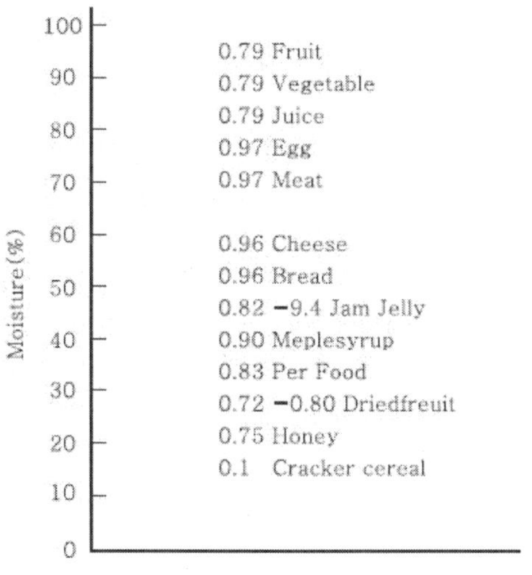

Fig 2. Relationship between moisture(%) and water activity(Aw)

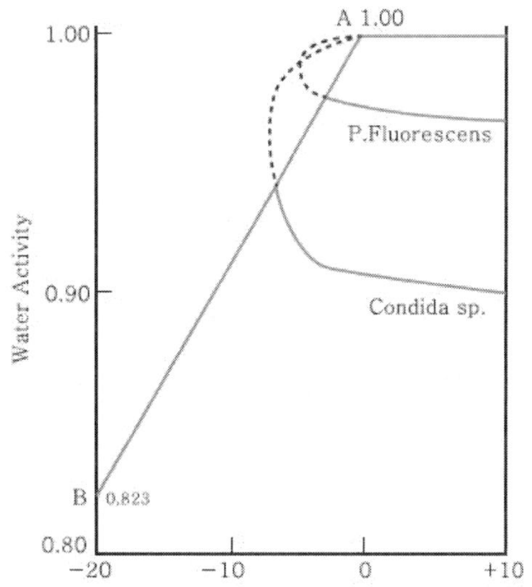

Fig 3. Minimum temperature and Aw of Pseudomonas fluorescens and Candida sp. for division

0℃ 이하가 되면 물은 동결되면 수분활성은 -5℃에서는 0.953, -10℃에서는 0.907, -15℃에서는 0.864, -20℃에서는 0.823으로 온도에 비례하여 저하되며 미생물의 증식도 급격히 저하한다. 역시 동시에 식품이 동결할 때에는 용질의 농도가 미동결 수상(水相) 중에 높아지게 되고 그 때문에 미생물의 증식이 저해된다.

이와 같은 현상을 인위적으로 만들 수 있으며 당・염이나 글리세린 등을 첨가하면 빙점 강하를 가져오고 동결에 의한 수분활성의 저해를 방지할 수 있고 또 다른 용질의 농축을 방해하기 때문에 증식의 최저온도가 더욱 낮아지는 경우가 된다. 그러나 세균의 종류에 따라서는 이들 첨가하는 용질 그 자체에 의해 역시 용질농도가 높아지기 때문에 증식이 저해를 받게 된다.

한편 미생물의 저온에 대한 적응현상이 있다. 이 경우 증식속도는 거의 변화 없이 증식의 유도기가 단축되며 최저온도가 저하되는 일이 많다. 보통 중온성이 Bacillus 속의 세균이 저온저장성 식품 등에서 저온성 세균으로 분리되는 일은 장기가 동안에 저온에 적응된 것으로 변이가 일어난 것으로 추측된다. 저온성식품의 급속한 보급으로 이와 같은 형의 세균이 증가될 가능성이 점점 높아지고 있다.

2) 동결점 이하에서의 미생물

미생물은 증시가능 이하의 저온에 있어서는 휴면상태가 되어 결국 사멸하게 된다. 일반적으로 저온미생물이 차가워도 동결점 이하에서의 증식은 불가능하다고 보는 것은 변화가 없다. <표 2>에서 0℃ 이하에서 식품 중에 증식되는 세균은 모두 특수한 예라고 생각된다. 이와 같이 미생물이 증식 못하게 하려면 저온도 즉 동결점 이하에서는 미생물은 증식할 수 없는 상태에서 생존하게 된다. 이와 같은 생존은 극히 낮은 온도에서 오히려 이의 역할이 높게 된다. 예를 들면 5.5℃에 증식가능 최저오도로 알려진 Salmonella는 5.1℃에서 거의 사멸하거나 -78℃ 이하에서도 100% 가까운 생존률을 보이는 것도 알려지고 있다. 그 이유로써 고려되는 것은 증식가능최저온도 이하로 이와 비슷한 온도에서는 효소의 일부가 역시 활성을 유지하기 때문에 대사 이상이 일어나 사멸하던가 극단적으로 낮은 온도에서는 모든 효소활성이 정지하기 때문이다. 보통 미생물의 활성은 -25℃에서도 확인되고 있다.

3) 저온에서의 미생물 활성

미생물의 활성은 증식과 같이 나타나며 저온에서 증식하는 미생물은 활성의 관점에서도 일반적인 것은 중온영역으로 나타나는 것과 같은 활성을 보다 빠른 반응속도를 나타낸다.

식품의 보존과 관련하여 저온세균의 활성연구는 실질적인 입장에서는 중요하나 역시 많지는 않다. 그 중에서는 우유 및 유제품의 부패와 관련하여 Lipase의 연구가 비교적 많이 수행되고 있다.

4) 저온에서의 식중독 세균

식품의 저온저장에 있어서는 장내 세균계의 병원성세균이나 식중독 원인세균 등의 저온에서의 작용이 식품위생상 문제가 된다. 식중독 원인균의 증식, 독소생산, 생존의 최저온도는 <표 3>과 같다.

Table3. Minimum division,toxic production,survival temp.of Food Poisoning bacteria

Bacteria name	Minimum Temp.(℃)		
	division	Toxic production	survival
Samonella sp.	5.5~6.8	-	5.1~5.9
Vibrio parahaemolyticus	5.0~8.0	-	5~8
Staphylococcus aureus	6.6	18	0℃
Clostridium perfringens	15		0℃
Cl. Botulinum type A	10	10	0℃
Cl. Botulinum type B	10	10	0℃
Cl. Botulinum type C	15	10	0℃
Cl. Botulinum type D	3.3	3.3	0℃

식중독 원인세균의 최저증식온도와 최저독소생산온도가 3.3℃ 이상이어서 식품의 저온저장에 있어서는 저장온도 설정은 충분하게 낮추어 적어도 3.3℃ 이하로 하는 것이 좋다. 또한 생존의 최저온도가 0℃가 되는 것을 다시 0℃ 이하에 저장하면 적어도 식품위생상에서는 의의가 크다고 말할 수 있다.

3. 결론

지금까지 식품의 저온저장과 관련하여 저온과 미생물과의 관계를 설명하였다. 식품의 저온저장에 있어서 미생물의 각 식품에 대한 작용에 대하여는 각 식품의 각 항목에 고려되어져야 한다. 식품의 저온저장에 있어서는 그 저장가능기간은 저온에 따른 식품 중의 미생물의 작용에 의하여 결정된다. 저온에 의한 미생물의 개개 식품에 대한 작용에 대하여는 광범위한 연구가 이루어졌고 또한 실용적으로는 경험적으로 이해된다. 그러나 전술한 바와 같이 저온에 있어서 미생물의 생태활성 등에 관한 기초 연구는 지금까지 극히 적다.

식품의 저온저장은 단지 경험적으로 실시하는 현상으로서 많은 기초적 연구가 절실한 실정이다.

<한경대 산업과학기술연구소보 6집. 1993>

식품의 건조·동결기술의 현황과 개발전망

이성갑(한경대 식품생물공학과 교수)

ABSTRACT

Drying and Freezing Techniques are one of the most principal methods for food preservation. Dried and dehydrated foods are more concentrated than any other preserved form of foodstuffs. A technology of food preservation by freezing has evolved in just a few decades which supports and sustains a major new industry - frozen food industry. Freezing methods include freezing in cold air blasts, by direct immersion of the food in a cooling medium, by contact with refrigerated plates in a freezing chamber, and by freezing with liquid air, nitrogen or carbon dioxide.

1. 머리말

식품의 건조나 탈수기술은 인류가 가장 먼저 발견하여 사용한 식품저장법으로 오늘날까지 계속 발달시켜왔다. 식품을 부패시키는 원인을 미생물의 작용이라고 루이 파스퇴르가 제안한 1840년대까지는 단지 경험에 의하여 낮은 온도에 저장하면 식품의 부패가 지연되어 보존기간이 연장됨을 알았고 부패가 미생물 작용에 의한 것으로 판명된 후는 저온이 미생물의 생육을 지연하기 때문으로 과학적 원리가 구명되었다. 역시 탈수·건조기술도 식품 중에 함유한 수분을 미생물이 사용 못하게 일부 혹은 거의 모두를 제거시켜 오염된 미생물이 물이 없어 생육을 못하게 하는 것으로 초기에는 천연 태양광선을 이용한 천일 건조였고 그 후 인공건조기술이 개발되어 현재에 이르고 있다. 오늘날 식품보존기술은 어떻게 미생물을 제어하느냐가 관건이고 우리가 사용하는 식품 재료는 살아 있을 때는 동식물을 막론하고 무균 상태이나 수확, 어획, 도살함과 동시에 자기 방어 기제가 파괴되어 주위환경의 마이크로후로라(microflora)에서 오염 증식되어 우리가 먹기 전에 영양소를 모두 분해시켜 결국 부패변질을 초래하게 된다. 우리는 먹거리를 다룰 때 미생물을 고려하여 초기의 오염도를 줄이기 위한 물로 세척하고 잔존 오염균의 발육을 지연시키기 위한 저온처리, 그리고 주위오염을 막기 위한 포장 등 3C(Clean, Cold, Cover)의 생활화가 미생물에 의한 식품의 부패(腐敗)를 막을 수 있는 가장 쉬운 방안이 된다. 그리하여 식품보존의 원리는 미생물 제어로서 많은 방안이 실제로 응용되어 식품 가공 저장법이 있으나 현대식품가공의 3대 주류는 누가 무어라고 해도 첫째 건조기술, 둘째는 동결 냉동기술 그리고 밀봉가열살균법인 통/병조림 기술이다. 역시 식품원료는 수분을 함유하고 영양소를 가지고 있어 미생물이 오염변질이 쉽기 때문에 이것을 적당히 가공해서 이에 보존성을 부여하는 것이 식품가공의 제일 큰 목적이다. 그리하여 식품의 가공보존은 장구한 세월 속에 인류의 역사와 함께 발전시켜온 경험에 의한 기술이다.

초기인류는 농경과 목축을 모르던 원시시대에는 그들의 식량을 산야에서 자생하던 초목의 종실, 야생동물, 그리고 강과 바다의 어패류, 해조류 등 비교적 좁은 범위 안에서 쉽게 구득(求得) 해결하였으나 그 당시도 천재지변에 의해 언제 엄습해 올지도 모를 불의의 기아로부터 자기 스스로를 또는 그들의 종족을 보호하기 위해서는 먹다 남은 식량을 적당한 방법으로 보존해야만 했을 것이다. 그리하여 고대 인류에 의해 고안된 식품의 저장법은 천연의 태양광선을 이용하는 건조탈수와 겨울철의 얼음을 이용하는 냉장, 냉동 등이 동원되었을 것이다. 본고에서는 현대 식품산업의 주류기술인 건조식품과 냉동식품의 현황과 전망에 대하여 간략하게 살펴봄으로서 우리나라 식품산업의 발전에 도움이 되었으면 한다.

2. 식품의 동결 • 냉장기술

냉동식품은 30여 년 전 산업화가 이루어져 미국, 유럽제국 등을 필두로 채택되어 실용화하였고 생활수준의 향상에 따라 냉동식품이 폭발적으로 보급되어 현재 우리 식생활에 깊숙이 자리 잡고 있다. 이는 식생활의 변화에 따라 단백질식품과 야채나 과일 등과 같은 생선식료품 즉 고위보전식품(高位保全食品)에 대한 수요가 증대하기 때문이다. 이와 같은 식료품은 저온유통이 아니면, 장기간 보존하고 멀리 수송할 수가 없다. 특히 계절적으로 생산되는 청과류를 주년(週年)공급하자면 냉동냉장의 필요가 거의 절대적이 된다. 경제적 측면에서 보면 생산기의 가격하락을 방지할 수 있고 비생산기의 가격하락을 방지할 수 있고 비 생산기에 필요량을 공급함으로서 가격을 안정시키며, 변질에 인한 손실을 방지하고 유통의 합리화를 기함으로서 비용을 절감할 수 있다. 또한 식생활의 편리를 도모할 수 있다는 점도 큰 몫을 차지한다. 각 가정에서는 한꺼번에 일주일 분이나 그 이상의 소요 식품을 구매, 냉장고에 넣어 두었다가 필요할 때 사용하면 매일 장 보러 가는 번거러움이 없어진다. 최근에는 냉동기술이 가일 층 발달하여, 해동하여 데우기만 하면 먹을 수 있는 조리냉동식품(precooked frozen foods)이 대량으로 생산되고 있다. 현대 식품냉동기술로 급속냉동법(quick freezing process)과 이에 필요한 시설을 개발한 것은 1920년대 미국의 Clarence Birdseye에 의해서이다. 급속냉동이 중요한 것은 즉 물이 비교적 높은 저온에서 서서히 얼면 빙 결정(氷結晶)이 커져 식품의 조직이 파괴되어 품질이 저하를 초래되나 -40℃ 정도의 저온으로 급속 동결은 빙결정이 대단히 작아져서 조직 속의 세포가 파괴되지 않기 때문이다. 이렇게 급속히 동결시킨 식품은 -18℃ 나 그 이하의 저온으로 저장함으로서 신선원료 상태의 품질을 유지하게 된다.

또한 식품의 변질을 6개월 내지 일년 정도 장기간 방지하려면 식품의 종류에 따라 차이는 있으나, 세균의 생육 억제나 효소(enzyme)의 작용도 저지 할 수 있는 저온유지가 요구되어 냉동식품의 저장온도의 표준이 -18℃로 정해진 것이다. 초기의 냉동 청과류는 해동 시에 조직의 파괴가 심하였으나, 적절한 전처리와 개량된 동결방식을 적용함으로서 해결하였다. 냉동식품의 가정보급을 위해서는 보통의 가정용 냉동고로 부족하고 -20℃를 유지할 수 있는 냉동고(freezer)나 또는 냉동부(freezing compartment)가 달린 냉장고가 필요하다.

1) 순간동결기술(瞬間凍結技術)의 개발

냉동식품의 품질을 가일층 높이려면, 동결소요시간을 더욱 단축시켜, 맛이나 향기가 변하는 것을 최대한으로 방지하기 위하여 냉동기를 개량한 결과 종전에 -40℃ 정도이던 동결온도를 -60℃ 또는 -80℃까지 내리는 기술이 실용화 되었고, 특히 근년에는 액체질소를 이용하여 -196℃라는 극저온(極低溫)으로 순간 동결하는 방식이 등장하였다. 이 액체질소방식은 미국에서 1960년대 개발, 1964년에 기업화되었고 일본에는 1966년에 도입되어 일본이 유럽을 앞질렀다. 액체질소법으로 냉동식품의 품질이 더욱 향상되었을 뿐 아니라, 동결소요시간이 대폭 단축됨으로서 자동연속 작업이 용이하게 되어 생산성이 높아졌고, 냉동실의 면적도 아주 적게 할 수 있으며, 긴급한 수요도 단시간에 대처할 수 있는 이점도 있다. cryogenic freezing은 액체질소를 식품에 직접 spray하여 동결시키는 것이다. 미국의 Du Pont 회사는 액체질소 대신에 액체프레온(freon)을 식품에 직접 spary함으로써 동결시간을 더욱 단축시키고 비용 절감에 성공하였는데 Freon의 비등점(沸騰點)은 -30℃로서 액체질소의 -196℃보다 높아도 식품이 더 빨리 동결되는 까닭은 액체질소를 사용하는 경우처럼 열전도를 방해하는 증기가 식품표면에 발생하지 않기 때문이라 한다. 기화된 freon은 회수해서 부설된 압축기로 액화하여 다시 사용하기 때문에 한번 쓰면 버리는 액체질소에 비해 비용면에 유리한 요인이 되고 있다. 액체 질소법은 특히 조리식품 동결에 그 위력을 발휘한다고 하는데 까닭은 식품의 외관, 맛 및 flavor가 전연 변하지 않기 때문이라고 한다. 이로서 central kitchen system의 발전이 크게 자극 받게 되었다. central kitchen 이라는 것은 대규모의 조리실에서 대량으로 요리를 만들어 급속 냉동한 후 이를 냉동차로 각 식당으로 보낸다. 식당에서는 필요에 따라 냉동 조리품을 해동하여 전자조리기(microwave oven)로 삽시간에 데워서 제공한다. 이러한 방식은 직장, 학교, 병원 등의 단체급식에도 널리 활용된다. 액체질소법 이용의 또 하나의 예는 고급 빵의 반죽(dough)을 급속 냉동하여 각지의 제과점에 보내어 그곳에서 금방 구어 낸 제품을 만들 수 있게 하는 것이다. 한곳에서 대량으로 반죽을 만드니까 품질관리도 용이하고 생산 및 유통합리화에도 도움을 준다. 구어 낸 빵이나 케이크의 냉동에도 액체 질소법을 이용하면 방금 구어 낸 빵이나 케이크의 향기와 맛이 그대로 보존된다는 것이다.

2) 냉동식품의 포장

냉동식품은 특별한 포장을 하지 않으면, 건조, 산화 및 응결 등의 현상 때문에 품질이 저하되는데 건조 - 동결 및 냉장과정에 있어 식품의 수분이 감소가 일어나는데 육류나 케이크류에서 경향이 심하여 수증기를 통과시키지 않는 포장재가 필요하고 지방질이 많은 식품은 산화로 인하여 식품의 flavor가 없어지고, 변색 또는 퇴색이 일어나기 때문에 산소를 통과시키지 않는 포장재를 써야 하며 공기중의 수증기가 포장내부로 스며들어 보기 흉한 서리 물방울(frost)응결이 안에 생길 수 있으므로 포장내부의 공격을 최소한으로 줄여야 한다.

기타 조건 유의사항으로 냉동식품포장 재료는 -40℃의 저온 하에서도 그 성질이 변하지 않아야 하고 산매(散賣)하기에 편리하도록 상표나 설명을 인쇄하기 쉬워야 하고, 포장된 식품은 냉동고 안에 수직으로나 수평으로 쌓아놓기가 용이하여야 한다. 산매를 위한 냉동소채류의 3분의 1이 값이 싸고 밀봉하기 쉬운 이점이 있어 polyethylene bag에 포장되고 있다. 알루미늄박(aluminum foil)은 광선과 수분을 잘 막아주고 온도조절도 편하며, 식품에 밀착시켜 포장하기도 쉬워 육류 냉동 식품, 케이크류는 알루미늄박으로 직접 포장하는 일도 널리 행하여지고 있다. 모양이 불규칙적인 식품, 즉 육계(肉鷄), 수육(獸肉) 및 일부 수산물 등은 수축성 플라스틱 film 또는 적층 재료를 사용한다. 장기저장에 가장 적합한 것은 polyvinylidene chloride(PVDC) film이, 빵은 cellophane이나 기타의 film으로 포장한다. 소채류, sauce, 조리육류, 어물 요리 등은 포장된 채로 물에 넣고 끓일 수 있는 boiling-in-bag pouch로서는 polyester/polyethylene이 많이 쓰이고 있다. 냉동 과실류의 경우에는 포장된 채로 뜨거운 물에 15분 정도 담가 두면 해동이 되도록 한 thaw pack이 사용되기도 한다.(해동 시켜도 syrup은 저온유지) 이와 같이 일차 포장된 식품은 왁스를 먹인 종이상자(waxed carton)로 외장하여 내용물을 보호한다. 봉하지 않은 알루미늄박 용기는 조리해서 식탁에 내 놓을 때까지 쓸 수 있어 매우 편리하여 조리식품포장에 많이 이용된다. 이와 같이 값싸고, 아름답고, 편리하고 식품의 질을 잘 보전하는 포장의 개발이 계속되고 있으며 포장기술의 발달은 냉동식품보급과 밀접한 관계를 갖고 있다.

3) CA 저장의 발전

식품을 얼지 않을 정도의 냉온(2℃)에서 저장·수송하는 일은 지금도 널리 행하여지고 있다. 이러한 냉장(cool storage)에서는 식품이 얼어서 손상을 입지 않을 정도의 낮은 온도를 적용하는 것이 보통이다. 그러나 일부 감귤류나 핵과(核果)를 제외하고는 cool storage로서는 보통 1~2주 정도밖에 식품선도를 유지할 수가 없어 단 시일 내에 소비되거나 근거리 수송되는 생선식품의 경우에 한해서 이용하여야 하는 흠이 있다. 근래에는 냉장실내 공기중의 산소량을 줄이고 탄산가스함량을 높임으로서 청과물을 휴면상태에 놓이게 하여 비교적 높은 온도에서도 호흡 및 기타 생화학적 작용을 억제할 수 있는 소위 CA(controlled atmosphere) 저장법의 발달로, 동결하지 않고도 사과 및 배와 같은 여러 종류의 청과류를 반년 이상 일년정도까지 저장하여도 외관이나 맛이 전혀 변하지 않는다고 한다. CA 저장실은 저장용량 50~250톤 정도의 소규모로 하는 편이 경제적으로 유리하다.

4) 냉동·냉장식품의 수송

냉동이나 냉장된 식품이 양호한 상태로 소비자의 수중에 들어가게 하자면 생산지의 냉동·냉장고로부터 소비지의 슈퍼마켓이나 식료품 상점의 냉동창고나 냉동진열장(show case 또는 sales case)에 이르는 동안을 저온 수송을 하고, 요소에는 냉동·냉장창고가 설치되어 집배센터로서의 기능을 담당하는 소위 cold chain system이 확립되어야 한다.

냉동·냉장식품의 수송은 기계적 또는 화학적 냉동장치 중에서 한 가지만을 사용하기도 하고 두 가지를 병용하기도 하는데 현재 가장 많이 쓰이는 것은 온도나 습도의 조절이 용이한 freon 가스를 냉매로 하는 기계적 냉동기이다. 화학적 방식으로는 dry ice가 주로 사용되어 왔는데, 근년에는 액체질소방식도 등장하였다. 수송수단도 냉동트럭, 화차, 선박, 항공기와 더불어 냉동 컨테이너(container)의 사용이 활발해 지고 있다. 컨테이너는 수송도중에 자동차로부터 철도나 선박 또는 기타 수송수단으로 쉽게 전적 할 수 있고 또한 적재한 식품은 도중에서 외기에 전연 접촉되지 않아, cold chain의 절단이 생기지 않는 containerization의 큰 이점이 있다. 가까운 거리 수송에는 보냉 트럭이나 보냉 컨테이너도 사용된다.

3. 식품의 건조

천일 건조는 가장 오래된 식품보존법의 하나이고, 지금도 널리 행하여지고 있으나 자연의 힘에만 의존하는 건조법이니 만큼 기상조건에 의하여 크게 좌우된다. 충해나 서해를 받기 쉽고, 품질 저하가 용이하여 인공적으로 식품을 건조하는 기술을 개발하여 식품공업에서 건조기술이 중요한 위치를 차지하게 되었다. 건조식품의 보존성을 높이기 위해서 보통수분을 10% 이하에서 현재 2~3%까지 감소시키게 되었다. 각종 과실, 채소, 식육, 수산물, 우유, 계란, 다류 등이 대량 건조되어 직접 소비하거나 Instant soup 같은 2차 가공 식품의 원료로서도 많이 사용된다.

4. 식품건조의 새로운 경향

종래의 건조법은 열풍이나 전도열을 이용하는 등 가열하여 건조하는 방식은 식품의 변색이나 텍스쳐(texture), 형태가 변하고 미묘한 향미가 소실되고, 비타민류의 손실우려도 있고 또 수분을 다시 가했을 때의 복원성도 불량하게 된다. 개선된 건조기술을 알아보면

1) 동결건조법(freeze dry)

동결건조는 건조기술의 꽃으로 식품의 품질변화가 거의 없이 건조하는 기술로 물의 삼중점(triple point)을 응용하는 법으로 냉동식품중의 얼음 상태의 수분을 녹이지 않고 바로 수증기로 변하게 하는 승화 현상을 이용하는 것이다. 승화 작용을 촉진하기 위하여 식품을 진공 속에 넣고 가열하여 수분증발시의 기화열을 흡수시켜 식품은 동결상태가 유지된다.

수분이 승화된 식품은 다공 상태가 되며 진공실 에서 기밀 포장 하든가. 불활성가스를 채워 식품의 산화변질을 방지한다. 동결건조식품은 형태나 조직이 변화 없이 가수 복원성이 좋고 향미, 색상이 유지되고 저장성이 매우 우수하다. 아폴로11호 우주비행사들의 우주식사에 동결건조식품이 중요한 역할을 하였고 비프스테이크 동결건조식품이나 월남전 병식(兵食)으로도 크게 호평을 받았다. 현재 라면 수프나 인스턴트커피, 각종 프리믹스 향신료, 수프, 카레, 된장국 등 다양한 동결건조식품이 계속 출현되고 있다. 동결건조식품은 냉동식품같이 저장온도의 변화에 큰 영향을 받지 않으며 무게도 가볍고 비상용 식이나 전투 군대식으로 크게 활용될 것이다.

2) 냉풍분무건조법(cool spray dry)

열풍분무건조의 단점인 식품의 향기 손실을 방지 할 수 있는 방법으로 27℃ 정도의 서늘한 바람으로 건조시키는 기술로 유럽에서 발명하여 여러 방면에서 이용되고 있다.

건조 능률을 향상시키기 위하여 흡습제를 사용하여 공기를 고도로 건조시켜 분무 건조탑 안으로 송풍한다. 냉풍분무건조는 열에 민감한 효모 요구르트, 포도 액, 왁친(vaccine) 등을

건조시키기 위하여 고안되었으나 분말 오렌지, 토마토 주스에도 가수 복원성이 좋다.

3)포말 건조법(foam dry)

과즙, 야채즙, 우유, 커피 같은 액체식품에 포말 안정제로 유화시켜 포말로 표면적을 증대시키고 모세관 구조를 만들어 건조가 신속하고 다공성을 만들어 가수용해성이 우수하다.

포말 건조는 몇 가지 방법이 있으나 foam-mat drying은 포말을 가는 구멍의 벨트 위로 국수처럼 압출시켜 벨트 밑의 세공으로 열풍을 공급시켜 건조하는 것이고, 저온 진공 분무건조법과 포말을 직접 분무 건조하는 법 그리고 첨가물 없이 포말형성기술도 실용화 되고 있다.

4) 진공 침지 건조법(vacuum soaking dry)

진공 하에 식품을 뜨거운 식용유 중에 침지함으로써 열이 식품에 전달하게 하여 식품에서 방출되는 수분은 진공에 의해 제거된다. 식품이 공기와 접촉이 안되어 향미의 손실을 막을 수 있다. 건조가 끝나면 원심분리기로 유분을 제거한다. 어류, 새우, 과실 및 야채 등의 건조에 이용된다.

5) 가압 건조법(pressure dry)

절단 과실, 채소를 가압 가열한 후 급격히 대기압으로 환원하면 절편 속의 수분이 분출하여 탈수건조 되는데 이렇게 건조된 식품은 동결건조식품과 같이 팽화하여 다공질이 되어 가수복원성이 좋다. 이 방법을 이용하여 전분과 단백질의 혼합물에 팽화제를 가하여 적당히 성형한 후 전자레인지로 순간적으로 가열시키면 균일한 발포가 일어나면서 탈수되어 새로운 식품을 제조 할 수 있는데 이 방법을 explosive-puffing process라고 한다.

5. 개발전망

천연건조로 생산되는 전통적 식품의 종류는 많고 이들 식품의 질을 높이며 보다 위생적이고 조리하기 편리하게 하자면 인공 건조법의 적용이 필요하다. cold chain을 선호하는 이유의 하나는 식염을 쓰지(염장) 않고 식품을 보존하는 수단으로 사용하여 식염 섭취를 줄이고 맛을 유지시켜 건강상의 문제를 해결 하는데 있다. 건조수산물의 개발과 냉동수산물이 어울려 이루어져야 할 것이다. 동결건조비용이 저렴하게 되면 수산물 건조에도 널리 이용될 수 있을 것이다. 야채류로서는 마늘, 파, 양파, 생강 등의 건조분말은 천연 향신료로서 수요가 증가 될 것이고 동결 건조된 수육이나 야채를 배합하면 인스턴트 냉면이나 인스턴트 만두국의 제조도

가능하여 급속 동결로 인스턴트식품의 종류를 대폭적으로 늘릴 수 있을 것이다. 현재 우리의 식탁에 오르는 대부분의 요리가 급속 냉동이나 동결건조로서 인스턴트화 될 수 있으리라 본다. 한가지 예로 인스턴트 쌀밥은 밥을 -70℃~-90℃의 초저온으로 알파전분상태를 순간 동결하여 뜨거운 물을 가하면 밥이 되어 집단급식 및 음식점용 등으로 사용하게된다. 소득수준이 향상되고 인건비가 오르면 인스턴트식품에 대한 수요확대가 될 것이므로 해외에서 개발된 기술을 적절하게 이용하면 냉동 및 건조식품공업이 예상외로 빨리 발전 될 것이다.

냉장기능(냉동능력 -20℃)을 갖춘 이동 판매차가 각종 식품을 싣고 주택단지로 순회판매하는 "이동식 슈퍼마켓"이 등장하여 모든 상품을 생산지에서 직접 대량 구입하고 수송 및 판매 면에서도 합리화가 되어 시중가의 절반에 팔 수 있다. 이 이동 판매차에 식품을 공급하기 위하여 근교에 대규모의 집배 센터가 설치되고 식품의 포장 및 가공도 하고 있다. 그러나 요식점, 호텔, 가공공장 등을 상대로 한 냉동식품의 생산공급은 보다 수월하게 이루어 질 수 있을 것 같고 또한 산매(散賣)단계까지만이라도 냉장시설이 설치되면 당일소비를 위한냉동식품의 시판도 가능할 것이다.

우수한 단백질 식품인 두부는 저장이 곤란하고 또 수분이 많아 수송도 어려워 건조 두부, 즉 두부 속의 수분을 빙점(-0℃) 근처 저온에서 동결시켜 큰 빙결정을 만들어 두부가 스펀지(sponge) 모양이 되면 이것을 해동 후 원심분리기로 탈수하여 열풍 건조하면 수축되어 저장 및 수송에 편하고 열수를 가하면 복원한다. 이와 같이 동결 또는 건조에 의한 전통식품의 공업적 생산이 서양식 식품의 생산보다 오히려 경제적 실현가능성이 높지 않을까 생각된다.

6. 맺는 말

경제성장에 따라 우리들의 식품소비가 점차로 다양화되고 생활양식도 변화하여 도시화의 진행에 따라 채소 등의 생산지와 소비지의 거리가 멀어지고 있으며 각종 생산단지 형성의 움직임은 대량저장 및 대량수송의 개발을 필요로 하게 될 것이다. 이와 같은 추세에 대처하자면 냉동, 냉장 및 건조를 통한 저장, 수송, 유통을 합리화할 필요가 증대한다. 냉동 및 건조는 식품가공공업에 대한 원료의 확보 및 공급에도 대단히 중요하다. 특히 2, 3차 가공업에 있어서는 미리 가공된 냉동 또는 건조 원료를 사용함으로써 가공공정의 합리화를 기할 수 있다. 특히 건조원료의 경우에는 보관장소의 면적이 절약되고 온도관리가 필요 없어 매우 유리하다. 현대의 고도로 발달된 동결·건조기술을 응용하면 각양각색의 즉석식품을 생산할 수 있어 가정에서나 집단급식에 있어서 번잡한 조리조작이 필요 없게 되고 조리장소의 면적도 줄일 수 있다. 또한 농수산물에 대한 새로운 수요도 환기시킬 수 있으며 품질이 좋은 식품을 저장하여 필요에 따라 공급하므로 생산자에게 보다 유리한 선에서 안정된 가격을 유지할 수 있다. 미국에서는 한때 오렌지의 생산과잉이 걱정거리가 되었었는데 냉동농축오렌지·주스가 개발되어 감귤수요가 증대함으로써 문제가 해결되었다.

현대 식품공업의 주류를 이루고 있는 냉동·건조공업의 개발이 농어민 소득증대나 농촌경제의 발전을 촉진하자면 수산자원의 개발과 작물 체계의 합리화를 통하여 농토이용에서 산출되는 농수산물의 저장, 처리, 가공, 유통 등이 원활히 이루어져 생산자인 농어민의 소득증대에 크게 기여할 것이다. 따라서 농수산업 생산 증가와 냉동 및 건조를 포함하는 agro-industry의 개발이 상호 유기적인 관련 하 에 체계적으로 이룩되도록 노력하여야 할 것이다.

<기술사회지,35(2)한국기술사회,2002>

부록 II. 부 표

표 1 식염의 비중과 농도의 관계

보메 (°Be´)	비중	식염 (%)	1L 중 g%	보메 (°Be´)	비중	식염 (%)	1L 중 g%
0.8	1.0053	1	10.05	13.3	1.1009	14	154.1
1.8	1.0125	2	20.25	15.1	1.1162	16	178.6
3.8	1.0268	4	41.07	16.9	1.1319	18	203.7
5.8	1.0413	6	62.48	18.7	1.1478	20	229.6
7.7	1.0559	8	84.47	20.4	1.1640	22	256.1
9.6	1.0707	10	107.1	22.2	1.1804	24	283.3
11.5	1.0857	12	130.3	23.9	1.1972	26	311.3

표 2. 레토르트 압력계시도와 포화수증기 온도와의 대조표

(lb/cm^3) 게이지압	(g/cm^3) 게이지압	해당하는 포화수증기 온도		(lb/cm^3) 게이지압	(g/cm^3) 게이지압	해당하는 포화수증기 온도	
		°F	℃			°F	℃
1.0	70.51	215.32	101.84	7.5	527.33	233.54	111.97
1.5	105.47	216.98	102.77	8.0	562.48	234.75	112.64
2.0	140.62	218.49	103.61	8.5	597.64	235.95	113.31
2.5	175.78	220.02	104.46	9.0	632.79	237.11	113.95
3.0	210.93	221.51	105.28	9.5	667.95	238.26	114.59
3.5	246.09	222.96	106.09	10.0	703.10	239.39	115.22
4.0	281.24	224.38	106.88	10.5	738.26	240.50	115.83
4.5	316.40	225.77	107.65	11.0	773.41	241.59	116.44
5.0	351.55	227.13	108.41	11.5	808.57	242.66	117.03
5.5	386.71	228.47	109.15	12.0	843.72	243.72	117.62
6.0	421.86	229.79	109.88	12.5	878.57	244.76	118.20
6.5	457.02	231.06	110.59	13.0	914.03	245.79	118.77
7.0	492.71	232.31	111.28	13.5	949.19	245.82	119.33
				14.0	984.34	247.80	119.89

표 3. 수산통조림의 품명과 표시기호 일람표

원료명	표시기호	영어명	원료명	표시기호	영어명
꽃게	T	Blue crab	굴	OY	Oyster
털게	E	Hairy crab	전복	AB	Abalon
왕게	P	King crab	오분자기	BA	Blue abalon
대게	C	Snow crab	소라	TP	Top shell
새우	SH	Shrimp	골뱅이	BT	Bay top shell
고등어	MK	Mackerel	대합	SC	Soft clam
꽁치	MP	Saury(mackerel) pike	백합	HC	Hard clam
학꽁치	HB	Half brek	소라고동	R	Common sping
전갱어	HM	Horse mackerel	개량조개	RC	Round clam
멸치	AN	Anchovy	새조개	CO	Cockle clam
정어리	SA	Sardine	맛조개	RA	Razo clam
참다랭이	TB	Tuna, Blue-fin	바지락	SN	Baby clam
날개다랭이	TA	Tuna, Albacore	게아지살	SL	Shell ligament
황다랭이	TY	Tuna, Yellow-fin	홍합	MS	Mussel
가다랭이	TS	Tuna, Skip jack	꼬막	BC	Baby a가 clam
방어	YT	Yellow tall	피조개	AS	A가 clam
줄삼치	BO	Bonite	밥조개	SO	Scallop
삼치	CM	Chumb mackerel	오징어	SD	Squid or cuttle fish
부시리	AF	Amber fish	문어	OC	Octopus
대구	CD	Cod fish	주꾸미	PO	Polypus
갯장어	SE	Sea eel	꼴뚜기	WA	Watasenia
붕장어	CE	Conger eel	고래고기	WM	Whale meat
뱀장어	DL	Eel	어단	FB	Fish ball
날치	FL	Flying fish	김	LA	Laver
양미리	NA	Sand lance	까나리	SS	Sand lance
갈치	HT	Hair tail	곱새기	D	Dolphin

표 4. 수산통조림의 가열살균 조건 일람표

원료품종명 조리방법 및 통조림 종류명	관형		내용물의 pH	가열초기온도(℃)	살균온도(℃)	압력계에 표시된 눈금(lbs/in2)	살균시간(분)	가열개시에서 살균온도까지의 시간(분)
	관호칭	일본명						
1. 수산물								
① 보일드								
게보일드	401~3	제 1호	6.8~7.2	10.0	110.6	6.5	100	10
게보일드	307~3	제 2호	6.8~7.2	10.0~15.0	109.2~109.9	5.5~6.0	80~90	5~25
게보일드	301~2	제 3호	6.8~7.2	10.0~15.0	108.4~109.9	4.5~6.0	50~53	5~25
꽁치보일드	410~4	2호	6.0~7.0	—	114.0~115.2	9.0~10.0	80~10	18~20
꽁치보일드	301~7	4호	6.0~7.0	21.0~70.0	112.6~115.2	8.0~10.0	80~10	5~30
꽁치보일드	301~4	6호	6.0~7.0	21.0~65.0	111.3~115.2	7.0~10.0	80~90	15~18
꽁치보일드	158	타원 1호	6.0~7.0	50.0	112.6	8.0	05	25
꽁치보일드	125	타원 3호	6.0~7.0	60.0	114.6	9.5	80	15
꽁치보일드		소형 1호	6.0~7.0	50.0	111.3~115.2	7.0~10.0	60~100	8~30
고등어보일드	301~7	4호	6.0	13.0~15.0	112.6~115.8	8.0~10.5	110	5~20
고등어보일드	301~4	6호	5.7~6.5	10.0~90.0	114.0~115.8	9.0~10.5	80~90	5~25
고등어보일드	401~2	평 1호	5.7~6.5	13.0~75.0	115.2~115.8	10.5~10.5	100~120	13~25
고등어보일드	307~2	평 2호	5.7~6.5	—	114.0~115.8	9.0~10.5	90~100	10~30
정어리보일드	301~7	평 4호	5.8~6.2	77.0~88.0	112.6~115.8	8.0~10.5	80~90	12~17
정어리보일드	307~2	평 2호	5.8~6.2	—	115.2	10.0	85	5
정어리보일드	158	원 1호	5.8~6.2	21.0	112.6	8.0	100	15
정어리보일드		소형 1호	5.8~6.2	82.0~89.2	115.2	10.0	90	12~17
다랭이 및 참치 ,	401~1	tuna 1호	5.8~6.2	15.0~22.0	112.6	8.0	80~90	12~25
,	307~1	tuna 2호	6.0~6.2	15.0~25.0	111.3~112.6	7.0~8.0	70~90	12~30
다랭이 flake	211~1	tuna 3호	6.0~6.2	20.0~23.0	111.3~112.6	7.0~8.0	60~90	12~20
보일드	41~10	tuna 1호	5.8~6.0	21.0	112.6	8.0	95	15
,	307~1	tuna 2호	5.8~6.0	21.0	112.6	8.0	90	15
전복보일드	301~7	4호	—	37.0	115.2	10.0	90	20
전복보일드	211~5	7호	—	—	111.3	7.0	70	15
굴보일드	211~5	7호	—	60.0	109.9~111.3	6.0~7.0	70	15
굴보일드	211~4	과실7호	—	60.0	109.9	6.0	60	15~20
청게보일드	301~1	평 3호	—	—	108.4	5.0	60	15
② 기름절임								
다랭이	401~1	tuna 1호	5.8~6.2	21.0	112.6	8.0	100	15
다랭이	307~1	tuna 2호	5.8~6.2	82.0~89.2	115.2	10.0	90	12~17
다랭이	211~1	tuna 3호	5.8~6.2	15.0~22.0	112.6	8.0	80~90	12~25
다랭이		tuna2kg	6.0~6.2	15.0~25.0	111.3~112.6	7.0~8.0	70~90	12~30
다랭이 flake	401~1	tuna 1호	6.0~6.2	20.0~23.0	111.3~112.6	7.0~8.0	60~90	12~20
	307~1	tuna 2호	5.8~6.0	21.0	112.6	8.0	95	15
		tuna2kg	5.8~6.0	21.0	112.6	8.0	90	15
꽁치기름절임	125	타원 3호	—	37.0	115.2	10.0	90	20
꽁치기름절임	103~2	각 5A	—	—	111.3	7.0	70	15
꽁치기름절임	122	각 8호	—	60.0	109.9~111.3	6.0~7.0	70	15
고등어기름절임	307~1	tuna 2호	—	60.0	109.9	6.0	60	15~20
꽁치fillet기름절임	103~2	각 5A	—	—	108.4	5.0	60	15

[참고문헌]

李聖甲 金炳默 : 水産食品加工學. 進路硏究社(1982)

李聖甲 金銅洙 : 水産食品加工利用學. 光文閣(1999)

朴榮鎬 : 水産食品加工學 .螢雪 出版社(1976)

朴喜烈 : 水産加工學. 修學社(1990)

李應鎬 : 水産加工學. 先進文化社 (1995)

박영호. 장동석. 김선봉 : 수산가공이용학, 형설출판사(1994)

이성갑 : 잡어를 이용한 fish stick개발. 한냉 연구 보고서 1집(1976)

이성갑 : 정어리 연육 개발. 한냉 연구보고서2집(1978)

이성갑 : 염장미역 가공시험. 한냉 연구보고서 2집(1978)

이성갑 : 생선어 품질유지를 위한 저온관리 .기술사20(1)(1987)

이성갑 : 어육 연제품의 열탕 살균기술. 식품공업51(1979)

이성갑 : 어육 연제품의 조미기술과 연육 개발. 식품공업 44(1978)

이성갑 : 수산 가공품의 품질 유지를 위한 저온 관리 식품과학 14(4)(1981)

이성갑 : 수산 가공품의 현황. 식품과학.14(4).한국식품 과학 회(1981)

이성갑 : 어육 가공에서 인산염의 효과, 안성 산업대 논문집.22 1990

이성갑 외 : 식품위생과 HACCP : 한국식품기술사협회 교재, 광문각 (2003)

김동수 : 한국의 수산 가공기술 어디까지 왔나? 부경대 ,해양과학 공동 연구소(1996)

수산 제조업무 편람 : 해양수산부 (1996)

이철호 외 :한국의 수산 발효식품.유림문화사(1989)

박구병 외 : 水産事典 , 螢雪出版社 (1984)

野中順川/ 谷川英一 : 水産食品學. 恒省社 厚生閣 (1965)

太田冬雄 : 水産製造 加工技術, 恒省社 厚生閣 (1981)

須山三千三 外 : 水産加工, 建帛社 (1981)

太田冬雄 : 米 ・ 大豆 と 魚 , 光生館 (1984)

小鴨秩夫 : 冷凍水産物 の保管と低濕浸透脫水について, 水産振興 (1986)

Rhee.S.K : Outlines of Fish Technology. JinRo Pub Co. LTD, (1994)
Zaitsev(translated by Merindol) : Fish Curing and Processing, Moscow,(1969)
Eiichi Tanikawa : Marine Products in Japan, Koseisha Koseikaku Co.Ltd (1985)
FAO : Fisheries Year Book of the World(2000)
F W Wheaton : Processing Aquatic Food Products,A wiley interscience Pub.Co.Ltd (1985)
Geory Borgstrom : Fish as Food(Vol.1-4),Academic Press(1965)
Gillies,M.T : Seafood Processing, Noyes Data Corporation(1971)
Kreuzer,R : Fishery Products, Fishing News Books Ltd(1974)
Lonnell,J.J : Advances Sci. and Technology, Fishing News Books Co Ltd.(1980)
Rome T.Toledo : Fundamentals of Food Process Engineering. AVL(1980)
N N. Potter, Joseph H. Hotchkiss(5ed) FOOD SCIENCE, Chapman & HALL(1997)
N. W.Desrosier : The Technology of FOOD PRESERVATION(3ed) The AVI Pub Co.(1970)
ROYE.MARTIN.G.. J.FLICK : The SEAFOOD INDUSTRY,Van NostrandReinhold N. Y (1990)

찾아보기

−바−

−사−

−아−

−자−

INDEX

–F–

–G–

–H–

–I–

–J–

–K–

–L–

–M–

-T-

-U-

-V-

-W-

-X-

-Y-

-Z-

[필자 소개]

저자 **이성갑** 박사 근영

학 력
- 고려대학교 농과대학 농화학과 (농학사)
- 인도 Mysore 대학원(식품공학석사)
- 중앙대학교 대학원 식품가공학과 (농학석사)
- 충북대학교 대학원 식품공학과 (농학박사)

경 력
- 농촌진흥청, 농공이용연구소, 농업연구관
- 농업개발공사. 한국냉장(주) 연구개발부장
- 국립한경대학교 식품공학과교수, 학장 대학원장
- 보건복지부 식품위생심의 위원회 위원
- 농촌진흥청 식량과학원 겸임연구관
- (사)한국 식품기술사 협회 회장

자 격
- 식품기술사 자격 취득

상 훈
- 녹조근정훈장(대한민국정부)
- 국무총리 표창(교육공로)
- 보건복지부장관 표창(식품산업발전공로)

저 서
1. 수산식품가공이용학, 광문각. 진로연구사
2. 축산식품가공이용학, 세진사. 선진문화사
3. 농산식품가공이용학 , 유림문화사
4. 식육가공학, 안성산업대학교출판부
5. Outlines of Fish Technology,JinRoPub.
6. 통조림식품 제조학, 안성대출판부, 수학사. 유한사
7. 원예식품가공이용학, 효일 출판사
8. 식품위생관계법규편람, 광문각
9. 냉동냉장식품학, 한경대학교출판부
10. 식품위생과 HACCP, 광문각
11. 식품첨가물 공전, 한국식품기술사협회
12. 최신 식품기술사 시험문제해설집, 광문각. 석학당
13. 식품(산업)기사 문제해설집, 석학당, 수학사. 지구문화사
14. 최신 식품제조공학 특론, 석학당
15. 최신출제기준에 따른 식품(산업)기사 대비 실험서, 도서출판 진로
16. NEW 식품가공저장 이용학, 석학당 외 30여 종

논 문
- Durian종자전분과 구약감자의 이화학적특성. 외 250여편

특 허
- Silk 가수분해물을 이용한 김치조성물 외 8 종

현 재
- 한국산업인력공단 식품국가기술시험위원<기술사. 기사>
- 한국과학기술정보연구원<KISTI>전문 연구위원
- 국립 한경대학교 식품공학과 명예 교수
- 호서대학교·강원대학교 식품/생명공학과 초빙교수

要點 수산(해양)식품 가공 이용학

1982년 8월 22일 초판 발행
1999년 3월 1일 2판 발행
2003년 2월 10일 3판 발행
2005년 2월 15일 4판 발행
2010년 1월 30일 5판 발행
2014년 8월 5일 6판 요점 국·영문증보판 발행
2022년 2월 5일 6판 2쇄 발행

저 자 : 이 성 갑
발행인 : 임 종 철
발행처 : 도서출판 진로
등록 : 제305-2003-28호
주소 : 서울 동대문구 고미술로 49(의증빌딩 3층)
전화 : 02) 2215-0203
팩스 : 02) 2216-0208
ISBN : 978-89-86877-78-6(93570)

정 가 **23,000**원